HEYNE <

Über den Autor:

Robert I. Sutton lehrt in Stanford, wo er Professor für Management Science and Engineering ist. Für seine wissenschaftliche Arbeit wurden ihm zahlreiche Preise verliehen. Sutton hat über 90 Buchbeiträge und Artikel in renommierten Zeitschriften verfasst. Er hat mehrere Bücher geschrieben und herausgegeben und ist ein gefragter Vortragsredner. Er ist Autor des Bestsellers *Der Arschloch-Faktor*

Robert I. Sutton

DER CHEF-FAKTOR

Lösungen für das **Arschloch**-Problem

Aus dem Amerikanischen
Von Anne Emmert

WILHELM HEYNE VERLAG
MÜNCHEN

FSC
www.fsc.org
MIX
Papier aus verantwortungsvollen Quellen
FSC® C014496

Verlagsgruppe Random House FSC-DEU-0100
Das für dieses Buch verwendete FSC®-zertifizierte Papier
Holmen Book Cream liefert Holmen Paper, Hallstavik, Schweden.

Taschenbuchausgabe 02/2013

Lizenzausgabe mit freundlicher Genehmigung des Carl Hanser Verlages

Printed in Germany 2013
Umschlaggestaltung: Büro Überland
Druck und Bindung: GGP Media GmbH, Pößneck
ISBN: 978-3-453-60198-7

www.heyne.de

Für Marina und all die kleinen Gesten

Inhalt

Inhalt

Vorwort: Vom Arschloch zum Chef

Mein letztes Buch *Der Arschloch-Faktor*, handelt davon, was ein Fiesling am Arbeitsplatz anrichten kann, wie man in einer solchen Arbeitsumgebung überlebt und wie eine Firma fiese und destruktive Vollidioten aussieben, läutern oder loswerden kann. Ich war überwältigt von der Flut an Reaktionen auf das Buch, und erschüttert von dem Schmerz, der Angst und den verzweifelten Hilferufen (aber auch begeistert von den Erfolgsgeschichten), die mir zugetragen wurden und die ich allesamt beantwortet habe. »Bob«, sagte ein Kollege, »du bist jetzt der Arschloch-Typ, das ist eine Aufgabe, die eine Menge Zeit und Hingabe verschlingt.« Ich wurde von Arschloch-Geschichten aus aller Welt geradezu überschwemmt. Tausende persönlicher Erlebnisse, Überlebenstipps und neuer Studien strömten herein – E-Mails, Kommentare auf meinem Blog, Anrufe mir völlig fremder Menschen, Gespräche, die ich im beruflichen Umfeld führte, egal, unter welchem Thema das Meeting, das Seminar oder der Vortrag gerade stand. Auch im Privatleben gab es kein Entrinnen. Die Menschen erzählten mir ihre Erlebnisse mit Arschlöchern auf Cocktailpartys, Geburtstagen, Fußballspielen und Hochzeiten, auf einer Bar-Mizwa, einer Beerdigung und sogar bei einem Elterngespräch in der Schule.

Die Flut hat nachgelassen, ist aber nicht versiegt. Letzte Woche zum Beispiel erhielt und beantwortete ich 19 Arschloch-E-Mails, darunter jeweils eine von einem Polizisten in New York, einem Kaffeeverkäufer bei Starbucks in Chicago, einem Buchhalter in Italien und einer Personalmanagerin in Wisconsin, die sich mühte, die »Anti-Arschloch-Regel« in ihrer kleinen Firma einzuführen (ihr alter Chef war mit ihrem Vorhaben einverstanden, doch ihr neuer Chef, ein Choleriker, lehnt es ab). Mit einem Hollywood-Insider sprach ich über die Arschloch-Management-Methoden, derer sich die Mitarbeiter des Academy-Award-Preisträgers Scott Rudin bedienen, der berüchtigt ist für seine Schimpftiraden und Wutausbrüche und in einem Jahr bis zu 50 Assistenten verschleißt. Ein Tipp für den Umgang mit Rudin war: »Er mag es gar nicht, wenn man ihn ansieht. Wer das tut, fordert ihn geradezu heraus.« Dieser Ratschlag ging mit einer Anekdote einher (möglicherweise ein moderner Mythos, der aber gern kolportiert wird): Rudin soll seine Assistentin auf dem Seitenstreifen einer Schnellstraße in Los Angeles stehen gelassen haben, weil sie ihn im Rückspiegel so oft angesehen hatte.[1] In derselben Woche führte ein japanischer Journalist ein eineinhalbstündiges Interview mit mir, in dessen Verlauf er sich ausgiebig und bitter über seinen launischen, unfairen und inkompetenten Chef in Tokio beschwerte.

Aus dieser Informationsflut ergaben sich für mich neue Aspekte, wie Arschlöcher ihre Drecksarbeit machen und wie man sich gegen sie wehren kann. Engagierte Leserinnen und Leser bombardierten mich hartnäckig mit Themen, die ich in einem Nachfolgeband zum *Arschloch-Faktor* abhandeln sollte. Eine australische Buchhalterin bat um Tipps, wie sie mit fiesen Kunden umgehen sollte. Ein Lehrer aus New Jersey ersuchte mich um eine Taktik gegen raffinierte, »getarnte« Arschlöcher. Ein katholischer Priester wollte wissen, wie er mit schwierigen Gemeindemitgliedern umgehen sollte. Auf einem meiner Vorträge setzte mir ein Zuhörer geradezu penetrant zu, ich solle sämtliche anderen Projekte fallen lassen und mein Leben in den Dienst einer »Anti-Arschloch-Bewegung« stellen. Auch Verlagsleute drängten mich zu einem Nachfolgeband. Besonders gefiel mir die handschriftliche Anfrage von Marie-Pierre Vaslet, die die französische Übersetzung des *Arschloch-Faktors* (*Objectif Zéro-sale-con*) veröffentlicht hatte. In geschwungenen Buchstaben schrieb mir Marie-Pierre: »Bob, will I be seeing *The Asshole Shits Again* soon?«[2]

Dieser Druck und diverse Versuchungen veranlassten mich dazu, die Arbeit am Nachfolgeband aufzunehmen. Doch da geschah etwas Merkwürdiges. Während ich über die Anekdoten und Gespräche nachgrübelte und die einschlägigen Studien las, merkte ich, dass das »Arschloch-Problem« für die meisten Beschäftigten in den meisten Firmen kein isoliertes Problem war. Vielmehr war es eng verknüpft mit Gefühlen, Haltungen und Zielen, die um eine Zentralfigur kreisten: DEN CHEF. Mir wurde klar, dass ein guter Chef nicht nur die »Anti-Arschloch-Regel« einführt, sondern eine ganze Reihe weiterer Maßnahmen ergreift, um eine menschliche Arbeitsumgebung zu schaffen. Ein schlechter Chef dagegen lässt zu, das Arschlöcher das Zepter schwingen. Dazu kommt, dass immer wieder seine Inkompetenz ihr hässliches Haupt hebt.

In den meisten Geschichten über Fieslinge, die ihren Mitarbeitern die Leistung vermasselten und das Selbstwertgefühl raubten, spielte der Chef die Hauptrolle. Etwa bei dem Verkäufer, dessen E-Mail den Titel trug: »Hatte Leukämie, wurde von einem schlechten Manager schikaniert.« Als die Chemotherapie ihn Kraft kostete, verdoppelte sein bösartiger Chef die Sollvorgaben für den Umsatz und beschimpfte ihn als »Schlappschwanz« und »Niete«. Oder die Sekretärin, die von den Anwälten, für die sie arbeitete, wie Luft behandelt wurde. Die aufgeblasenen und egozentrischen Vollidioten grüßten sie nicht, wenn sie vorbeikamen, und führten direkt neben ihrem Schreibtisch lautstarke Unterhaltungen, als wäre sie gar nicht da. Oder die Hebamme, die in der Ausbildung von Ärzten dermaßen brutal gedemütigt wurde, dass sie seither bei schwierigen Geburten immer unter Selbstzweifeln leidet.

Wie verbreitet Arschlöcher unter Chefs sind, wird von zuverlässigen Studien bestätigt. Eine Umfrage des Meinungsforschungsinstituts Zogby im Jahr 2007 unter fast 8 000 erwachsenen US-Amerikanern ergab, dass von den Menschen, die am Arbeitsplatz gemobbt wurden (37 Prozent der Befragten), 72 Prozent Opfer von Vorgesetzten waren.[3] Die Berichte über die von mobbenden Bossen angerichteten Schäden werden von systematischen Studien bestätigt. Forscher von der Universität von Florida stellten fest, dass Menschen mit mobbenden Chefs häufiger das Arbeitstempo drosseln oder absichtlich Fehler machen (30 Prozent gegenüber sechs Prozent), sich vor ihren Chefs verstecken (27 Prozent gegenüber vier Prozent), nicht den vollen Einsatz bringen (33 Prozent gegenüber neun Prozent) und Krankheit simulieren (29 Prozent gegenüber vier Prozent). Unter gemobbten Mitarbeitern war die Wahrscheinlichkeit, dass sie eigene Vorschläge einbrachten oder gegen Probleme am Arbeitsplatz aktiv wurden, dreimal *geringer*. Mobbende Chefs vergraulen ihre Mitarbeiter: Mehr als 20 Millionen US-Amerikaner haben ihren Job gekündigt, um Mobbing am Arbeitsplatz zu entfliehen, das wiederum in den meisten Fällen von Chefs ausging.[4]

Doch wenn sich die Leute einen tollen Chef vorstellen (oder von ihm träumen), wollen sie mehr, als dass er kein ausgemachtes Arschloch ist. Sie möchten einen höflichen Chef, der viele Qualitäten in sich vereint. Nehmen wir die junge Dozentin, die mir erzählte, wie sie vor einem fiesen und sexistischen Fakultätschef floh. Sie ergatterte einen Job bei einem anderen Fakultätsvorstand, der nicht nur ein wunderbarer Mensch, sondern auch dafür bekannt war, dass er für seine Fakultät Geldmittel lockermachte und seine Leute vor kleinlichem und zeitraubendem politischem Hickhack schützte.

Der Arschloch-Faktor traf bei Chefs (und Möchtegernchefs) einen Nerv, denn zu einem fähigen Chef gehört, dass er seine Leute mit Würde behandelt – aber nicht nur das. Eine Highschool-Rektorin aus Illinois zum Beispiel wollte erreichen, dass sich ihre Lehrkräfte »nicht dauernd gegenseitig bekriegen, was nicht nur ihnen, sondern auch den Schülerinnen und Schülern zugutekäme«. Zu dem Fünfpunkteplan, den sie einführte, um Ruhe in die Schule zu bringen, gehörte auch ein veränderter Umgangston.

Oder nehmen wir den Chefarzt, der Krankenschwestern und Ärzten mit Respekt begegnet, weil er sich in seiner eigenen Facharztausbildung geschworen hat, nicht so ein fieses und egozentrisches Arschloch zu werden wie die Ärzte, die ihn einst ausbildeten. Respekt, so dieser Chefarzt, senke die Zahl der Behandlungsfehler, weil Krankenschwestern und Ärzte die Sicherheit brauchen, ja weil sie sich verpflichtet fühlen müssen, Fehler, die ihm und anderen leitenden Ärzten unterlaufen, zu benennen, ohne Rache fürchten zu müssen. Nur weil ein Arzt kein Arschloch ist, so ein anderer Mediziner, heißt das aber noch lange nicht, dass eine Krankenschwester sich traut, ihn auf Fehler aufmerksam zu machen. Ein guter Chef betrachtet die Anti-Arschloch-Regel nicht als allein selig machenden Weg, sondern als Teil eines größeren Repertoires.

Arschlöcher am Arbeitsplatz animierten mich somit dazu, *Der Chef-Faktor* zu schreiben, weil ich mit vielen Menschen in Kontakt gekommen bin, die gern ein fähiger Chef werden oder für einen solchen arbeiten wollen.

Ich spreche nicht von der »Führungspersönlichkeit«, dem »Manager« oder dem »Vorgesetzten« (obwohl sie alle Chefs sind), sondern vom »Chef«, weil damit eine Autoritätsperson gemeint ist, die direkten und häufigen Kontakt mit Untergebenen hat und verantwortlich deren Arbeit anleitet und evaluiert. In diesem Buch geht es nicht darum, wie man eine Strategie für ein großes Unternehmen entwickelt oder wie man Hunderte oder gar Tausende von Untergebenen anleitet (die der oberste Chef gar nicht kennt). Sei es, dass Sie Konzernchefin einer *Fortune*-500-Firma sind, Chefkoch, Basketballtrainer, Geschäftsführerin eines Starbucks-Cafés oder Leiter eines Produktentwicklungsteams: Ihr Erfolg hängt davon ab, wie Sie mit den Menschen umgehen, mit denen sie am engsten zusammenarbeiten, die Sie persönlich anleiten, inspirieren und disziplinieren – und die wiederum Sie genau bei allem beobachten, was Sie tun. Wenn Menschen über »meinen Chef« reden, so assoziieren sie damit den Klang seiner

Stimme, seinen Gesichtsausdruck, Bilder allzu menschlicher Beziehungen zwischen Menschen, die viel über die Macken, Schwächen und Gewohnheiten der anderen wissen, auch dann, wenn sie sich nur selten Auge in Auge gegenübersitzen und überwiegend über Telefon, E-Mail, Kurznachrichten oder Videokonferenzen miteinander kommunizieren. Wenn man Chef ist oder einen Chef hat, so spielen Faktoren wie Vertrauen, Wohlergehen, Missgunst, Missverständnisse, Wutausbrüche und Verzweiflung eine Rolle. Diese Faktoren durchdringen jede Beziehung, in der eine Person unmittelbar Macht über eine andere ausübt.

In *Der Chef-Faktor* will ich darlegen, was die besten Chefs tun, und nicht, was ein durchschnittlicher oder halbwegs kompetenter Chef tut. Kaum jemand gibt sich mit einem mittelmäßigen Chef zufrieden oder will ein solcher sein. Menschen wie jene Dozentin, die mir von ihrer erfolgreichen Flucht vor Arschloch-Chefs berichteten, suchten nicht nach einem zufriedenstellenden Chef, sondern nach einem hervorragenden. Meine Frau Marina Park drängte mich besonders nachdrücklich, darüber zu schreiben, was ein richtig guter Chef tut. Marina ist seit geraumer Zeit Chefin. Sie war acht Jahre lang geschäftsführende Partnerin in einer Anwaltskanzlei, ehe sie in den gemeinnützigen Sektor wechselte. Heute ist sie CEO der Northern California Girl Scouts. Als ich Marina von meinen Buchplänen erzählte, kam ihre Reaktion prompt und eindringlich: »Ich will eine hervorragende Chefin sein. Ich will wissen, wie das geht. Das will ich in deinem Buch lesen.« Marinas Wunsch entsprechend befasst sich dieses Buch deshalb damit, was die besten Chefs tun. Meine Folgerungen und Ratschläge zu diesem Thema leiten sich daraus ab, was ich in den 30 Jahren meiner Forscherlaufbahn aus einem gewaltigen Berg von Studien sowie Tausenden von Beobachtungen und Gesprächen mit Chefs (und ihren Mitarbeitern) in allen möglichen Arbeitsumgebungen erfahren habe.[5] Zu diesen handfesten Indizien kommen meine Neigungen und Werte darüber, was ein guter Chef (also einer der besten) tun und sagen sollte. Es ist mir völlig gleich, ob Sie das erfolgreichste Verkaufsteam Ihrer Firma leiten, den Fußballweltmeister trainieren oder Rektorin einer preisgekrönten Schule sind: Wenn Sie Ihre Leute wie Dreck behandeln, verdienen Sie in meinem Buch nicht das Prädikat »guter Chef«.

Der Chef-Faktor konzentriert sich auf die Unterschiede zwischen den besten und den schlechtesten Chefs. Ich vergleiche das beste und schlechteste Verhalten, das Chefs bei der Erledigung wichtiger Aufgaben an den Tag legen, sei es, dass sie die Regie in die Hand nehmen, Entscheidungen treffen, Worten Taten folgen lassen oder die Drecksarbeit erledigen. Ein Großteil der hier vorgestellten Studien vergleicht »besseres« und »schlechteres« Verhalten. Mir ist es wichtig, die Feinheiten und Folgen richtigen Tuns – verglichen mit falschem – in aller Deutlichkeit herauszuarbeiten. Wenn Sie Chefin oder Chef sind, können Sie sich viel Ärger ersparen, indem Sie aus Fehlgriffen und Bauchlandungen anderer Chefs lernen. Die einstige First Lady der USA Eleanor Roosevelt soll gesagt haben: »Lerne aus den Fehlern anderer. So lange kannst du gar nicht leben, dass du sie alle selber machst.«[6]

Die abschreckenden Beispiele in *Der Chef-Faktor* können Ihnen nicht nur Zeit und Geld sparen, sondern auch demütigende Niederlagen. In Kapitel 7 zeige ich auf, dass es Zeiten gibt, in denen man »besser den Mund hält«. Ich erzähle von einem Partner und Chef der Wertpapierabteilung einer großen Kanzlei, der sich in einem vollen Zug am Handy lautstark über anstehende Entlassungen ausließ – und etwa 20 Anwälte namentlich nannte, die ihren Job verlieren sollten. Ein Mitreisender hörte das Gespräch zufällig mit und fand heraus, um welche Kanzlei es ging, wie der betreffende Partner hieß und dass er mit dem Kanzleichef sprach. Dieser anonyme Passagier berichtete in einem Blog, was er gehört hatte. Die Kanzleiführung entschuldigte sich betreten für den indiskreten Partner und räumte ein, dass Entlassungen anstünden.[7] Der vorlaute

Anwalt lernte natürlich seine Lektion, doch für alle anderen ist es erheblich einfacher, *von ihm* zu lernen, als denselben Fehler zu begehen.

Wenn Sie ernsthaft ein fähiger und einfühlender Chef werden wollen, reicht es nicht aus, dieses Buch zu lesen oder auch irgendein anderes. Größe stellt sich nur durch hartnäckiges Bemühen ein: Man bringt viele kleine Dinge gut unter Dach und Fach, steht nach jedem schweren Schlag wieder auf und motiviert seine Mitarbeiter dazu, nie aufzugeben. Ein guter Chef düst nicht ab in die Finanzmetropole, rettet mit einem oder zwei mutigen Manövern den Tag, erklärt sich zum Sieger und ruht sich dann auf seinen Lorbeeren aus. Es gibt keinen endgültigen Sieg. Die Belohnung für einen Erfolg besteht in der Regel darin, dass Sie einen strapaziösen (aber nicht selten befriedigenden) Job weiter machen dürfen. Ungeachtet des Unsinns, den manch ein Managementguru kundtut, gibt es keine Wunderwaffe, kein Allheilmittel und keine Abkürzung auf dem Weg zum guten Chef. Wer das behauptet, lügt. Ein guter Chef hat Erfolg, weil er sich durch einen Berg langweiliger, interessanter, amüsanter, lohnender, frustrierender und nicht selten hirnverbrannter Aufgaben arbeitet. Deshalb heißt dieses Buch *Der Chef-Faktor*. Das hartnäckige Bestreben, eins nach dem anderen gut zu machen, in kleinen Schritten, ist die einzige mir bekannte Methode, ein guter Chef zu werden und einer zu bleiben.

Ich wünschte, ich könnte Ihnen einen einfacheren Weg versprechen. Aber zwischen dem, was ein hervorragender, und dem, was ein mieser Chef tut, liegen Welten, wie unzählige gründliche Studien untermauern. *Der Chef-Faktor* stellt diesen Studien konkrete Beispiele an die Seite, die das Denken, das Maß und das Handeln eines guten Chefs aufzeigen. Dazu kommt, was man aus Fehlern schlechter Chefs – die auch den besten Chefs bisweilen unterlaufen – lernen kann.

Teil I:
Die Voraussetzungen

1

Wie denkt ein guter Chef?

Auf den Chef kommt es an. Auf den Chef kommt es an, weil die meisten Beschäftigten einen Chef haben, Chef sind oder beides. In den USA gibt es mindestens 21 Millionen Chefs, manche Schätzungen nennen sogar die Zahl 38 Millionen.[1] Mehr als 90 Prozent der Beschäftigten in den USA haben mindestens einen Chef, jemanden also, der in der Firmenhierarchie über ihnen steht. Chefs gibt es in 50 Bereichen, vom Vorstandsvorsitzenden eines Konzerns über den Militäroffizier, den Schiffskapitän und den Chefkoch bis hin zum Leiter eines Bestattungsinstituts. Der Chef ist wichtig, und zwar für alle, die er führt, besonders aber für diejenigen, die ihm in der betrieblichen Hackordnung unmittelbar unterstellt sind, die er also direkt anleitet und evaluiert und die tagein, tagaus seinen Tugenden, Schwächen und Schrullen ausgesetzt sind. Der Erfolg einer Chefin oder eines Chefs steht und fällt damit, wie gut sie oder er durch diese leidigen und durchaus verworrenen zwischenmenschlichen Beziehungen navigiert.

Wie stark es auf den Chef ankommt, konnte ich zu Beginn meiner wissenschaftlichen Laufbahn am Beispiel meines Freundes Corey Billington beobachten.[2] Corey ging zu Hewlett-Packard und kam in die Strategic Planning and Modelling Group, eine Beratungsabteilung, die die Lieferkette für HP optimieren sollte. Der Abteilungsleiter (ich nenne ihn einmal Hector) schindete in der Führungsetage mit schicken Ideen und protzigen Präsentationen Eindruck. Leider tauschte sich Hector so gut wie nie mit seinen Leuten aus und zeigte wenig Interesse an ihrer Arbeit oder ihrem Fortkommen. Nachdem Hector seine Abteilung etappenweise wie Luft behandelte, brach er in scheinbar willkürlichen Intervallen über seine Leute herein und stachelte sie zur Mitarbeit an einem Eilprojekt an. »Von Zeit zu Zeit«, so ein Teammitglied sinngemäß, »kam er auf seinem stolzen Schimmel angeritten, blies zum Angriff, überwältigte den Feind, erklärte sich zum Sieger und galoppierte von dannen. Dann bekamen wir ihn eine Weile nicht zu sehen.« Hectors Leute hatten seine Mätzchen bald satt und gaben ihm in der Mitarbeiterbefragung schlechte Noten. Das Management – immerhin – setzte Hector auf eine andere Position und machte Corey zum Chef.

Corey pflegte einen anderen Stil. Er hörte seinen Leuten zu, setzte sich mit ihnen zusammen, um Stärken aufzudecken und Ziele festzulegen, und zog Projekte an Land, die ihnen Spaß machten und den guten Ruf der Abteilung festigten. Die ersten Jahre waren hart. Corey tat sich schwer, gute Aufträge zu ergattern, eines der ersten Projekte ging schief, er griff bei einer Neueinstellung daneben, und in der Führungsetage kamen Zweifel auf, ob man die Strategiegruppe überhaupt brauchte. Doch Corey gab nicht auf und sorgte dafür, dass sich seine Mitarbeiter weiterbildeten, aus Rückschlägen lernten und einen treuen Kundenstamm innerhalb – und später auch außerhalb – des Unternehmens aufbauten. Unter Hector waren die Berater schlechter bezahlt worden als Kollegen, die in anderen Abteilungen vergleichbare Tätigkeiten verrichteten, und er hatte sich auch nicht für Gehaltserhöhungen eingesetzt. Corey dagegen kämpfte für seine Leute, denn »es war zum Kotzen, nicht nach dem Wert der Arbeit bezahlt zu werden. Ich musste für meine Firma eine Jobfamilie schaffen, und das war ganz schön anstrengend.« Nach und nach verbesserte sich die Situation der Abteilung. Nach fünf Jahren verrichtete sie hoch qualifizierte Arbeiten, wurde vom angesehenen Forschungsinstitut INFORMS als »beste Strategiegruppe« ausgezeichnet und hatte einen externen Kundenanteil von etwa 15 Prozent.

Auf den Chef kommt es an

Die Moral von der Geschicht – dass nämlich viel davon abhängt, ob ein Chef gut oder schlecht ist – wird von unzähligen Studien bestätigt. So ereilt Beschäftigte, die einen guten Chef haben, seltener ein Herzinfarkt. Eine schwedische Studie, die 3 122 Männer zehn Jahre lang begleitete, kam zu dem Schluss, dass Beschäftigte, die einen guten Chef hatten (einen also, der Rücksicht nahm, klare Ziele setzte und Veränderungen einführte), seltener einen Herzinfarkt hatten als solche mit einem schlechten Chef.[3] »Bei den Menschen, die einen guten Chef haben«, so Koautorin Anna Nyberg, »sinkt das Risiko um mindestens 20 Prozent, nach vier Jahren Zusammenarbeit sogar auf 39 Prozent.«[4] Das Phänomen, das die Studie aus dem Jahr 2008 beobachtete, war schon seit Langem bekannt. Robert Hogan zufolge kamen Studien, die »1948, 1958, 1968 und 1998« in »London, Baltimore, Seattle und Honolulu« unter »Postbeamten, Milchfahrern und Lehrern« vorgenommen wurden, immer zum gleichen Ergebnis: Rund 75 Prozent aller Beschäftigten gaben an, der anstrengendste Teil ihrer Arbeit sei ihr unmittelbarer Vorgesetzter.[5]

Am schwersten wiegt der Chef, wenn er direkt und persönlich Einfluss auf seine Untergebenen hat, etwa in einem Team oder in einer kleinen Organisation. Robert Keller untersuchte 118 Leiter kleiner Projektteams (aus vier oder fünf Personen).[6] Teams, deren Führungskräfte stärker waren (also beispielsweise Charisma hatten, ihre Leute intellektuell anregten und klare Erwartungen formulierten), arbeiteten besser, schneller und kosteneffizienter. Kellers Nachfolgeuntersuchung fünf Jahren später ergab, dass die Teams der besseren Chefs ihre Produkte schneller auf den Markt brachten und mehr Gewinn erzielten. Kellers Erkenntnisse leuchten mir ein. In den 90er-Jahren begleiteten meine Doktoranden und ich eine Reihe von Produktentwicklungsteams bei der Arbeit. Die Unterschiede zwischen den Teams, die am besten, und denen, die am schlechtesten geführt wurden, waren eklatant. Ein Team (in einer mittlerweile nicht mehr bestehenden Firma) redete sechs Monate lang über die Produkte, die es entwickeln sollte, doch die Chefin hielt ihre Leute davon ab, Prototypen zu entwerfen oder gar zu bauen. Um Kapitel 5 vorwegzunehmen: Sie belohnte Klugschwätzerei statt klugen Handelns. Dieses schlecht geführte Team entwickelte keinen einzigen Prototyp, obwohl mein Student, der das Team begleitete (ein erfahrener Produktdesigner), auf der Grundlage der vorhandenen Ideen innerhalb weniger Stunden einen hätte bauen können. Ein gut geführtes Team in einer anderen Firma konstruierte schon in der ersten Woche eines Projektes einen vielversprechenden Prototyp, und zwar bereits 30 Minuten nach Entwicklung der Idee.

Da auch in Sportmannschaften der Trainer Hand in Hand mit den Spielern zusammenarbeitet, ist es kein Wunder, dass seine Führungsqualitäten die Leistung enorm heben. Lawrence Kahn wies vor 18 Jahren in seiner Studie über die Baseballmannschaften der US-Baseballliga Major League nach, dass unter den besten Cheftrainern (die mehr Siege verzeichnen und länger im Geschäft sind als andere) die Schlagmänner und Werfer dauerhaft bessere Leistungen erbrachten als im Durchschnitt ihrer jeweiligen Laufbahn. Die schlechtesten Trainer dagegen nahmen den Spielern den Wind aus den Segeln, und ihre Leistung war unterdurchschnittlich. Auch an den Mannschaften der National Basketball Association lässt sich beobachten, dass Trainer mit einer guten Erfolgsbilanz die Leistung positiv beeinflussen, und diese Wirkung tritt bereits im ersten Jahr zutage. Ein Basketballtrainer kann direkt und rasch Einfluss nehmen, weil nur fünf Spieler gleichzeitig auf dem Feld sind und der Trainer die Taktik (und seine Gefühlsbezeugungen den Spielern gegenüber) je nach Spielverlauf von seiner Position aus, wenige Meter vom Spielfeldrand entfernt, choreografieren kann.[7]

Auch in Umfragen, die eine Armee von Gallup-Meinungsforschern in den vergangenen 30 Jahren erstellt hat, spielte der jeweilige Chef eine entscheidende Rolle. Gallup-Meinungsumfragen unter mehr als 100 000 Angestellten in über 2 500 verschiedenen Firmen lassen den Schluss zu: »Manager sticht Unternehmen.«[8] Der unmittelbare Vorgesetzte eines Beschäftigten hat erheblich mehr Einfluss auf dessen Engagement und Leistung als das Unternehmen selbst. Studien belegen, dass in einer ansonsten miesen Arbeitsumgebung ein guter Chef die Leistung der ihm Unterstellten besonders stark beeinflusst. »Die Leute kündigen nicht der Firma, sondern einem schlechten Chef«, schließt Robert Hogan aus sorgfältig durchgeführten Studien, darunter auch Gallup-Meinungsumfragen. Eine Gallup-Meinungsumfrage unter Beschäftigten in den USA aus dem Jahr 2007 ergab, dass 24 Prozent der Befragten ihrem Chef kündigen würden, wenn sie es könnten. Gallup kommt zu dem Schluss, dass ein mieser Chef der Hauptgrund dafür ist, dass 56 Prozent der Beschäftigten »in die innere Emigration gegangen« sind oder »wie im Schlaf durch den Arbeitstag gehen«. Schlimmer noch: Die verbitterten Angestellten (die 18 Prozent also, die sich »aktiv losgelöst« haben) wirken sich auch negativ auf die Leistungen ihrer Kollegen aus. Gallup stieß auf eklatante Unterschiede zwischen Organisationen mit vielen hervorragenden und solchen mit vielen miesen Chefs. In Firmen, in denen die Beschäftigten berichten, dass sich ihre unmittelbaren Vorgesetzten um sie kümmern, sind die Firmentreue, die Produktivität und die Rentabilität höher.[9]

Doch auf den Kopf einer Organisation kommt es ganz besonders an. Der Boss bestimmt das Verhalten derer, die ihm direkt unterstellt sind, und das Echo setzt sich durch das gesamte System fort. Ich war einmal in einem großen Unternehmen tätig, in dem der CEO in Konferenzen das Wort an sich riss, anderen über den Mund fuhr und aggressiv jeden Mitarbeiter zum Schweigen brachte, der eine abweichende Meinung vorbrachte. Die gesamte Führungsetage beschwerte sich (hinter seinem Rücken, versteht sich) bitter über das Gehabe ihres herrschsüchtigen Chefs. Doch mir fiel auf, dass sich, sobald der Platzhirsch den Raum verlassen hatte, die nächstmächtigste Führungskraft genauso aufführte wie ihr despotischer Boss. Wenn auch sie den Raum verließ, ahmte der Nächste in der Hierarchie den überheblichen Stil des CEO nach. Es war faszinierend zu beobachten, wie sich dieses Verhalten die Hackordnung nach unten fortsetzte.

Wie hochrangige Vorgesetzte die ihnen direkt unterstellten Mitarbeiter behandeln, durchzieht im Unternehmen die gesamte Hierarchie und prägt die Kultur und Leistungsfähigkeit eines Unternehmens. Eine Studie in 66 der am schnellsten wachsenden neuen US-Firmen ergab, dass die besten Firmenchefs im Umgang mit ihrem Führungspersonal eine Weisungsstruktur praktizierten, die eine hierarchische Ordnung mit einer Teilhabe an der Führung kombinierte.[10] Der Studie zufolge ist die Leistung eines solchen Unternehmens besser – es hat also schneller mehr Umsatz und mehr Personal aufzuweisen als vergleichbare Firmen. Auch andere Studien belegen, dass sich der Umgang des Firmenchefs mit seinem Spitzenteam auf die gesamte Firma auswirkt. Wenn etwa ein CEO eine erheblich bessere Bezahlung und ungleich größere Macht erhält (oder an sich reißt) als seine unmittelbaren Untergebenen, so geht dieses Verhalten mit einer schlechteren Unternehmensleistung einher. Das mag daran liegen, dass solch ein Firmenboss zur Selbstüberschätzung neigt und sich von seinen vergleichsweise machtlosen Untergebenen nicht von schlechten Entscheidungen abbringen lässt.

Wenn der Unternehmenschef seine Spitzenmannschaft zu konstruktivem Streit ermutigt, kommen ähnlichen Studien zufolge dagegen bessere Entscheidungen zustande, die dann die Leistung des Unternehmens heben. Zu diesem Ergebnis kommt auch die Historikerin Doris Kearns Goodwin in ihrem Bestseller *Team of Rivals: The Political Genius of Abraham Lincoln*. Lincoln hatte den Mut, nach seinem Wahlsieg 1860 drei seiner erbittertsten Gegner und Kritiker ins Kabinett zu holen: William Seward, Salmon Chase und Edward Bates. Goodwin zufolge verhinderte Lincoln sehr geschickt, dass das ausgeprägte Ego der drei allzu stark zum Tragen kam. Indem er darüber hinaus den konstruktiven Streit und die Zusammenarbeit zwischen diesen und anderen eigenwilligen Anhängern förderte, entstand nicht nur eine wirkungsvolle Dynamik, sondern, was noch wichtiger war, es fielen Entscheidungen, die der Nation nützten und ihr Fortbestehen auch im Amerikanischen Bürgerkrieg sicherten. Entsprechend kann auch in der größten Firma oder Institution die Art, wie der Chef seine direkten Untergebenen behandelt, über das Wohl und Wehe des gesamten Systems entscheiden.

Aus dieser und vielen anderen Studien und Beispielen folgt, dass der Firmenchef besonders den ihm direkt unterstellten Mitarbeitern enormen Auftrieb geben kann. Er beeinflusst die Arbeitsweise seiner Mitarbeiter, er entscheidet darüber, ob sie Freude oder Verzweiflung erfahren, gute oder schlechte Leistung erbringen, gesund oder krank sind. Leider gibt es massenweise mittelmäßige und grottenschlechte Chefs, und zwischen den besten und den schlechtesten klafft ein tiefer Abgrund. Man muss nur Leute beobachten und befragen, die es mit mehreren Chefs zu tun haben, dann sieht man, wie derselbe Angestellte mit demselben Aufgabenbereich auf einen schlechten und auf einen guten Vorgesetzten reagiert. Im Frühling 2009 wartete ich in meinem Supermarkt um die Ecke vor der Kasse. Die Kassiererin kündigte durch das Mikrofon eine fünfminütige Sammelaktion an und bat um Spenden für Kinder mit Autismus und anderen Behinderungen. Sie erklärte allen Kundinnen und Kunden, sie bringe diese Bitte nur vor, weil ihr Filialleiter Dave sie darum gebeten habe. Als ich an der Reihe war und ihr meine Spende überreichte, sagte sie: »Die meisten Filialleiter mag ich nicht, für die rühre ich keinen Finger. Aber Dave ist toll, für den tue ich alles.« Ich eilte zurück zu meinem Auto und schrieb ihre Worte rasch auf, denn für mich erfüllten sie die zitierten Studien mit Leben: Wenn diese Kassiererin für Dave arbeitete, übernahm sie gern zusätzliche Arbeit, und ihre Begeisterung wirkte auf Kolleginnen und Kunden ansteckend. Unter einem Chef, den sie »nicht mochte«, lösten sich dagegen der Tatendrang und die gute Laune in Luft auf.

Die anhand von Studien und Beispielen belegten Unterschiede gibt es, obwohl die meisten Chefs toll sein wollen und die meisten Beschäftigten sich einen tollen Chef wünschen. Was die Frage aufwirft: **Wenn Sie als Chef gute Arbeit leisten wollen, was können Sie tun?** In *Der Chef-Faktor* will ich diese Frage beantworten. In diesem Kapitel geht es darum, wie ein guter Chef denkt. Die Überzeugungen eines Chefs und seine Haltung zu sich selbst, zu seiner Arbeit und seinen Leuten wirkt sich unmittelbar darauf aus, was er tagtäglich tut und wie er (und andere) die Arbeit beurteilen. Ein guter Chef hat fünf Überzeugungen, die Grundbausteine für effektives Handeln sind.

Tafel 1

So denkt ein guter Chef

Wie würden Ihre Leute die folgenden Fragen über Sie beantworten?

1. **Befolgen Sie Lasordas Gesetz?** Streben Sie unablässig danach, ein konstruktives Mittelmaß zwischen einer zu energischen und einer allzu laschen Haltung zu finden? Oder versäumen Sie es gar, Ihren Leuten Führung, Rat und Feedback zu geben, die sie für den Erfolg brauchen? Oder, schlimmer noch, überwachen und bestimmen Sie zwanghaft jeden ihrer Schritte?
2. **Haben Sie Biss?** Betrachten Sie die Arbeit, die Sie anleiten, als Marathon oder als Sprint? Sind Sie ausdauernd und geduldig, bringen Sie sich und Ihre

Leute stetig voran? Oder suchen Sie nach schnellen Rezepten, betrachten das Leben als eine Folge von Notfällen und geben auf (oder machen sich aus dem Staub), wenn es hart auf hart kommt?

3. **Ermöglichen Sie Ihren Leuten kleine Erfolge?** Gliedern Sie die Aufgabe, die Ihre Leute bewältigen sollen, in eine Abfolge kleiner, realistischer und nicht allzu schwieriger Schritte? Oder definieren Sie große Ziele und Strategien, ohne Ihren Leuten dabei zu helfen, sie in mundgerechte Happen zu unterteilen?
4. **Hüten Sie sich vor dem »toxischen Tandem«?** Denken Sie daran, dass Ihre Leute Sie genau beobachten – und handeln Sie entsprechend, um Leistung und Würde Ihrer Mitarbeiter nicht zu unterminieren? Oder sind Sie sich dieser genauen Beobachtung gar nicht bewusst und verschwenden keinen Gedanken daran, dass kleine Gesten und Worte in der Wahrnehmung Ihrer Mitarbeiter riesig groß werden können?
5. **Stärken Sie Ihren Leuten den Rücken?** Betrachten Sie es als Ihre Aufgabe, sich um Ihre Leute zu kümmern und sie zu beschützen, wenn nötig auch für sie zu kämpfen? Oder ist es Ihnen zu mühsam, sich für Ressourcen einzusetzen, ist Ihnen das Risiko zu groß, sich gegen idiotische Entscheidungen von oben zu wehren? Wenn Ihre Leute etwas vermasseln, halten Sie dann den Kopf für sie hin, oder lassen Sie sie über die Klinge springen? Wenn Sie Mist bauen, geben Sie es dann zu, oder zeigen Sie mit dem Finger auf Ihre unschuldigen Mitarbeiter?

1. Nicht das Täubchen zerquetschen!

Tommy Lasorda ist seit 1949 als Spieler, Trainer oder Führungskraft für die Los Angeles Dodgers tätig, 20 Jahre davon als Manager. »Ich glaube«, sagte Lasorda einmal, »Management muss man sich so vorstellen, dass man eine Taube in der Hand hält. Wenn man sie zu fest hält, bringt man sie um, aber wenn man sie zu locker hält, verliert man sie.«[11] Ich nenne das »Lasordas Gesetz«, weil es die heikle Balance zwischen zu viel und zu wenig Führung beschreibt, die jeder gute Chef und jede gute Chefin auslotet.

Daniel Ames und Frank Flynn stellten eine Hypothese auf, die an Lasordas Gesetz erinnert: Manager, die zu energisch auftreten, beschädigen ihr Verhältnis zu Vorgesetzten, Gleichrangigen und Untergebenen. Manager, die nicht energisch genug auftreten, motivieren ihre Leute dagegen nicht zu ausreichend ehrgeizigen Zielen. Daher vermuteten Ames und Flynn, dass gute Chefs in der Beurteilung durch ihre Untergebenen bei Begriffen wie »kampflustig«, »aggressiv«, »passiv« und »nachgiebig« etwa im Durchschnitt liegen müssten. Sie baten 213 MBA-Studenten, das Durchsetzungsvermögen ihres letzten Chefs zu bewerten. Wie vorhergesagt, wurden moderat durchsetzungsfähige Chefs als besonders effektiv eingestuft. Die MBA-Studenten hielten es für besonders wahrscheinlich, dass sie es zu etwas bringen würden, und wollten gern wieder für sie arbeiten. Ames und Flynn deuten das als Signal dafür, dass sich ein Chef mit der »richtigen Portion Durchsetzungsvermögen« dadurch auszeichnet, dass seinen Mitarbeitern seine Aggressivität, sein Kampfgeist, seine Passivität und Nachgiebigkeit *nicht auffallen*:

> Wie beim Salz in der Suppe verdirbt zu viel davon das Gericht, doch zu wenig ist gleichermaßen unerfreulich; stimmt aber die Menge, so beherrschen andere Aromen das Geschmackserlebnis. So, wie ein Gericht selten dafür gelobt wird, dass es

> genau richtig gesalzen ist, so werden Führungskräfte wohl nicht so häufig dafür gewürdigt, dass sie die richtige Portion Durchsetzungsvermögen besitzen.[12]

Ein erfolgreicher Chef weiß, dass er seine Leute manchmal besser in Ruhe lässt. Ihm ist klar, dass es oft die Leistung nicht hebt, ja sie manchmal sogar schmälert, wenn er seine Mitarbeiter allzu genau überwacht. Ein Mikromanager dagegen ist der Ansicht, dass er die Leistung seiner Leute durch ungeteilte Aufmerksamkeit und ständige Ratschläge verbessert. Versuche an der Stanford University haben ergeben, dass viele Chefs die Leistung zu heben glaubten, wenn sie ihre Untergebenen bis ins Kleinste überwachten und anleiteten – und zwar auch dann noch, wenn sie *gar keinen Einfluss* auf die Leistung ihrer Untergebenen hatten.[13] Wer fest davon überzeugt ist, dass es nützt, wenn er seine Leute genau im Auge hat, macht sich demnach etwas vor. Neugierige Chefs behindern ihre Leute auch dadurch, dass sie ihnen dauernd lästige und nutzlose Fragen stellen, die sie nur von der Arbeit abhalten. Mitarbeiter, die bis ins Kleinste überwacht werden, büßen zudem ihre Kreativität ein, weil sie sich lieber auf ausgetretenen Pfaden bewegen, um sich vor dem Chef nicht zu blamieren. Bisweilen ist das beste Management wenig oder kein Management. William Coyne, der mehr als zehn Jahre die Abteilung Forschung und Entwicklung bei 3M leitete, sieht seinen Job zu einem großen Teil darin, dass er seine Leute in Ruhe lässt und sie vor anderen übergriffigen Führungskräften in Schutz nimmt. »Wenn man einen Samen ausgesät hat«, erklärte er, »sollte man ihn nicht jede Woche ausgraben, um nachzusehen, wie er sich entwickelt.«[14]

Doch aus Lasordas Gesetz und der Studie von Ames und Flynn folgert durchaus nicht, dass ein guter Chef seine Leute nicht beachtet oder mit bedingungsloser Beliebigkeit behandelt. Manchmal muss er ihnen auch etwas beibringen, sie disziplinieren, ihnen eine Richtung geben oder auf andere Art intervenieren. Der bekannte Theaterregisseur Frank Hauser hat dazu einen wunderbaren Ratschlag parat. Er bezog sich zwar auf die Regiearbeit am Theater, doch Hausers Aussage lässt sich auch auf andere Chefs anwenden: »Sie sind nicht die Eltern dieses Kindes, das wir Theaterstück nennen. Sie sind aus *klinischen* Gründen bei der Geburt dabei, wie ein Arzt oder eine Hebamme. Ihre Aufgabe besteht meist schlicht darin, keinen Schaden anzurichten. Wenn aber etwas schiefgeht, dann kann davon, ob Sie merken, dass etwas nicht stimmt – und dass Sie einen klinischen Korrektureingriff vornehmen –, das Überleben des Kindes abhängen.«[15]

Wie Frank Hauser findet ein cleverer Chef immer die Balance zwischen zu viel und zu wenig Einmischung und achtet sorgfältig darauf, wann er mehr oder weniger Druck, Antrieb oder Einschüchterung braucht, um das Beste aus seinen Leuten herauszuholen (und um statt Verachtung Respekt und Würde Raum zu geben).

2. Mit Biss geht's besser

Ein guter Chef versteht seine Arbeit als Marathon, nicht als Sprint. Hector bei HP scheiterte, weil sein Job für ihn im Wesentlichen nur darin bestand, dass er hin und wieder einen sensationellen Sieg errang. Corey hatte Erfolg, weil er Weitblick besaß und sich tagein, tagaus ausdauernd engagierte. In der Forschung nennt man diese Haltung »Biss«; Professor Angela Duckworth und ihre Kolleginnen definieren sie als »ausdauernde und leidenschaftliche Orientierung auf ein langfristiges Ziel hin«. Weiter heißt es bei ihnen: »Zu Biss gehört, dass man energisch auf Ziele hinarbeitet, sich trotz Misserfolg, widrigen Umständen und ausbleibendem Fortschritt weiter anstrengt und einbringt. Wer Biss hat, sieht seine Arbeit als Marathon und zeichnet sich durch Stehvermögen aus.«[16] Auch Albert Einstein sah sich weniger als Genie denn als Mensch mit Biss: »Es ist nicht so, dass ich besonders schlau bin, sondern ich bleibe nur länger an einem Problem dran.«[17]

Ein guter Chef bringt seine Leute dazu, dass sie Biss entwickeln. Er ist hartnäckig und geduldig, stachelt sich und andere an. Ein Chef mit Biss macht Druck, ohne das Leben als einen einzigen Dauernotfall zu behandeln.

Glenn Osaka hat Biss. Im Jahr 2000 übernahm er die Leitung der Firma Reactivity, eines ehrgeizigen Start-up-Unternehmens im Silicon Valley. Reactivity bot Beratung bei technisch diffizilen Webpräsenzen an und half beim Aufbau neuer Firmen. Anfang 2001 machte das Unternehmen reichlich Umsatz, besaß Aktien anderer Start-up-Firmen und mehrere Millionen Dollar Risikokapital. Dann platzte die Internetblase, und die Einnahmen der Firma gingen gen null. Während die meisten anderen Dotcom-Unternehmen dichtmachten, gaben Glenn und sein Team aber nicht auf. Vielmehr legten sie 2002 einen »völligen Neustart« hin, reduzierten den Mitarbeiterstamm von 70 auf 13 und erstatteten den Investoren zwölf Millionen Dollar zurück. Glenn drängte seine Leute mit Nachdruck dazu, neue Geschäftsideen zu ersinnen, mit denen sich die Firma retten ließ. Als der Beschluss fiel, die Firma zu einer Softwareschmiede mit Schwerpunkt Unternehmenssicherheit auszubauen, brachte Glenn sein Team dazu, neue Produkte zu entwickeln, die richtigen Leute einzustellen und einen Kundenstamm aufzubauen. Umwege und Ablenkungen ging er gezielt aus dem Weg. Ich war einmal Zeuge, wie Glenn einen Softwareentwickler davon überzeugte, die Beratung einzustellen: Das bringe zwar Geld ein, doch das Überleben von Reactivity hänge ausschließlich von der Entwicklung und vom Verkauf des neuen Produkts ab. In dieser Übergangsphase war jeder Mitarbeiter »an Verkaufsaktivitäten beteiligt – einschließlich telefonischer Kaltakquise und Kundengesprächen«, erzählte mir John Lilly, technischer Vorstand und Mitbegründer der Firma. »Das war für viele Ingenieure keine leichte Sache.« Doch Glenns Zielstrebigkeit zahlte sich aus. Reactivity gewann wichtige Kunden, sicherte sich eine neue Finanzierung und wurde im Jahr 2007 für 135 Millionen Dollar von Cisco gekauft.[18]

Einen Chef mit Biss treibt die Überzeugung, dass alles, was er und seine Leute tun, besser sein könnte, wenn sie sich nur ein bisschen mehr anstrengten oder ein bisschen kreativer wären. Brad Bird von Pixar wurde für die Regie der Filme *Die Unglaublichen* und *Ratatouille* mit dem Academy Award ausgezeichnet. Im Gespräch mit meinen Kollegen und mir sprach Bird 2008 wiederholt von seiner »anhaltenden Ruhelosigkeit«.[19] Als junger Mann hatte Bird in den Disney-Studios gearbeitet und beobachtet, dass die Meisteranimatoren, die Klassiker wie *Pinocchio, Fantasia, Dumbo* und *Cinderella* schufen, nie zufrieden waren: »Am Ende der Filmarbeiten sagten sie immer: ›Jetzt hatte ich gerade das Gefühl, dass ich die Figur verstanden habe. Am liebsten würde ich das Ganze noch einmal machen, denn jetzt erst begreife ich es richtig. Aber jetzt ist der Film im Kasten.‹« Nach Walt Disneys Tod ging es mit dem Studio bergab, und an die Stelle des Hungers der alten Meister trat Selbstzufriedenheit. Bird beklagte, dass der neue Studioboss »uns alle auf den Boden setzen ließ, während er stand«, und verkündete: »Ich bin zufrieden mit meiner Arbeit.« Bird fand das alles andere als beeindruckend. »Mich hatte er damit verloren, denn ich hatte mit den Leuten zusammengearbeitet, deren schlimmste Arbeiten tausendmal besser waren als dieser Typ, und die waren nie zufrieden mit ihrer Arbeit.« Bird war so angewidert, dass er die Disney-Studios kräftig aufmischte, bis man ihn schließlich feuerte. Die »anhaltende Ruhelosigkeit«, die Bird von den alten Trickfilmmeistern übernommen hatte, war der »Raketentreibstoff«, der ihn durch seine gesamte Karriere als Zeichner und Regisseur von Animationsfilmen und Fernsehserien wie *Die Simpsons* brachte.

Nicht nur erfahrene Chefs in schillernden Branchen kennen dieses nagende Gefühl, dass sie nie aufhören zu lernen und sich nie auf ihren Lorbeeren ausruhen können. Man kann es auch an erfolgreichen Chefinnen wie Jeanne Hammontree beobachten, die ein Chick-fil-A-Schnellrestaurant betreibt. Jeanne ersinnt ständig neue Methoden, wie sie Kunden für ihr Fast-Food-Restaurant im Coolsprings Galleria Food Court in der Nähe von Nashville, Tennessee, gewinnen kann: Sie wirbt in Aufzügen, schickt ihre Angestellten, verkleidet als Kuh (das Firmenmaskottchen) in andere Geschäfte des Einkaufszentrums, wo sie sich mit den Angestellten (die 50 Prozent ihrer Kundschaft stellen) fotografieren lassen, und geht selbst durch das Einkaufszentrum, um sich anderen Ladenbesitzern und deren Mitarbeitern vorzustellen. Jeannes sprichwörtlicher Energie und Beharrlichkeit ist es zu verdanken, dass der Umsatz ihres Restaurant 2008, einem wegen der Wirtschaftskrise für die meisten Geschäfte in der Galleria schwierigen Jahr, um mehr als zehn Prozent stieg.[20]

3. Kleine Erfolge

Ein Chef mit Biss steckt sich langfristige Ziele, auf die er hartnäckig hinarbeitet. Solch ein Fernziel gibt die Richtung vor und aktiviert die Mitarbeiter, doch wer nicht mehr als ein solches Fernziel hat, ist verloren. Der Weg zum Erfolg ist gepflastert mit kleinen Erfolgen. Auch die großartigsten und glanzvollsten Siege beruhen auf einer Abfolge bescheidener, aber konstruktiver Schritte.

Wenn ein Chef erreichbare Schritte für sich und seine Mitarbeiter festlegt, so wirkt sich das positiv auf die Entscheidungen aus, die gefällt werden, erhält die Motivation und minimiert die negativen Erfahrungen. Karl Weick zeigt in seinem zum Klassiker gewordenen Aufsatz »Small Wins«, dass Mitarbeiter angesichts einer Aufgabe, die sie als zu groß, zu komplex oder zu schwierig empfinden, durchdrehen oder erstarren.[21] Weick zeigt auf, dass Menschen effektiver denken und handeln, wenn sie sich bescheidenere und beherrschbare Aufgaben vornehmen. Jeder Chef mit Biss, den ich bisher vorgestellt habe, wendet diese Strategie der kleinen Erfolge an. Corey Billington und Glenn Osaka setzten sich zu Beginn jeweils das Ziel, den ersten zahlenden Kunden zu gewinnen. Brad Bird diskutiert mit seinen Leuten ausgiebig über winzige Details eines Films. Jeanne Hammontrees Erfolg beruht auf vielen kleinen Erfolgen, wenn sie etwa für eine Mutti eine Rabattmarke aus dem Müll fischt oder auf ihrem Weg durch das Einkaufszentrum eine neue Verkäuferin kennenlernt.

Ein guter Chef weiß, dass sich die großen Ziele besser erreichen lassen, wenn man sich auf kleine Dinge konzentriert. Nehmen wir einmal Andy Papathanassiou von Hendrick Motorsports.[22] Hendrick managt in jeder NASCAR-Saison, die jeweils zehn Monate dauert, vier konkurrierende Rennteams. Zu den Fahrern zählen der viermalige Meister Jimmie Johnson und ehemalige Meister wie Jeff Gordon und Dale Earnhardt Jr. Andy kümmert sich für Hendrick um die Einstellung und Ausbildung der Boxenmitarbeiter. Die Autos kommen im Lauf eines 400 oder 500 Meilen langen Rennens sechs- bis zwölfmal zum Tanken und zum Reifenwechsel in die Boxen. Siegen kann nur, wer die Boxenstopps schnell und zuverlässig abwickelt. Wenn beispielsweise ein Auto in die Boxen zurückkehren muss, weil die Radmuttern nicht richtig festgezogen wurden, hat der Fahrer seine Chance auf den Sieg verwirkt. Ein gutes Boxenteam absolviert einen Boxenstopp zuverlässig in etwa 13 Sekunden. Jede Zehntelsekunde zählt, weil der Abstand zwischen Sieger und Verlierern hauchdünn ist. In mehr als der Hälfte der Rennen, die 2007 absolviert wurden, betrug der Vorsprung des Siegers weniger als eine Sekunde. Auf der Rennstrecke von Daytona besiegte Jamie McMurray Kyle Bush mit weniger als einer 100stel Sekunde Vorsprung.

Andy hatte keine Rennerfahrung, als er seine Arbeit mit den Boxenteams aufnahm. Der ehemalige Footballspieler für

Stanford war überrascht, dass die meisten Teams den Boxenstopp nicht übten und auch den besten noch viele Fehler unterliefen. Da Andy einen Boxenstopp ähnlich betrachtete wie ein Footballspiel, sorgte er dafür, dass die Teams trainierten, und arbeitete mit ihnen an der Perfektionierung jedes winzigen Details. Die von Andy geführten und trainierten Teams – und auch die Konkurrenz – entwickelten Methoden zur Beschleunigung der Boxenstopps, indem sie beispielsweise den Luftschlauch achterförmig aufwickelten statt kreisförmig, weil er sich so zuverlässiger aufrollen ließ. Andy suchte außerdem sportlich orientierte Techniker und unterzog sie einem rigorosen Training. Diese kleinen Erfolge, zu denen sich unzählige weitere im Autobau und der Fahrzeugtechnik gesellten, machten Hendrick zum zuverlässigsten Sieger im NASCAR-Geschäft.

Ein guter Chef zerlegt Probleme in mundgerechte Bissen und gibt seinen Leuten zu verstehen, dass sie die Einzelaufgaben ohne größere Schwierigkeiten bewältigen können. So strahlt er Ruhe und Zuversicht aus und spornt zu konstruktivem Handeln an. Ein mir bekannter CEO wendete diese Strategie an, als er mit seinen Leuten eine große Verkaufskampagne plante. Er diskutierte mit ihnen, welche Schritte notwendig seien, um die Kampagne zu einem guten Erfolg zu führen. Heraus kam eine Liste mit über 100 Aufgaben, angesichts derer bei den Mitarbeitern Zweifel aufkamen, ob sie das alles überhaupt in wenigen Monaten schaffen konnten. Der Chef nahm ihnen die Angst, indem er sie aufforderte, die Liste in »schwierige« und »einfache« Aufgaben aufzuteilen. Bei jeder einfachen Aufgabe fragte er in die Runde, wer sie in welchem Zeitraum erledigen konnte. Schon nach einer Viertelstunde war allen Anwesenden klar, dass mehr als die Hälfte der Aufgaben in wenigen Tagen zu bewältigen war. Das beruhigte sie, bereitete den Weg zu einer Vielzahl kleiner Erfolge und stärkte das Vertrauen in die gesamte Kampagne.

4. Hüten Sie sich vor dem toxischen Tandem

Vor ein paar Jahren führte ich mit einem Managementteam, das unter einer »problematischen Gruppendynamik« litt, einen Workshop durch. Insbesondere fanden die Teammitglieder, ihren Chef, einen Vice President, herrisch. Er könne nicht zuhören und »überfahre« andere mit einsamen Entscheidungen. Der Chef wies die Vorwürfe von sich und nannte seine Leute »dünnhäutige Waschlappen«.

Ich gab den Teammitgliedern – dem Chef und fünf ihm unmittelbar unterstellten Mitarbeitern –, eine Übung auf, die ich seit Jahren in Kursen einsetze. Etwa 20 Minuten lang sammelten sie Ideen zu Produkten, die ihre Firma auf den Markt bringen könnte. Dann engten sie zehn Minuten lang die Alternativen auf nur drei ein: die praktikabelste, die mutigste und diejenige, die am ehesten scheitern würde. Doch während des Brainstormings und der Entscheidungsfindung achtete ich nicht auf die Ideen, sondern vermerkte mithilfe weiterer Firmenangestellter, wie oft jeder Beteiligte etwas sagte, die anderen unterbrach und unterbrochen wurde. In dieser kurzen Übung kamen etwa 65 Prozent der Beiträge vom Vice President, der die anderen auch mindestens 20-mal unterbrach und kein einziges Mal unterbrochen wurde. Nach der Übung bat ich den Chef, den Raum zu verlassen, und forderte die fünf ihm unterstellten Mitarbeiter auf, eine Schätzung abzugeben. Ihre Erinnerung war recht zutreffend, insbesondere im Hinblick darauf, wie oft sie von ihrem Chef unterbrochen worden waren. Als wir den Vice President wieder hereinbaten, schätzte er, dass er etwa 25 Prozent der Beiträge geleistet, die anderen zwei- oder dreimal unterbrochen habe und drei- oder viermal unterbrochen worden sei. Daraufhin gaben wir ihm die Zahlen und teilten ihm mit, dass die Schätzungen seiner direkten Untergebenen zutreffender gewesen seien. Er war entgeistert und ein wenig verschnupft.

Dieser Vice President musste erkennen, dass Chefsein dem

gehobenen Stand in jeder Primatengruppe entspricht: Diejenigen, die in der Hackordnung unter ihm stehen, beobachten jeden Schritt, den er tut, und wissen daher viel mehr über ihn als er über sie. Anthropologen, die Schimpansen, Gorillas und Paviane untersuchen, berichten, dass die »Gefolgstiere den Anführer beobachten; umgekehrt geschieht das nicht so regelmäßig und intensiv«.[23] Studien in Pavianrudeln haben ergeben, dass ein durchschnittliches Rudelmitglied alle 20 bis 30 Sekunden zum Alphatier hinsieht. »Die Aufmerksamkeit richtet sich in der Hierarchie nach oben«, so die Psychologin Susan Fiske.[24] »Sekretärinnen wissen mehr über ihren Chef als umgekehrt, Doktoranden mehr über ihren Betreuer als umgekehrt.« Das sei so, weil die Menschen (wie ihre Primatenverwandten) »auf diejenigen achten, die ihre Resultate kontrollieren. Um vorauszusagen und womöglich zu beeinflussen, was ihnen geschieht, sammeln sie Informationen über die Mächtigen.«

Kelley Eskridge, Geschäftsführende Gesellschafterin bei Humans at Work, gab unter dem Titel »Sie beobachten alles, was Sie tun«, eine wunderbare Beschreibung dieser Kontrolle:

> Wenn Sie aufstehen, beobachten die Leute, wohin Sie gehen. Jemand weiß immer, wenn Sie auf der Toilette sind. Sie mustern Ihre Miene, wenn der Produktionschef Ihr Büro verlässt, und interpretieren sie. Sie achten darauf, ob Sie Sally mehr anlächeln als Tom und was das zu bedeuten hat. Sie lesen jedes Zeichen, wissen, dass Sie mit den Fingern trommeln, wenn Sie ungeduldig sind, oder dass Sie die Augenbrauen heben, ehe Sie jemanden unterbrechen. Sie unterhalten sich über Ihr Auftreten, wenn Sie nicht in der Nähe sind, und messen einfach allem Bedeutung zu.
>
> Sie sind ständig auf dem Radarschirm Ihres Teams. Es sieht und hört *alles*, was Sie tun.[25]

»Macht Sie das nervös?«, fügt Eskridge hinzu. »Vielleicht sollten Sie einfach besser darauf *achten*?« Linda Hudson, heute President bei BAE Systems, lernte diese Lektion, als sie zum ersten weiblichen President bei General Dynamics wurde. Nachdem sie den Job bekommen hatte, kaufte sich Hudson ein paar schicke neue Anzüge. »Eine Dame bei Nordstrom hatte mir, passend zu meinem Anzug, einen ungewöhnlichen Knoten für meinen Schal gezeigt«, erzählte sie. An ihrem ersten Arbeitstag band sie den Schal so, und zu ihrer Überraschung begegnete sie »am Tag darauf in der Firma mindestens einem Dutzend Frauen, die ihren Schal genau so gebunden hatten wie sie«. Hudson wurde dadurch klar, worauf Eskridge anspielt: »Ich merkte, dass das Leben nie wieder so sein würde wie zuvor, dass die Leute mich auf Schritt und Tritt beobachteten. Und es betraf nicht nur meine Kleidung, sondern auch mein Verhalten, was für ein Vorbild ich abgab, welchen Ton ich anschlug, wie ich mich benahm, wie selbstbewusst ich auftrat – alles war wichtig.«[26]

Anders als Linda Hudson gewöhnen sich viele Chefs leider daran, dass sie unter Beobachtung stehen. Sie reden und benehmen sich, als merkten sie es gar nicht. Das war sicher eine der Ursachen für das Problem mit dem Vice President, der sich seines eigenen Verhaltens und der Beobachtung durch die ihm unmittelbar unterstellten Mitarbeiter nicht bewusst war. Rufen wir uns auch noch einmal die im Vorwort erwähnte Rechtsanwaltssekretärin ins Gedächtnis, die darunter litt, dass sich die Anwälte, für die sie arbeitete, direkt vor ihrem Schreibtisch lautstark miteinander unterhielten, als sei sie Luft. Menschen, die Macht haben, neigen zur Egozentrik und nehmen keine Notiz davon, was ihre Untergebenen brauchen, tun und sagen. Das allein wäre schon schlimm genug. Doch dazu kommt, dass die Worte und Taten des selbstvergessenen Chefs von seinen Mitarbeitern meist genau registriert werden. Ich bezeichne das als »toxisches Tandem«.

Um zu ermessen, wie sich solch eine Vergiftung durch Macht auf den Chef auswirkt, sehen wir uns einmal das »Plätzchenexperiment« an, das der Psychologe Dacher Keltner und seine Kollegen durchgeführt haben.[27] Gruppen aus jeweils drei Studierenden wurden angewiesen, ein kurzes Grundsatzpapier zu erstellen. Zwei wurden willkürlich ausgewählt, es zu verfassen, der dritte sollte es bewerten und entscheiden, wie hoch die Bezahlung für die beiden »Arbeiter« ausfallen sollte. Nach etwa 30 Minuten brachte der Versuchsleiter einen Teller mit fünf Plätzchen herein. Da zeigte sich, dass schon ein kleiner Vorgeschmack auf die Macht Menschen in Schweine verwandelt: Die »Chefs« nahmen sich nicht nur häufiger ein zweites Plätzchen, sondern sie legten auch andere Symptome »enthemmten Essens« an den Tag, kauten mit offenem Mund und krümelten kräftig.

Das Plätzchenexperiment illustriert eine Erkenntnis, die auch von vielen anderen Studien belegt wird. Wenn Menschen (unabhängig von ihrer Persönlichkeit) Macht über andere erhalten, konzentrieren sie sich erstens stärker auf ihre eigenen Bedürfnisse und Wünsche, achten zweitens weniger auf die Bedürfnisse, Wünsche und Taten anderer, und tun drittens so, als gälten geschriebene und ungeschriebene Gesetze, denen andere zu folgen haben, nicht für sie. Kelly Eskridge rät Chefs dazu, nie zu vergessen, wie genau ihre Untergebenen sie beobachten, und der Versuchung zu widerstehen, sich alle Bonbons unter den Nagel zu reißen und die Gefühle und Bedürfnisse der Mitarbeiter zu missachten. Der Ratschlag, den David Packard von HP im Jahr 1958 seinen Managern erteilte, gilt heute noch genauso: »Achten Sie auf Ihr Lächeln, Ihren Tonfall, die Art, wie Sie Menschen ansehen, sie grüßen. Sprechen Sie sie mit Spitznamen an, entwickeln Sie ein Gedächtnis für Gesichter, Namen und Daten. Wenn Sie diese kleinen Dinge beachten, werden Sie besser mit anderen zurechtkommen.«[28] Ihre Mitarbeiter, das wollte Packard sagen, beachten auch die trivialsten und harmlosesten Gesten, und ihre Reaktion darauf hat Einfluss darauf, wie stark sie sich für Sie und ihre Arbeit einsetzen.

5. Stärken Sie Ihren Leuten den Rücken

Donovan Campbell leitete in der Zeit der blutigsten Straßenschlachten des Irakkriegs in Ramadi »Joker One«, einen Zug von US-Marines.[29] Lieutenant Campbell investierte viel Mühe in den Schutz seiner Leute, indem er sie beispielsweise immer wieder üben ließ, schnell einen Humvee zu besteigen und zu verlassen, oder indem er sie drängte, ausreichend Nahrung und Wasser zu sich zu nehmen. Über diese kleinen Maßnahmen hinaus setzte er sich auch entschieden zur Wehr, wenn seine Vorgesetzten die Männer, wie er meinte, unnötig in Gefahr brachten – auch wenn er es nicht immer verhindern konnte. An einem der schwärzesten Tage in Campbells Leben erhielt sein Zug den Befehl, den Executive Officer (»XO«), also den Stellvertreter des kommandierenden Offiziers, zu einer Schule zu bringen, die mit US-Mitteln erbaut wurde. Campbell wehrte sich, weil es eine gefährliche Gegend war. Er wusste aus leidvoller Erfahrung, dass wartende Marines und Fahrzeuge einen Angriff Aufständischer geradezu heraufbeschworen. Campbell konnte sich nicht durchsetzen, bestand jedoch darauf, dass der XO höchstens zehn Minuten im Schulgebäude verbrachte, besser nur fünf, denn je länger sie warten mussten, desto mehr Zeit hatten die Rebellen, einen Angriff zu starten.

Der XO war einverstanden. Doch obwohl Campbell ihn nach fünf Minuten wiederholt darum bat, das Gebäude zu verlassen, verbrachte er weitere zehn Minuten in der Schule – entgegen wiederholten Beteuerungen seinerseits, dass er auf dem Weg sei. Als der XO schließlich herauskam, folgten ihm etwa 20 Schulkinder. Genau in diesem Moment schlugen die ersten Granaten ein, und »die Schar kleiner Kinder ging in Flammen und Rauch auf«, so Campbell. Im folgenden Schusswechsel und bei dem Versuch, die Kinder ins Krankenhaus zu bringen, wurden dem Hauptgefreiten Todd Bolding die Beine weggeschossen; er erlag später seinen Verletzungen. Die Männer von Joker One erschütterte der Verlust Boldings schwer, und Campbell zog sich wochenlang deprimiert zurück. Doch seine Leute blieben ihm treu ergeben und stellten sich weiter zwischen ihn und feindliches Geschützfeuer, weil sie wussten, dass Campbell sie zwar nicht vor jeder Gefahr schützen konnte, ihnen aber immer den Rücken stärkte.

Die wenigsten Chefs müssen ihre Mitarbeiter auf so dramatische und riskante Weise schützen. Doch ein effektiver Chef, egal wo, zeichnet sich dadurch aus, dass er seine Leute beharrlich vor Schaden bewahrt. Wie wir in Kapitel 6 noch sehen werden, kämpft ein guter Chef auch dann für seine Leute, wenn er persönlich darunter zu leiden hat.

Leistung und Menschlichkeit

Natürlich ist die Reise kein Kinderspiel, doch ein guter Chef weiß, welche Ziele er ansteuert und wie sich der Weg dorthin anfühlen sollte – ein mieser Chef dagegen kapiert das nie so richtig. Am Beispiel einer unangenehmen Kanzlei, für die ich einmal tätig wurde, lässt sich illustrieren, warum die Ziele des Chefs so wichtig sind. Die Partner in der besagten Anwaltskanzlei verdienten fast eine Million Dollar im Jahr, doch sie büßten durch die Art, wie sie diese Reichtümer ansammelten, ihre Seele ein. Nahezu jeder Partner, mit dem ich mich unterhielt, war abweisend und unhöflich. Bald merkte ich, dass sie miteinander ähnlich respektlos umgingen. Viele beklagten die Schikanen und die Borniertheit, die in der Kanzlei herrschten. Besonders ärgerte mehrere Partner, dass der Kanzleichef (nennen wir ihn Henry) in seinem Bemühen, die Zahl der honorierten Arbeitsstunden und den Gewinn pro Partner in die Höhe zu treiben, viele fähige und bewunderte Anwälte herabgestuft, zermürbt und aus der Kanzlei getrieben hatte. »Wir waren früher stolz darauf, dass bei uns Menschlichkeit und Wirtschaftlichkeit besser im Gleichgewicht waren als sonst wo in der Branche«, erzählte mir ein verzweifelter älterer Anwalt. »Unter Henrys Führung regiert die Wirtschaftlichkeit – zum Teufel mit der Menschlichkeit.«

Das führt mich zu meiner ersten Lektion in Sachen Ziele: Ein Chef sollte danach beurteilt werden, was er und seine Leute leisten UND wie es seinen Mitarbeitern dabei geht. Deshalb ist Henry nach meinen Maßstäben kein guter Chef. Ein guter Chef bringt Leistung und Menschlichkeit ins Gleichgewicht und sorgt dafür, dass bei der Arbeit Würde und Stolz nicht etwa beschädigt, sondern erhalten werden. Ich stimme damit in das Lied des Psychologen Mark Van Vugt und seiner Kollegen ein, die Studien zu Sammlern und Jägern sowie zu modernen Menschen verglichen und zu dem Schluss kamen, dass effektive Führungspersönlichkeiten »sowohl kompetent als auch gütig« sind.[30] Ein Chef, der seine Leute nur dazu anstachelt, Kohle zu machen, und sie mit Arbeit überhäuft, dabei aber die Menschlichkeit mit Füßen tritt, ist meiner Ansicht nach ein schlechter Chef.

Die zweite Lektion besagt, dass es keine präzise Maßeinheit für die Effektivität eines Chefs gibt, die auf alle passt und allseits anwendbar ist. Das von Anwaltskanzleien angewandte Maß, beispielsweise Gewinn pro Partner oder honorierbare Arbeitsstunden, mag dort passen, ist aber nicht auf Marktleiter, Basketballtrainer, Methodistenpfarrer, Leiter von Spezialeinheiten oder den Vorstandsvorsitzenden von Wal-Mart übertragbar. Bestenfalls lassen sich allgemeine Ziele formulieren, auf die ein guter Chef hinarbeitet – etwa »Leistung« und »Menschlichkeit«. Die speziellen Kriterien, die diese weit gesteckten Ziele widerspiegeln, müssen dann für jedes Umfeld entwickelt werden.

Die dritte Lektion besagt, dass Chefs, wie andere Menschen auch, ihr eigenes Tun und ihre Fähigkeiten überhaupt nicht beurteilen können. Meine Gespräche mit Henry ergaben, dass ihm die fehlende Menschlichkeit in seiner Kanzlei und sein grober Stil überhaupt nicht auffielen, obwohl sein schlechtes

Benehmen in der Firma und auch außerhalb sprichwörtlich war. Wenn Sie Chef sind: Was, meinen Sie, würden Ihre Mitarbeiter (und andere) über Sie sagen? Untergebene, gleichrangige Kollegen, Vorgesetzte und Kunden eines Chefs können regelmäßig besser über seine Stärken, Schwächen und Macken Auskunft geben als er selbst. Die meisten Menschen neigen zur Selbstüberschätzung und halten sich für »besser als die anderen« – und es fällt ihnen schwer, eine gegenteilige Sicht zu akzeptieren.[31] Einer Studie zufolge glauben beispielsweise 90 Prozent der Autofahrer, dass sie besser Auto fahren als der Durchschnitt. Bei einer Befragung von fast einer Million Oberstufenschülern durch das amerikanische College Board, das Highschools überprüft, stuften 70 Prozent der Befragten ihre Führungsqualitäten als »überdurchschnittlich« ein, wohingegen nur zwei Prozent ihre Fähigkeiten als »unterdurchschnittlich« bewerteten.[32]

Dieser Selbstbetrug ist auch unter erfahrenen Chefs verbreitet: Eine Studie von Marineoffizieren ergab, dass Selbstevaluationen keine zuverlässige Vorhersage erlaubten, wer vor der Zeit befördert werden würde, wohl aber die Bewertung durch gleichrangige Kollegen. Die Neigung zur Selbstüberschätzung erklärt, warum Sie wahrscheinlich einige – vielleicht sogar viele – Chefs kennen, die unter einer falschen und allzu schmeichelhaften Sicht ihrer eigenen Person leiden. Ich habe im Lauf der Jahre vielleicht ein Dutzend Chefs kennengelernt, die sich als »Führungskraft der Stufe 5« einschätzten, als selbstlose und unermüdliche Vorgesetzte also ähnlich denen, die (wie von Jim Collins in *Der Weg zu den Besten* dargestellt) die führenden Wirtschaftsunternehmen leiten.[33] Doch in jedem Fall, in dem mir solide Insiderinformationen vorlagen, beurteilten die Untergebenen eben diese Chefs als egoistisch und unfähig, die Firma über die eigenen Bedürfnisse zu stellen. Seien Sie auf der Hut, wenn Sie glauben, Sie seien der seltene Chef, dessen Selbsteinschätzung sich mit dem Urteil anderer deckt: Die Wahrscheinlichkeit, dass Sie auf dem

Holzweg sind, ist groß. Die meisten Menschen gehen davon aus, dass sie sich besser einschätzen können als gleichrangige Kollegen. Leider ist aber auch das nur eine Form der Selbstüberschätzung. Auch wenn wir es nicht wahrhaben wollen: Die meisten von uns leiden unter derselben Selbstüberschätzung wie unsere Kollegen, ja, schlimmer noch: Je inkompetenter die Menschen, desto rosiger sehen sie ihre Fähigkeiten und Leistung.

Gute Chefs arbeiten somit beharrlich auf zwei große Ziele hin, doch ob sie diese Ziele auch erreichen, können andere besser beurteilen:

1. **Leistung.** Tut der Chef, was in seiner Kraft steht, damit seine Leute gute Arbeit leisten können? Qualität und Quantität der Arbeit lassen sich am besten nicht von innen, sondern von außen beurteilen. Um ein wiederkehrendes Motto aus J. Richard Hackmans langjähriger Forschungsarbeit zur Leistung von Teams aufzugreifen: Die Arbeit eines guten Chefs und Teams erfüllt oder übersteigt dauerhaft die Erwartungen derer, die Gebrauch davon machen und sie evaluieren.[34] Unabhängig von der jeweiligen Sprachregelung und der Leistungsmessung ist es, so Robert Townsend in *Hoch lebe die Organisation*, Aufgabe des Chefs, den Ausreden für Misserfolg ein Ende zu setzen.[35]
2. **Menschlichkeit.** Tut der Chef, was in seiner Kraft steht, damit seine Leute Würde und Stolz erleben? Die Menschlichkeit eines Chefs wird am besten von innen beurteilt, insbesondere von Untergebenen. Randy Hodson durchforstete über 100 Ethnografien von Beschäftigten und kam zu dem Schluss, dass man unter würdevoller Arbeit eine versteht, die »den eigenen Respekt und den anderer verdient«.[36] Nur unter Wahrung seiner Würde kann der Mensch optimistisch durch den Tag gehen und sich anerkannt fühlen.

Manchmal kann ein Chef Leistung und Menschlichkeit gleichzeitig befördern. Im Jahr 2008 hielt ich einen Vortrag auf einer Konferenz für das Vermont Oxford Network, das Krankenhäuser miteinander vernetzt, um ärztliche Behandlungsfehler und die Todesrate auf Frühgeborenenstationen zu minimieren. Es nahmen mehrere Hundert Ärzte, Krankenschwestern, andere Fachleute und Eltern teil. Ein anderer Redner, Dr. Michael Giuliano, führte ein aufwühlendes Beispiel dafür an, dass gute Ärzte menschlicher mit ihren Kollegen (und insbesondere mit Krankenschwestern) umgehen und dadurch die Behandlung der Babys verbessern.[37] Wenn Ärzte, so Giuliano, die Schwestern und Pfleger fragten, ob sie mit ihrer Diagnose übereinstimmten, und sie darum baten, ihnen etwaige Widersprüche mitzuteilen, so brachten sie damit den Krankenschwestern mehr Respekt entgegen UND verbesserten die Qualität der Diagnose.

Leider lassen sich solche Doppelerfolge nicht immer bewerkstelligen. Doch ein Chef kann Leistung und Menschlichkeit auf einem hohen Niveau halten, wenn er bedenkt, dass »die Zeit erfunden wurde, damit man nicht alles auf einmal tun muss«. David Kelley, Vorsitzender und Gründer von IDEO, einer der bekanntesten Innovationsberatungsfirmen der Welt, erklärt das auf simple Art und Weise mit einer Skizze zu »Liebe« und »Geld«, die er mir freundlicherweise für dieses Buch zur Verfügung stellt:[38]

Seine Aufgabe und die eines jeden Chefs sieht David darin, dafür zu sorgen, dass seine Mitarbeiter an ihrem Arbeitsplatz

Würde und Freude erleben (also »Liebe«, die ich als Menschlichkeit bezeichne) UND eine Arbeit abliefern, die der Firma das Überleben und ihnen eine faire Bezahlung, eine Krankenversicherung und andere Grundbedürfnisse sicherstellt (also »Geld«, das ich als Leistung bezeichne). David zufolge kann man manchmal beides auf einmal erreichen. Doch es gibt auch immer Zeiten, in denen die Mitarbeiter ungeliebte Arbeiten tun müssen, damit Geld hereinkommt. Ein guter Chef, so David, arbeitet auf eine langfristige Balance zwischen Liebe und Geld hin, indem er beispielsweise dafür sorgt, dass ein Designer, der an einem langweiligen und frustrierenden, aber lukrativen Projekt gearbeitet hat, das nächste Mal einen interessanteren, wenn auch weniger profitablen Auftrag erhält.

Die IDEO-Manager stellen dieses Gleichgewicht nicht nur durch größere Entscheidungen her wie die Verteilung von Projekten, sondern auch im Kleinen: Wenn sich Mitarbeiter abgerackert haben und müde, verdrießlich und auch ein bisschen streitsüchtig werden, versuchen die Manager, Ruhe und etwas Spaß in die Arbeit zu bringen, Höflichkeit und gegenseitigen Respekt zu fördern. Das kann geschehen, indem ein Konstrukteur, der unter großem Einsatz ein medizinisches Gerät entwickelt hat, zur Abwechslung an einem Brainstorming darüber teilnimmt, wie sich die Sicherheitsmaßnahmen auf dem Flughafen verbessern lassen, wie man die Ärzte dazu bringt, sich die Hände zu waschen, oder wie die neuesten Spielsteine für das Monopoly-Spiel aussehen könnten. Die IDEO-Manager beschießen ihre Mitarbeiter zur Abwechslung auch mal mit Spielzeugpistolen oder Gummipfeilen, sogenannten Finger-Blastern, und brechen damit eine nicht selten viertelstündige Schlacht vom Zaun. Solche albernen Erwachsenenspiele funktionieren natürlich nicht an jedem Arbeitsplatz. Doch wenn der Leistungsdruck übermächtig wird und die Stimmung zu kippen droht, sorgt ein guter Chef dafür, dass seine Leute eine Pause einlegen, erzählt ihnen einen Witz oder verlagert mit einer freundlichen Geste das Gewicht wieder mehr auf die menschliche Seite der Skala. »Schaumstoffgeschosse sind nicht jedermanns Sache«, so David, »aber in jeder Firmenkultur gibt es eine Form des Spiels, mit dem die Leute Dampf ablassen können.«

Das Zen des guten Chefs

Leistung und Menschlichkeit sind die Ziele, die ein guter Chef erreichen will. Trotzdem verschwendet er kaum einen Gedanken daran, ob oder wie er diese Ziele erreicht, und feiert auch nicht ausgelassen, wenn es ihm gelingt. In *Zen in der Kunst des Bogenschießens*[39] zeigt Eugen Herrigel auf, warum es ein Fehler ist, allzu intensiv über Ziele nachzudenken. Herrigel war Philosoph und erlernte in den 20er-Jahren das Bogenschießen in Japan von einem Zenmeister. Der brachte ihm bei, dass man sich nicht so sehr damit befassen sollte, ins Ziel zu treffen. Der Zenmeister lehrte ihn vielmehr, sich auf die winzigen Nuancen der richtigen Atmung zu konzentrieren, darauf, die Sehne zu spannen, den Pfeil anzulegen, ihn zurückzuziehen und loszulassen. Herrigel und die anderen angehenden Bogenschützen wurden dafür, dass sie sich auf diese einzelnen Schritte konzentrierten, gleich doppelt belohnt: Sie hatten mehr Freude an den einzelnen Aufgaben und trafen auch besser, weil sie die Nuancen zu beherrschen lernten – ähnlich wie in der Strategie der kleinen Erfolge.

In diesem Sinne sollten Sie sich als guter Chef auf die kleinen Schritte konzentrieren, die Sie und Ihre Leute tun. Das bringt mehr Freude an der Arbeit und steigert die Erfolgsquote. Die nächsten sieben Kapitel widmen sich den Nuancen dieser Schritte.

Teil II:

Was einen guten Chef ausmacht

2

Nehmen Sie das Heft in die Hand

Als erfolgreicher Chef müssen Sie Ihre Leute davon überzeugen, dass Ihre Worte und Taten es in sich haben. Wenn Ihre Mitarbeiter nicht den Häuptling in Ihnen sehen, können Sie Ihren Job nicht machen, und das Leben wird für Sie zur Hölle. In diesem Kapitel geht es darum, wie man durch Gesten und Taten die Verantwortung dafür übernimmt, was die Mitarbeiter tun, was sie leisten und wie es ihnen dabei geht.

Wie wir gesehen haben, kommt es auf den Chef an, vor allem aus Sicht der ihm direkt unterstellten Mitarbeiter und ganz besonders in kleinen Teams und Firmen. Trotzdem ist der Chef nicht allmächtig. Obwohl wir uns im Klaren darüber sind, dass der Boss nur über begrenzte Macht verfügt, sind wir versucht, seinen Worten und seinem Tun die alleinige Antriebskraft für die Teamleistung zuzuschreiben. Eine Untersuchung von James Meindl zur »Romantik der Führung« belegt, dass Vorgesetzte von ihren Mitarbeitern, Chefs und Außenstehenden erheblich mehr Lob und Tadel einfahren, als ihnen zusteht.[1] Journalisten, Managementfachleute, Unternehmensberater und Beschäftigte, so Meindl, schreiben dem Chef wider jede Realität übermenschliche Kräfte zu. Dieser tief verwurzelte »Denkfehler« resultiert daraus, dass man lieber die Führungskraft als ausschlaggebend für die Teamleistung betrachtet, als das verwickelte Wirrwarr aus Faktoren aufzudröseln, die dazu beitragen. Es macht einfach weniger Mühe, dafür aber mehr Spaß, dem Chef den Löwenanteil des Ruhms und der Schuld zuzuschieben. Diese einseitige Sicht herrscht besonders in Kulturen vor, in denen Helden und markige Typen glorifiziert werden, etwa in den USA, Kanada, Australien, Israel und den meisten europäischen Ländern.

Obwohl wir es eigentlich besser wissen, üben Anekdoten, in denen Chefs als Superhelden oder inkompetente Tölpel dastehen, eine große Anziehung auf uns aus. Wir können uns den magischen Kräften kaum entziehen, die von Führungspersönlichkeiten wie dem temperamentvollen Genie Steve Jobs von Apple oder dem bescheidenen und sympathischen früheren CEO (heute Chairman) von Procter & Gamble Alan Lafley, der ehrgeizigen und entschlossenen Pepsi-Chefin Indra K. Nooyi, dem klugen Milliardär und Investor Warren Buffett, der Starmoderatorin Oprah Winfrey und dem legendären UCLA-Basketballtrainer John Wooden ausgehen. Noch schwerer kann man der Versuchung widerstehen, die Chefs gescheiterter Unternehmen zu dämonisieren. So bringen mich schwachsinnige und völlig überbezahlte Führungsgestalten im Finanzsektor, die ihre Unternehmen – und die Weltwirtschaft – vor wenigen Jahren in Grund und Boden gewirtschaftet haben, nach wie vor auf die Palme, sei es nun Richard Fuld von Lehman Brothers, Hank Greenberg von AIG, James Cayne von Bear Stearns, John Thain von Merrill Lynch oder Angelo Mozilo von Countrywide. Obwohl ich als Firmentheoretiker weiß, dass es völlig irrational ist, ihnen die Schuld für den ganzen Schlamassel in die Schuhe zu schieben, verachte ich diese Arschlöcher, haben sie doch mein Geld und das vieler anderer kaputt gemacht.

In Wahrheit sind die Chefs, stehen sie nun kleinen Teams vor oder *Fortune*-500-Firmen, nicht so ausschlaggebend, wie wir es gerne glauben. Im Durchschnitt verantworten sie nicht einmal 15 Prozent der Lücke, die zwischen einer guten und einer schlechten Unternehmensleistung klafft, erhalten aber über 50 Prozent der Schuld und der Anerkennung.[2] Chefs kleinerer (und junger) Firmen haben den größten Einfluss, insbesondere auf »menschliche« Faktoren wie Fluktuation, Zufriedenheit und Gesundheit. Doch auch diese Chefs werden in ein allzu romantisches Licht getaucht und von ihrer Bedeutung her überschätzt. Auch wenn ein Chef gar keinen Einfluss mehr hat, überschütten wir ihn noch mit Lobeshymnen oder Vorwürfen. Versuche, die man in Stanford und am California Institute of Technology durchführte, wurden so manipuliert, dass die Vorgesetzten überhaupt keinen Einfluss mehr auf die Leistung ihres Teams hatten. Trotzdem machten die Teammitglieder denjenigen, der zum »Anführer« bestimmt worden war, für Erfolg oder Misserfolg verantwortlich. Die Mitglieder leistungsschwacher Teams waren sogar bereit, ihr eigenes Geld einzusetzen, um ihren »miesen« (wenngleich völlig unerheblichen) Vorgesetzten loszuwerden.[3]

Wenn Sie Chef sind, so ist das Ihr Los im Leben. Sie können es nicht ändern, deshalb lernen Sie besser, damit umzugehen.

Erwecken Sie den Anschein, dass Sie alles in der Hand haben

Ein guter Chef weiß, dass er das Märchen um seine angebliche Allmacht nicht abstellen kann, und nutzt es daher zu seinem Vorteil. Er stärkt aktiv die Illusion, dass er das Heft fest in der Hand hat. »Die oberste Aufgabe einer Führungskraft ist es«, so Max DePree, ehemaliger Chef des Möbelherstellers Hermann Miller, »die Realität zu definieren.«[4] Ein genialer Chef ist aber nicht einfach ein Schwindler, der mit viel psychologischem Brimborium die Illusion schafft, er habe die Verantwortung. Der Dreh an der Sache ist, dass er, indem er den Anschein erweckt, *tatsächlich* Zugriff darauf bekommt, was seine Untergebenen tun, wie es ihnen dabei geht und wie ihre Arbeit von außen beurteilt wird.

Tun Sie so, als seien Sie verantwortlich, auch wenn es gar nicht stimmt

Andy Grove war als Intel-Chef unglaublich erfolgreich. Wachstum und Gewinn schossen während seiner Zeit als CEO in die Höhe. Im Jahr 1997 wurde er von *Time* zum »Mann des Jahres« gekürt. Grove ist eine der offensten Führungspersönlichkeiten, die ich je kennengelernt habe. Im Jahr 2002 besuchte ich eine Konferenz im Silicon Valley, auf der Andy von Clay Christiansen von der Harvard University interviewt wurde.[5] Clay fragte ihn, wie ein Chef ungeachtet seiner Zweifel mit Zuversicht handeln kann. Andy führte als Beispiel die US-Fernsehserie *Die Sopranos* um den fiktiven Mafiaboss Tony Soprano und seine Machtkämpfe an. Woche für Woche habe Tony das reinste Chaos zu bewältigen, so Andy: Kriege im Wettgeschäft, Morde an Tonys Leuten, schlechte Entscheidungen, emotional labile Untergebene und »Onkel Junior«, der ständig gegen Tonys Autorität ankämpft und sein Vertrauen aushöhlt. Zwar sei Soprano auf einem anderen Gebiet tätig als die Firma Intel, doch »jeder in diesem Raum kann sich recht gut vorstellen«, wie er täglich darum kämpfen müsse, alles in der Hand zu behalten.

Nachdem das Gelächter abgeebbt war, sagte Andy: »Investitions- oder Personalentscheidungen und die Priorisierung von Aufgaben können nicht warten, bis man sich ein klares Bild gemacht hat. Man muss sie treffen, wenn man sie treffen muss. Also versucht man sein Glück und räumt die Scherben später auf.« Dann fügte er hinzu: »Man muss sich seine Zuversicht erhalten, **obwohl man sich völlig darüber im Klaren ist, dass man nicht weiß, was man gerade tut**.« Die Hervorhebung stammt von mir. Groves Ehrlichkeit war verblüffend. Wenig später erklärte er, man müsse den Anschein erwecken, bis er Realität geworden sei: »Teils ist es Selbstdisziplin, teils Täuschung. Und die Täuschung wird Realität. Täuschung ist es insoweit, als man sich aufplustert und ein

Gesicht aufsetzt, das dem eigenen Empfinden nicht entspricht. Aber wenn man selbstbewusst handelt, wird man nach einer Weile auch selbstbewusst. Die Täuschung wird auf die Art immer weniger eine Täuschung.«

Groves Ratschlag lässt sich am Beispiel erfolgreicher Führungspersönlichkeiten belegen – seien es Fallstudien großer Generäle oder Versuche mit Betriebswirtschaftlern. Sein Argument, dass selbstbewusstes Handeln Selbstbewusstsein schafft, wird von Studien bestätigt, die zeigen, dass »die Überzeugung dem Verhalten folgt«: Wenn man selbstsicher werden will, sollte man selbstsicher handeln.[6] Selbstsicherheit ist auch deshalb wichtig, weil sie, wie alle Gefühle, ansteckend wirkt und sich auf die Mitarbeiter überträgt.

Mit aus diesem Grund war General George Washington so erfolgreich, obwohl er in seiner Anfangszeit manch eine Aufgabe in den Sand setzte. Washington beging Fehler, vertraute schwachen Untergebenen, traf miese Entscheidungen, die viele Soldaten das Leben kostete, und litt unter Phasen der Unentschlossenheit. Aber wenn er im Dienst war, wirkte und handelte er stets selbstbewusst. In seinem Buch *1776* erzählt der Historiker David McCullough, dass Washington allzeit tadellos gepflegt und auch ein hervorragender Reiter war. Er hielt sich wie ein Soldat und hatte das »Aussehen und die Haltung eines Mannes, der Respekt und Gehorsam gewohnt ist«.[7] Wenn man den Schein wahrt, bis er Realität geworden ist, bewahrheitet sich die Prophezeiung von selbst: Der Chef handelt, als wisse er, was er tut, und habe alles im Griff, obwohl das zu Beginn nicht zutrifft. Diese Zuversicht spornt ihn selbst und andere zu guten Leistungen an – Andy Grove und George Washington machten es vor.

Mit der Fähigkeit, Zuversicht auszustrahlen, sind die wenigsten Chefs auf die Welt gekommen. Sie lernen es von Beratern und aus Erfahrung. So auch Lloyd Blankfein, CEO bei Goldman Sachs, der die mächtige Investmentbank durch die Höhen und Tiefen der Finanzkrise navigierte. Blankfein wurde dafür gepriesen, dass er sich während der gesamten Krise, aus der Goldman mit seiner Hilfe erheblich besser hervorging als die meisten Konkurrenten, Beständigkeit und Zuversicht bewahrte (wenn auch einige seiner Schachzüge kontrovers diskutiert wurden).[8] Blankfein war aber nicht immer so zuversichtlich. Am Tag, an dem er das Devisengeschäft übernahm, so Blankfein, begann es Verluste zu machen. Er wurde nervös und stellte seinem Chef einen Plan vor, wie sich das Ruder herumreißen ließ. Blankfeins Chef war einverstanden und bat ihn, den Plan umzusetzen, fügte jedoch einen wertvollen Ratschlag hinzu:

> Ich wollte den Raum schon verlassen, da sagte er: »Lloyd, nur noch einen Moment. Gehen Sie doch zuerst in die Herrentoilette und spritzen Sie sich das Gesicht ab. Wenn die Leute Sie so grün sehen, springen sie glatt aus dem Fenster.« ... Damals lernte ich, wie wichtig solche symbolischen Dinge sind und wie man Zuversicht verbreiten oder auch abtöten kann.

Ein Chef weckt mit vielen kleinen Gesten die Zuversicht, dass er »alles in der Hand hat«, und überträgt sie auf andere, siehe dazu meine Tipps »So zeigen Sie, dass Sie das Heft in der Hand haben«. Zu diesen kleinen Gesten gehört etwa, dass man andere hin und wieder unterbricht, seine Verärgerung zeigt, die Arme verschränkt oder auch einmal etwas Macht abgibt.

Tafel 2

So zeigen Sie, dass Sie das Heft in der Hand haben

Warnung! Übertreiben Sie es nicht mit dem energischen Auftreten. Werden Sie kein herrisches Arschloch, wenn Sie diese Strategien einsetzen!

1. Reden Sie mehr als andere – aber nicht ununterbrochen.
   Das wird bisweilen als »Schwafel- oder Schwätzer-Theorie der Führung« bezeichnet. Zumindest in der westlichen Welt gelten die Menschen, die als Erste und am meisten reden, als »Führungspersönlichkeiten« und »besonders einflussreich«. Aber reden Sie nicht die ganze Zeit, sonst erleben die Leute Sie als rüpelhaft, geisttötend oder beides.[9]
2. Fallen Sie anderen gelegentlich ins Wort, lassen Sie sich aber nicht so oft unterbrechen.
   Man gewinnt Macht, wenn man im »Krieg ums Wort« die Oberhand behält, hin und wieder etwas einwirft und sich wehrt, wenn andere einem ins Wort fallen.[10]
3. Verschränken Sie die Arme, wenn Sie sprechen.
   Wer die Arme verschränkt, ist bei der Lösung schwieriger Aufgaben ausdauernder und bringt für schwierige Aufgabenstellungen mehr Lösungen zustande. Mit dieser Geste stärkt man seinen Biss und sein Selbstvertrauen. Tun Sie es jedoch nicht ständig, denn sonst wirken Sie wie ein echter Idiot.[11]
4. Reden Sie sich selbst gut zu.
   Das ist keine niedliche New-Age-Idee. Menschen, die sich selbst Mut zusprechen, haben ein größeres Selbstwertgefühl und leisten mehr. Am wirkungsvollsten geschieht das, indem man sich ermuntert (»Das hast du doch schon geschafft«) und besonderer Strategien bedient (»Strenge dich an, sofort«).[12]
5. Fahren Sie hin und wieder aus der Haut.
   Wer durch einen Wutausbruch, stechende Blicke und verärgerte Handbewegungen seinen Ärger strategisch einsetzt, erweckt den Eindruck von Kompetenz. In kleinen Dosen und mit der angemessenen Umsicht kann man einen Wutanfall dazu nutzen, das Heft in die Hand zu nehmen.[13] Doch wer ständig mit Gift

spritzt, untergräbt seine Autorität und erwirbt sich den wohlverdienten Ruf eines Arschlochs.

6. Wenn Sie nicht sicher sind, ob Sie sitzen oder stehen sollen, stehen Sie.
   Das ist besonders wichtig, wenn Sie als Chef neu sind. Wer steht, demonstriert, dass er Verantwortung trägt, und fordert andere auf, seine Autorität zu akzeptieren. Egal, ob Sie sitzen oder stehen, nehmen Sie die Position am Kopfende des Tisches ein (zumindest in der westlichen Welt).[14]
7. Fragen Sie Ihre Leute, was sie für ihre Arbeit brauchen, und geben Sie es ihnen.
   Das erklärt sich von selbst, oder? Trotzdem wird es selten getan.
8. Schildern Sie Ihren Leuten Ihre Faibles und Phobien.
   Nicht nur große Gesten prägen die Wahrnehmung, ob Sie ein guter Chef sind. Der Psychologe Ben Dattner regt an, den eigenen Leuten eine »Bedienungsanleitung für den Manager« zu geben, wenn man Chef wird, in der man »beschreiben kann, welche Vorlieben man hat, welchen Stil man pflegt, was einen in Rage bringt und welche Eigenschaften für andere womöglich nicht auf Anhieb zu begreifen sind.«[15]
9. Geben Sie ein wenig Macht und Status ab, und lassen Sie alle wissen, dass Sie es so wollten.
   Eine der effektivsten Methoden, die eigene Macht und Großzügigkeit zu demonstrieren, ist es, ein Statussymbol anzunehmen oder sich gar aktiv zu beschaffen, um es dann an andere weiterzureichen. Ein mir bekannter Firmenchef nahm seine Arbeit in einem riesigen Eckbüro auf. Doch da er seine Autorität auf andere Art stärken konnte und es an Platz mangelte, zog er in ein kleineres Büro und setzte vier seiner Mitarbeiter in das große.

Zuversicht steckt an und erhöht die Erfolgschancen, ist aber keine Wunderwaffe. Für den Erfolg sind noch andere Zutaten nötig: Geldmittel, eine umsetzbare Technik, ein Markt für Produkte oder Dienstleistungen und so weiter. Nehmen wir Bill Campbells Erfahrung bei GO. Bill ist einer der angesehensten Chefs und Mentoren im Silicon Valley. Er wird auch liebevoll »der Trainer« genannt, weil er das Footballteam der Columbia University leitete. Bill hat in vielen wachsenden Firmen Schlüsselpositionen bekleidet, unter anderem als Gründungsvorstand von Calris. Heute ist er Chairman bei Inuit und Aufsichtsratsmitglied bei Apple. Er hat Dutzende erfolgreicher Chefs betreut, sei es das Vorstandsteam von Google oder den Netscape-Mitbegründer Marc Andreesen. Außerdem ist er einer von Steve Jobs engsten Beratern. Trotzdem konnten Bills Zuversicht und Können Anfang der 90er-Jahre das von ihm geführte Computerunternehmen GO, das stiftbedienbare Tablet-PCs herstellte, nicht retten. GO wurde von dem bekannten Risikokapitalgeber John Doerr unterstützt, und Bill war von Leuten umgeben, die Biss hatten und seinen Fähigkeiten vertrauten. Obwohl sich GO in einer Abwärtsspirale befand und 1994 schließen musste, verließ unter ihm als CEO kein einziges Mitglied seines Managementteams das Unternehmen. Die Technik war auch weiterhin vielversprechend, doch der Markt für das Produkt tat sich nie auf.

Warum setzten die Leute ihre Karriere aufs Spiel, obwohl sich das Ende bereits abzeichnete? Randy Komisar, Mitglied des Leitungsteams bei GO, erzählte mir, dass Bill unermüdlich nach Auswegen suchte und jeder begriff, dass er sich für sie und die Firma einsetzte.[16] Bill war immer offen, sah die Risiken realistisch, war aber überzeugt vom Potenzial der Firma. Auf Firmenkonferenzen, in Teamsitzungen und Vieraugengesprächen besprach er mit jedem Mitarbeiter, was als Nächstes zu tun war. Seine Leute fühlten sich nicht etwa getäuscht, sondern angespornt. Als das bittere Ende da war, saß Bill im Flugzeug nach Asien und Europa, um doch noch einen gangbaren Weg zu finden. Obwohl sie ihn hätten brauchen können, vertrauten seine Leute auch noch im Todeskampf ihrer Firma darauf, dass seine Reise richtig war. Bill und John Doerr verkauften das Unternehmen an AT&T, ohne den Investoren eine Rendite auszuzahlen, um so viele Stellen wie möglich zu retten. Monatelang kümmerte er sich um neue Jobs für die freigestellten Mitarbeiter.

Ein guter Chef stärkt seine Macht mit Zuversicht und anderen Mitteln, doch es gibt keine bombensicheren Wege zum Erfolg. Wer Ihnen ein Wundermittel andrehen möchte, ist ein Schwindler.

Nicht lange fackeln – sagen Sie »Ja« oder »Nein«

Einen schlechten Chef erkennt man an seiner Unentschlossenheit. Laurence Peter und Raymond Hull bezeichneten das als »Wanken und Wackeln«: »Ein Angestellter dieses Typs kann die Pros und Kontras einer Frage endlos und minutiös gegeneinander abwägen, ohne sich jedoch für die eine oder andere Seite entscheiden zu können.«[17]

Ein guter Chef dagegen begreift, dass es seine Führung stärkt, wenn er klare Entscheidungen trifft. Die Leute wissen dann besser, was als Nächstes zu tun ist. Besonders hilfreich ist es, wenn man einem Mitarbeiter mit einem klaren »Ja« oder »Nein« antwortet, und zwar möglichst rasch. Lautet die Antwort auf einen Vorschlag oder eine Bitte »Ja«, dann kann der Betreffende sofort an die Umsetzung gehen. Ist die Antwort ein unzweifelhaftes »Nein«, kann er seine Energie in andere Bahnen lenken. Mir gefällt der diesbezügliche Ratschlag des im ersten Kapitel erwähnten, mittlerweile verstorbenen Frank Hauser. Hauser brachte als Regisseur zahlreiche preisgekrönte Stücke auf die Bühne und wurde von den Schauspielern verehrt. Er riet:

> Bitte, BITTE, entscheiden Sie sich.
>
> Als Regisseur haben Sie drei Waffen: »Ja«, »Nein« und »Ich weiß nicht«. Nutzen Sie sie. Fackeln Sie nicht lange, Sie können es sich später immer noch anders überlegen. Daran stört sich niemand. Aber es stört, wenn Sie sich zwei Minuten den Kopf zerbrechen, wenn die Schauspielerin nur gefragt hat: »Soll ich jetzt aufstehen?«[18]

Ein Chef, der unter dem »Wanken-und-wackeln-Syndrom« leidet, zögert noch viel länger als zwei Minuten. Mitarbeiter der Universitätsverwaltung sind berühmt-berüchtigt für diese Krankheit, denn vielen fehlt der Mut, den Professoren (nicht selten launische Arschlöcher) mit einem entschiedenen »Nein« zu antworten. Daher schinden sie mit einem »Vielleicht, ich muss noch darüber nachdenken« Zeit und ringen sich dann nie zu einer klaren Antwort durch. Mittlerweile sind mir die wenigen Verwaltungsleute lieber, die »Nein« sagen statt »Vielleicht«. Neulich beschied Universitätsdirektor Bernie Roth meine Bitte, im Hasso Plattner Institute of Design (auch bekannt als Stanford d.school) ein Seminar zu halten, mit einem deutlichen »Nein«. Ein paar Sekunden lang war ich sauer, denn immerhin bin ich Mitbegründer der d.school und glaubte, das Seminar würde ihrem Auftrag voll entsprechen. Dann wurde mir klar, dass Bernie sofort »Nein« gesagt hatte, und zwar klar und unmissverständlich – an der Universität eine seltene Tugend. Daher schrieb ich ihm eine E-Mail, in der ich ihn überschwänglich für seine klare Entscheidung lobte und ihn bat, genau so weiter zu verfahren, sei es mir oder anderen gegenüber.

Anerkennung erhalten und austeilen

Eine der schönen Seiten des Chefdaseins ist es, dass man, wenn die Mitarbeiter ihre Sache gut machen, meist mehr Anerkennung erhält, als man verdient. Ein kluger Chef nutzt diesen Umstand zu seinen Gunsten. Natürlich lässt manch arroganter Schaumschläger allzu ausgiebig lobhudeln. Doch auch ein erfolgreicher Chef sucht die Anerkennung, denn seine Leute, denen er zu Dank verpflichtet ist, müssen eine enge Verbindung zwischen ihrem Tun und ihrer Leistung sehen, um ihn als kompetent zu erleben. Die Menschen wollen Gewinner, die sie anleiten, für die sie arbeiten und die sie unterstützen können, und es tröstet und beruhigt sie, wenn der Chef die Sache fest in der Hand hat.

Das Trara, mit dem man um Anerkennung buhlt und eine Leistung nach außen noch großartiger aussehen lässt, ist in jedem Unternehmen an der Tagesordnung, insbesondere unter Chefs. Um zu überleben und die Karriere zu befördern, lernt man in Vorstellungsgesprächen, Leistungsevaluationen und Gesprächen mit Kunden und Klienten die Kunst der Angeberei, ohne als Aufschneider dazustehen. Wenn Sie Chef sind, kennen und nutzen Sie wahrscheinlich bereits subtile Taktiken, etwa die Kooperation mit anderen, die Ihre Bemühungen preisen und die Ihre (scheinbar) objektiven Leistungen herausheben (und die Sie Ihrerseits über den grünen Klee loben). Oder Sie sprechen, wenn Sie unmittelbar auf Ihre Errungenschaften Bezug nehmen, anderen großzügig Anerkennung zu.

Diese letztgenannte Taktik ist besonders wichtig, um beides klarzustellen: dass der Chef menschlich ist und dass er das Heft in der Hand hat. Ich rate Ihnen sogar, Ihren Mitarbeitern *mehr Anerkennung* zuzuerkennen, als sie verdienen. Ich will das erklären. Diejenigen, von denen ein Chef zunächst einmal am *wenigsten* Anerkennung erhält, sind seine unmittelbaren Untergebenen. Immerhin wissen sie meist am besten, wer was getan hat. Ich weiß noch ganz gut, wie ich vor ein paar

Jahren bei IDEO war und mich mit einigen Designern über eine Zeitschrift unterhielt, die ein riesiges Bild des damaligen CEO und heutigen Chairman David Kelley brachte, gepaart mit der Behauptung, er habe über 3 000 Produkte entwickelt. Fast alle Produkte hatten Davids Mitarbeiter entwickelt, nicht er. David hatte alle Hände voll damit zu tun, die Firma zu leiten und Kunden zu gewinnen. Das ist die »Romantik der Führung«, die sich nur schwer verhindern lässt, insbesondere in der Presse, die Geschichten über heldenhafte und allmächtige Führungspersönlichkeiten über alles liebt, weil sich so etwas gut verkauft.

Egal, wie viel Anerkennung Sie Ihren Leuten zumessen – von außen erhalten Sie als Chef aufgrund dieser romantischen Verklärung wahrscheinlich mehr Lob, als Ihnen zusteht. Ein Umstand, der von einer Vielzahl von Studien belegt wird, macht die Sache noch verworrener:[19] Jeder Einzelne schreibt sich selbst meist mehr Anteil an der Produktivität seines Teams zu, als er wirklich hat. Wenn die Mitglieder eines vier- oder fünfköpfigen Teams einzeln um eine Einschätzung gebeten werden, wie hoch ihr Anteil am Ergebnis der gemeinsamen Arbeit ist, so addieren sich die angegebenen Anteile aller auf etwa 150 Prozent. Das bedeutet, dass auch Sie, lieber Chef, dazu neigen, sich intern (und vielleicht auch öffentlich) in den Himmel zu heben.

Wenn Sie es über sich bringen, Ihren Leuten möglichst viel und sich selbst möglichst wenig Anerkennung zukommen zu lassen, profitieren alle davon. Sie werden ohnehin ausgiebig gelobt, weil Sie der Chef sind. In den Augen Ihrer Leute macht Sie das ehrlicher, und man wird Sie (insbesondere von außen) wegen Ihrer Bescheidenheit und Großzügigkeit bewundern.

Kehren wir noch einmal zu David Kelley von IDEO zurück, der anderen ungewöhnlich großzügig Anerkennung angedeihen ließ. David ist ein bescheidener Mensch und setzt sich vorbildlich für seine Leute ein. Seine Absichten sind lauter, doch dank seiner Großzügigkeit können er und die anderen IDEO-Manager die Mitarbeiter auch leichter davon überzeugen, dass sie sowohl in Sachen »Leistung« als auch in der Rubrik »Menschlichkeit« alles im Griff haben. Wie wir in Kapitel 1 gesehen haben, sieht David seine Aufgabe zu einem großen Teil darin, eine gesunde Balance zwischen diesen beiden bisweilen widersprüchlichen Zielen herzustellen. Im Jahr 2000 bat die Zeitschrift *BusinessWeek* IDEO, Zukunftsideen für eine Beilage mit dem Titel »Willkommen im Jahr 2010« beizusteuern.[20] Ein Designerteam rackerte sich ab und entwickelte Skizzen von etwa einem Dutzend Produkten, die ihrer Ansicht nach bis zum Jahr 2010 erhältlich sein könnten. Mit einigen dieser Ideen trafen sie ins Schwarze, etwa mit dem winzigen Telefon, das in die Ohrmuschel passt, oder der E-Map, die einem kleinen und schlanken Navi recht nahe kommt. Andere Ideen sind noch Zukunftsmusik, etwa der medizinische Spiegel für Zuhause, mit dessen Hilfe der Arzt seine Patienten statt in der Praxis über das Internet untersuchen kann.

Als diese achtseitige Hochglanzbeilage fast fertig war, riefen die Redakteure der *BusinessWeek* bei David an und teilten ihm mit, sie hätten keinen Platz für die Namen der IDEO-Designer. David gab höflich zu bedenken, dass seine Mitarbeiter wie verrückt daran gearbeitet hätten. Er hätte ihnen die Nennung versprochen, und es sei nicht fair, wenn er die ganze Anerkennung einheimste. Die Redakteure ließen sich erweichen und nannten Martin Bone, Tom Eich, Thomas Enders, Rick English und Danny Stilton als Kreativteam. Die Designer waren dankbar, dass sich David so nachdrücklich für sie eingesetzt hatte, die Redakteure der *BusinessWeek* waren beeindruckt von Davids Großzügigkeit, und er bekam immer noch jede Menge Anerkennung für die hervorragende Arbeit. Neulich, als er für Kapitel 1 die Skizze über Fähigkeiten und Eigenwahrnehmung anfertigte, die ein Chef für das stabile Gleichgewicht zwischen Menschlichkeit und Leistung braucht, habe ich mich mit David über diese Anekdote unterhalten.

David betonte, ein Chef dürfte nie eine Chance verstreichen lassen, Pluspunkte bei seinen Leuten zu sammeln, denn »die Zeit kommt, da man auf der wirtschaftlichen Seite etwas tun muss, und das braucht diese Pluspunkte wieder auf«. Anders ausgedrückt: Wenn ein Chef seinen Leuten die Anerkennung zugesteht, die sie verdienen (und mehr), dann hat er sichtbarer und objektiver das Heft in der Hand – und bewahrt langfristig das Gleichgewicht zwischen Leistung und Menschlichkeit.

Nehmen Sie alle Schuld auf sich

Ende August 2008 hörte ich im Radio Michael McCain, CEO bei Maple Leaf Foods. Er gab eine Erklärung ab und beantwortete Fragen zu den Todesfällen (am Ende waren es 20) und Hunderten von Erkrankungen, die sich auf Listerien (eine Bakterienart) in Fleischprodukten seiner Maple-Leaf-Fabrik zurückführen ließen.[21] McCain klang düster und seine Stimme zitterte, als er die Schließung der Fabrik ankündigte, sich bei allen entschuldigte, die durch Produkte seiner Firma Schaden genommen hatten, und zugab, dass die Leute von Maple Leaf, er eingeschlossen, verantwortlich für die Tragödie seien. Auf Nachfrage verneinte McCain, dass staatliche Kontrolleure an den Todesfällen schuld seien, und stellte fest, dass er und seine Leute schlicht ihren Job nicht gut genug gemacht hatten. Dann erklärte er detailliert, welche Maßnahmen Maple Leaf plane (zum Beispiel strengere Kontrollen), und betonte, es sei nun an ihm, das Vertrauen der Kanadier in seine Firma wiederzugewinnen.

McCains Reaktion war bemerkenswert, nicht nur, weil sie so ungewöhnlich war, sondern auch, weil sie sich mit den Studienergebnissen darüber deckt, wie man den Anschein erweckt und in Realität überführt, dass der Chef das Sagen hat. Anders als die meisten Chefs, die in so eine Situation geraten, begriff McCain, dass ihm ohnehin die Schuld zugeschoben würde, komme, was wolle. Statt sich zu ducken, zu winden und mit dem Finger auf andere zu zeigen, hielt er es für klüger, das zu akzeptieren, aus dem Desaster zu lernen und das Beste aus der furchtbaren Situation zu machen. Chefs, die immer nur Akteuren außerhalb der Firma die Schuld für ihr Unglück zuschieben, wirken nicht nur unredlich, sondern auch machtlos. Ein Chef, der die Verantwortung nicht übernehmen will, provoziert die vernichtende Frage: »Wenn Sie nicht die Macht hatten, es zu verhindern, warum sollen wir dann glauben, dass Sie die Macht haben, es wieder in Ordnung zu bringen?« Die Weigerung, Verantwortung zu übernehmen, gilt auch als Zeichen dafür, dass man aus vergangenen Rückschlägen und Irrtümern nichts gelernt hat – oder dass sich nichts ändert.

Ein anderer dämlicher Trick, dessen sich Chefs bedienen, wenn etwas schiefgeht, sind verniedlichende Floskeln wie »Es wurden Fehler gemacht«. Der verstorbene William Safire bezeichnete das in seinem *Political Dictionary* als »passiv-ausweichendes Eingeständnis eines Fehlers unter gleichzeitiger Distanzierung des Sprechers von der Verantwortung«; andere würden von einer klassischen Scheinentschuldigung sprechen.[22] So geschah es auch, als die Presse darauf kam, dass Manager am Yale-New Haven Hospital angewiesen worden waren, die gewerkschaftliche Organisation der Belegschaft mit (in meinen Augen) niederträchtigen Argumenten zu unterbinden, die darauf abzielten, Furcht und Misstrauen gegenüber der Gewerkschaft zu erwecken. Chairman J. R. Crespo gab zu, dass »mit Sicherheit Fehler gemacht wurden«, die er »peinlich« nannte.[23] Die Manager hatten auf einem Workshop, in dem es um den Umgang im Team ging, einen Handzettel mit der Überschrift »Verhalten im Rahmen einer Kampagne zur gewerkschaftlichen Organisation – was Sie tun *dürfen*« erhalten. Dort stand unter anderem:

> Klären Sie Ihre Mitarbeiter über die dokumentierte Geschichte des Mafia-Einflusses und der Korruption in den Gewerkschaften auf. Geben Sie Ihren Mitarbeitern Beispiele dafür, dass Gewerkschaftsführer Geld aus den Pensions- und Gesundheitsfonds ihrer Mitglieder veruntreut haben.

In einem Brief an den Bürgermeister von New Haven, John DeStefano, räumte Crespo ein, dass solche Fehler geschehen seien und das Krankenhaus gegen eine schriftliche Vereinbarung mit der Gewerkschaft verstoßen habe. Doch Crespo und die Krankenhausleitung übernahmen keinerlei Verantwortung für diese Missgriffe, entschuldigten sich nicht, gaben nicht zu, dass die Anweisungen (abgesehen von der peinlichen Wirkung) irgendwelchen Schaden angerichtet hatten, und behaupteten sogar, das leitende Management habe von dieser oder anderen eingestandenermaßen unzutreffenden Informationen nichts mitbekommen (etwa der, dass Beschäftigte ihr Gehalt und Zuschläge verlieren würden, wenn sie für eine gewerkschaftliche Organisation votierten). Crespo erklärte, er habe die Berater und die Mitarbeiter der Personalabteilung, die in das Fiasko verwickelt waren, entlassen, und schob ihnen damit implizit die Schuld in die Schuhe.

Wenn ein Chef sich weigert, die Verantwortung zu übernehmen, wenn er mit dem Finger auf andere zeigt und sich auf erbärmliche Floskeln zurückzieht, mag ihm das noch eine Weile seinen Job erhalten, doch langfristig erweist es sich als Eigentor. Egal, was er sagt – der Chef ist verantwortlich für das, was seine Leute tun. Wenn etwas Gravierendes vorfällt (wie zum Beispiel eine Mitarbeiterschulung, die Gewerkschaften mit der Mafia in Verbindung bringt), sollte der Chef davon wissen. Wenn ein Chef den Anschein erwecken und in Realität überführen will, dass er das Heft in der Hand hat, und wenn er seine Leute auch zu besseren Leistungen anspornen will, übernimmt er besser zumindest einen Teil der Verantwortung. Untersuchungen, die unter anderem von Fiona Lee durchgeführt wurden, belegen, dass Manager, die für Negativereignisse wie Gehaltsnullrunden oder gescheiterte Projekte die Verantwortung übernehmen, als mächtiger, kompetenter und sympathischer wahrgenommen werden als solche, die jede Schuld von sich weisen.[24] In einer weiteren Studie unter dem Titel »Mea Culpa« untersuchten Lee und ihre Kollegen über einen Zeitraum von 21 Jahren die Entwicklung des Aktienkurses von 14 Unternehmen. Wenn die Unternehmensführung vorangegangene Schwierigkeiten auf interne und kontrollierbare Faktoren zurückführte (mithin die Schuld auf sich nahm), lag der Aktienkurs im Folgejahr immer höher als in Jahren, in denen die Firmenleitung die Verantwortung für Rückschläge zurückwies.[25] Eine frühere Studie, die den Wertzuwachs der Aktien von 18 Firmen im Lauf von 18 Jahren verfolgte, kam zu ähnlichen Ergebnissen.

Der Chef sollte aber in solchen Fällen nicht nur die Schuld auf sich nehmen und um Verzeihung bitten, sondern sofort das Heft in die Hand nehmen, zeigen, dass er aus Misserfolgen gelernt hat, neue Pläne verkünden und – sofern Veränderungen eingeführt wurden – wissen lassen, dass er die Lage wieder im Griff hat. Tafel 3 zeigt in sieben Schritten, wie man die Verantwortung übernimmt, und illustriert jeden Schritt anhand der Maßnahmen, die McCain und sein Team ergriffen. Niemand kann vorhersagen, was aus Maple Leaf Foods wird. Die Zeit wird zeigen, ob die Firma eine weitere Listerien-Verseuchung verhindern und das Vertrauen der Verbraucher langfristig zurückgewinnen kann. Doch McCains Maßnahmen in den ersten Monaten der Krise sind ein gutes Beispiel dafür, wie man als Chef Verantwortung übernimmt. Die kanadische Presse und Werbefachleute gaben McCain für seine Klarheit, sein Mitgefühl und seine Souveränität die besten Noten. Ein Unternehmenssprecher verkündete Anfang Dezember 2008, laut einer Umfrage sei das Vertrauen in die Marke Maple Leaf seit Beginn der Krise von 60 auf 91 Prozent gestiegen. Die Situation für Maple Leaf war erheblich bedrohlicher, als es die meisten Chefs je erleben müssen. Doch McCains Vorgehen – in Kombination mit seiner Verlässlichkeit und Menschlichkeit – illustriert, wie ein guter Chef andere davon überzeugen kann, dass er alles im Griff hat, wenn die Kacke am Dampfen ist.

»Auch wenn eine Entschuldigung zu spät kommt«, erklärt Barbara Kellerman in der *Harvard Business Review*, »muss sie noch lange nicht mickrig ausfallen.«[26] Kellerman führt das Duke Hospital an, in dem einem Teenager das falsche Herz und die falschen Lungen transplantiert wurden, woraufhin das Mädchen starb. Der Krankenhauschef Ralph Snyderman schwieg zunächst, reagierte dann aber zerknirscht, offen und ehrlich auf die überbordende Kritik aus den Medien: »Innerhalb von fünf Tagen wurden nicht weniger als neun Presseerklärungen herausgegeben, und Snyderman stellte sich einem Interview mit Ed Bradley in der Sendung *60 Minutes*. Vor der Kamera gab er den Fehler zu, übernahm die Verantwortung, brachte seine Reue zum Ausdruck und schwor, dass das Krankenhaus alle Hebel in Bewegung setzen werde, damit sich so eine Katastrophe nicht noch einmal ereigne.«

Tafel 3

Ein Rezept für eine wirkungsvolle Entschuldigung: Michael McCain von Maple Leaf Foods

Denken Sie daran: Ausschlaggebend war, dass der CEO alle Schuld auf sich nahm. Er schob sie nicht auf seine Mitarbeiter, Menschen außerhalb der Firma oder Ereignisse, die sich seinem Zugriff entzogen!

Nichts beschönigen. McCain erklärte ohne Ausflüchte, wie schrecklich die von Listerien in seiner Firma ausgelösten Todes- und Krankheitsfälle waren.

Alle Schuld auf sich nehmen. »Wir haben versagt.« McCain machte nicht die staatlichen Kontrolleure für die Todesfälle verantwortlich.

Sich ohne Wenn und Aber entschuldigen. »Es tut uns zutiefst leid.«

Sofort die Dinge in die Hand nehmen, die man tun kann. Die Fabrik wurde geschlossen, die Produkte wurden zurückgerufen und alle Hebel in Bewegung gesetzt, um sie aus den Regalen zu bekommen. In einer Medienkampagne wurden die Verbraucher aufgefordert, verseuchtes Fleisch wegzuwerfen.

Neue Erkenntnisse bekannt geben. Im landesweiten Fernsehen und auf YouTube erklärte McCain, dass man nach wochenlanger Zusammenarbeit mit den Behörden mehrere Stellen in der Fabrik gefunden habe, die von der gewohnten »Tiefenreinigung« nicht erreicht worden waren.

Erklären, was man ändern will. McCain kündigte die Einführung der Tiefenreinigung und weiterer Verfahren an, veröffentlichte den Aktionsplan der Firma Maple Leaf Foods auf der Website und erklärte auf fast täglich stattfindenden Pressekonferenzen, in Fernsehspots und in Zeitungsanzeigen, welche Maßnahmen sein Team ergriff. Die Gesundheit der Kunden, so McCain, stehe an allererster Stelle.

Die Anerkennung für Verbesserungen einheimsen. »Ich habe Ihnen versprochen, dass für Maple Leaf die Lebensmittelsicherheit fortan an erster Stelle steht«, so McCain in einem Fernsehspot und einem Video auf YouTube, »und so haben wir es gehalten. Die Rückrufaktion ist vorbei, und die Probleme, die dazu geführt haben, wurden beseitigt.« Er kündigte die Umsetzung von über 200 Maßnahmen an, darunter die tägliche Desinfizierung der Zerkleinerungsmaschinen, zweimal in der Woche eine Tiefenreinigung sämtlicher Fertigungslinien und eine massive Ausweitung der Fleischkontrollen.

Chefs, die ein Team oder eine kleine Firma leiten, tun sich besonders schwer damit, die Schuld für Patzer von sich zu weisen. Denken wir an den Arzt, der die missglückte Operation am Duke Hospital leitete, oder den Leiter einer Autoreparaturwerkstatt, die eine Reparatur verpfuscht, oder den Trainer eines Baseballteams. Weil solche Vorgesetzten direkt und persönlich mit ihren Untergebenen interagieren und einen Teil der Arbeit vielleicht sogar selber erledigen, wirkt von innen und von außen ihr Anteil an der Leistung besonders groß. Ein guter Chef nimmt im Falle eines Fehlers die Schuld auf sich und zeigt damit, dass er daraus lernt und es in Zukunft anders macht. Zudem bekräftigt ein solcher Chef mit Worten und Taten, dass er Anerkennung verdient, wenn gute Arbeit geleistet wird. Joe Torre war zwölf Jahre lang Manager des Baseballteams New York Yankees und stand vonseiten der überkritischen New Yorker Medien und Fans ständig unter Beschuss, ganz zu schweigen von George Steinbrenner, dem cholerischen, herrischen und ungeduldigen Besitzer der Yankees.[27] Dass sich Torre so lange auf einem der schwierigsten Posten der Sportwelt hielt (vor ihm hatte Steinbrenner in 18 Jahren 17 Manager gefeuert), lag unter anderem daran, dass er nach Niederlagen und anderen Pannen gleichmütig die Schuld auf sich nahm und Fehler zugab, sei es in Medieninterviews oder in Vieraugengesprächen mit dem hochfahrenden Steinbrenner. Torre betonte stets, dass seine Mannschaft aus Misserfolgen lerne, und erklärte, was sie seiner Ansicht nach ändern könne und was außerhalb ihres Einflusses sei. Indem er den Kopf hinhielt, mögliche Veränderungen aufzeigte und sich zuversichtlich zeigte, dass sich vieles verbessern ließ, nahm er seine Spieler vor den Medien und Steinbrenner in Schutz. Wenn die Yankees Spiele und Meisterschaften gewannen (und das kam oft vor), galt Torre als einer, der die Leistung seines Teams fest im Griff hatte.

Torre verließ die Yankees 2007 und ist heute Manager bei den Los Angeles Dodgers. Auch dort spielt er meisterhaft auf der Klaviatur der Verantwortung. Nachdem der Starspieler Manny Ramirez wegen des Einsatzes von Steroiden bis Juli gesperrt worden war, wurde Torre Anfang Juni 2009 von Reportern gefragt, ob er glaube, dass die Dodgers ihre Führung behalten würden. Torre erwiderte, sein Team spiele hervorragend, wenn also etwas schieflaufe, »habe ich es vermasselt, keine Frage«.[28] Torres Bereitschaft, die Schuld für künftige Misserfolge auf sich zu nehmen, illustriert, dass ein geübter Chef, der seine Position im Management sichern will, mit Worten und Taten eine enge Verbindung zwischen seinem Tun und der Leistung der ihm Anvertrauten herstellen muss. Torre beherrscht auch die subtile Kunst, ohne jede Aufschneiderei Anerkennung einzuheimsen: Ohne es auszusprechen, wies er doch deutlich darauf hin, dass die Siege, die die Dodgers ohne ihren Star einfahren würden, auch sein Verdienst waren. Als Ramirez am 3. Juli auf den Platz zurückkehrte, hatten die Dodgers ihre Spitzenposition in der Liga noch inne.

Macht und ihre Grenzen

Ein erfolgreicher Chef vertraut darauf, dass er den Wirbel der Ereignisse um ihn herum beeinflussen kann, und bringt andere dazu, ebenfalls an diese Macht zu glauben und entsprechend zu handeln. Ein schlechter Chef, der keine Macht hat, wird durch treulose Mitarbeiter, erzürnte Kunden und unangenehme Gespräche mit dem Vorgesetzten bestraft. Doch selbst der beste Chef hat seine Unzulänglichkeiten. Er mag noch so viel Lob oder Tadel auf sich vereinen – sein Einfluss ist trotzdem begrenzt. Jeder Chef handelt auf der Basis unvollständiger Informationen. Jeder Chef erlebt Phasen der Selbstüberschätzung und der Unsicherheit. Jeder Chef hat Schwächen und blinde Flecken, die er nur mithilfe anderer überwinden kann. Gute und schlechte Chefs gleichen sich darin, dass sie große

Schwächen haben. Sie unterscheiden sich jedoch darin, dass ein guter Chef über die Weisheit und Selbsterkenntnis verfügt, den Schaden, den er damit anrichtet, zu begrenzen – wie das nächste Kapitel zeigt.

3

Streben nach Weisheit

Ein guter Chef ist immer am Rande der Selbstüberschätzung. Eine gesunde Dosis Selbstzweifel und Demut bewahren ihn jedoch vor Arroganz und Eigensinn. Ein Chef, der das nicht auszutarieren versteht, ist inkompetent, ein schlechtes Vorbild und neigt dazu, seine Mitarbeiter zu demütigen.

Nehmen wir eine redselige Führungskraft in einem großen Unternehmen, die ich hier Roberta nennen will und die ich in einer von ihr geleiteten Teamprojektsitzung erlebte. Sie hatte mir vorher scherzhaft erklärt, der Schlüssel zu ihrem Erfolg liege darin, dass sie den anderen nur scheinbar zuhöre und die Zeit nutze, um »nachzuladen«, sich also innerlich zurechtzulegen, was sie als Nächstes sagen wollte. Roberta beschrieb damit ihr Verhalten recht zutreffend. Immer wieder knallte sie ihren Leuten Aussagen vor den Latz, die mit der Aufgabe ihres Teams und dem Thema, um das es gerade ging, nichts zu tun hatten – sie hörte ja nicht zu, sondern »lud nur nach«. Irgendwann flüsterte mir ein verzweifelter Mitarbeiter zu, Roberta habe eine Reihe gespeicherter PowerPoint-Präsentationen, mit denen sie ihre Leute in willkürlichen Abständen beglücke. »Roberta ist wie immer nicht auf Empfang«, fügte er hinzu, »sondern nur auf Sendung.«

Roberta verzichtete nicht nur aufs Zuhören, sondern stellte auch kaum Fragen. Die geschwätzige Chefin erfuhr daher so gut wie nichts von den klugen Leuten, die mit ihr in einem Raum saßen, gab ihnen keine nützlichen Tipps und trampelte auf ihrer Würde herum, weil sie niemandem zuhörte oder auch nur Respekt entgegenbrachte. Roberta hätte wohl besser den Ratschlag des legendären Basketballtrainers John Wooden beherzigt: »Hören Sie den Leuten, die Ihnen unterstellt sind, zu. Hören Sie richtig zu. Tun Sie nicht so, als hörten Sie zu, lassen Sie es nicht zum einen Ohr herein und zum anderen wieder hinaus. So tun, als ob, ist schlimmer als nichts tun.«[1]

An Robertas Beispiel sieht man, dass ein schlechter Chef manchmal einer ist, der nicht zuhören kann. Sie war pfiffig, aber es fehlte ihr an Weisheit. Weisheit, das klingt hochtrabend, aber ich verwende das Wort mit den Psychologen John Meacham und Karl Weick in einer recht simplen Bedeutung.[2] Ein weiser Chef strebt danach, zu wissen, was er nicht weiß. Er handelt kühn auf der Grundlage der Fakten, die er bereits kennt, sucht aber nach Hinweisen darauf, dass sie nicht zutreffen. Er strebt ein gesundes Gleichgewicht an zwischen Mut und Demut. Roberta litt nicht unter Unsicherheit und Selbstzweifeln (einigermaßen typisch für Menschen, denen Weisheit abgeht), sondern neigte zur Arroganz.

Tafel 4 stellt pfiffige und weise Chefs einander gegenüber. Natürlich muss ein Chef oft pfiffig sein, etwa wenn er eine klare Aussage treffen, eine intelligente Antwort geben, einen eloquenten Vortrag halten oder eine Maßnahme verteidigen muss. Wie wir in Kapitel 2 gesehen haben, demonstriert ein Chef durch ein solches Auftreten, dass er das Heft in der Hand hat. Leider deutete nichts darauf hin, dass Roberta ihre Pfiffigkeit mit Weisheit unterfütterte. Nie zeigte sie Unsicherheit, stellte Fragen, hörte zu, bat um Hilfe oder stellte ihre Meinung zur Disposition. Robertas Ansichten waren dermaßen zementiert, dass sie durch abweichende Meinungen, Logik oder Fakten nicht zu erschüttern waren. Doch um mit dem Zukunftsforscher Paul Saffo zu sprechen: Ein weiser Chef hat starke Überzeugungen, die er allerdings schwach vertritt, damit er sie anpassen kann, wenn er mit neuen Fakten konfrontiert wird.[3]

Tafel 4

Weisheit als Grundhaltung Pfiffiger Chef – weiser Chef	
Pfiffiger Chef: Hat das *Selbstbewusstsein*, sein Wissen umzusetzen, spürt und äußert aber (öffentlich oder privat) *kaum Zweifel* an seinen Überzeugungen und seinem Handeln	**Weiser Chef**: Hat das *Selbstvertrauen*, sein Wissen umzusetzen, und die *Demut*, es anzuzweifeln
Handeln	**Handeln**
Trifft entschiedene Aussagen	Trifft auch Aussagen (häufig »hinter den Kulissen«), aus denen Unsicherheit und Ratlosigkeit hervorgehen
Beantwortet Fragen	Stellt Fragen
Redet gut	Hört gut zu
Gibt Hilfestellung, bittet aber nicht um Hilfe, ja lehnt Hilfsangebote sogar ab	Gibt Hilfestellung, bittet um Hilfe und nimmt Hilfsangebote an
Verteidigt die gewählte Vorgehensweise und hält daran fest; hat eine feste Meinung, die er auch entschieden vertritt	Hinterfragt und ändert im Bedarfsfall die Vorgehensweise; hat eine klare Meinung, die er nur schwach vertritt

Viele der erfahrenen Chefs, die ich im letzten Kapitel vorgestellt habe, sind selbstbewusst und gleichzeitig demütig. Regisseur Frank Hauser sprach sich zwar für ein entschiedenes Auftreten aus, fügte aber hinzu: »Sie können es sich später immer noch anders überlegen«.[4] George Washington steckte seine Soldaten mit seiner Zuversicht an, aber: »Da war kein

Anflug von Arroganz. Oft wird er als ›liebenswert‹ und ›bescheiden‹ beschrieben.«[5] Andy Grove forderte selbstbewusstes Handeln, obwohl ein Manager oft nicht weiß, was er tut; er empfahl aber: »Handeln Sie aufgrund Ihrer zeitweiligen Überzeugung, als sei es Ihre wahre Überzeugung. Und wenn Sie merken, dass Sie auf dem Holzweg sind, korrigieren Sie rasch den Kurs.«[6] Groves Ratschlag illustriert die Grundhaltung der Weisheit: Seien Sie so selbstbewusst, zu handeln, und so demütig, Ihr Handeln infrage zu stellen. Dieses Kapitel geht der Frage nach, wie man eine solche Haltung entwickelt und vertritt.

Sicherheit, Misserfolge und Lerneffekte

Psychologische Sicherheit ist die Voraussetzung für eine Arbeitsumgebung, in der die Mitarbeiter selbstbewusst handeln können, ohne befürchten zu müssen, dass sie lächerlich gemacht, bestraft oder entlassen werden – und in der sie so demütig sein können, offen ihre Haltung und ihr Handeln in Zweifel zu ziehen. Wie Amy Edmondson aufzeigt, entsteht psychologische Sicherheit, wenn die Autoritätsperson diejenigen Mitarbeiter lobt, belohnt und befördert, die den Mut haben zu handeln, aber auch ihre Zweifel, Erfolge und Misserfolge formulieren und unermüdlich daran arbeiten, es das nächste Mal besser zu machen.[7] Edmondson wurde klar, wie wichtig Sicherheit ist, als sie falsche Medikamentengaben in Krankenhäusern untersuchte. Zu ihrer Überraschung berichtete die beste Station, in der der Chef die Schwestern ermutigte, offen über ihre Fehler zu reden – und nie wütend darauf reagierte –, etwa ZEHNMAL so viele Behandlungsfehler wie die schlechteste, auf der Angst an der Tagesordnung war. Wenn einer Krankenschwester auf der schlechten Station ein Fehler unterlief oder sie einen solchen meldete, wurde sie von ihrem Vorgesetzten behandelt »wie eine Zweijährige«. Der große Unterschied bei den gemeldeten Behandlungsfehlern war auf die psychologische Sicherheit zurückzuführen und hatte nichts mit der tatsächlichen Fehlerquote zu tun. Krankenschwestern mit einer guten Chefin hatten ein Gefühl der Sicherheit und konnten daher Fehler zugeben. Krankenschwestern mit einem schlechten Chef meldeten ihre Fehler lieber nicht, weil sie Demütigung und Strafe befürchten mussten.

Wenn Sie als Chef psychologische Sicherheit großschreiben, sollten Sie vor sich und Ihren Mitarbeitern auch Ihre Schwächen zugeben. Wie schon einmal erwähnt, rät Dr. Michael Giuliano Ärzten auf Frühgeborenenstationen, zur Überprüfung der eigenen Diagnose Kollegen hinzuzuziehen. Die Ärzte sollten, so Giuliano, die bestmögliche Diagnose stellen und auf dieser Basis handeln, jedoch immer nach Anzeichen dafür Ausschau halten, dass die Diagnose falsch ist. Giuliano hat dafür konkrete Vorschläge:

»Verlieben Sie sich nicht in Ihre Diagnose.«
»Hören Sie auf die Familie.« (Ärzte sind bekanntermaßen schlechte Zuhörer.)
»Glauben Sie nicht alles, was in den Testergebnissen steht.« (Überprüfen Sie sie persönlich, und bilden Sie sich ein unabhängiges Urteil.)
»Erklären Sie allen alles.« (Je besser die Menschen nachvollziehen können, was Sie tun und warum, desto stärker unterstützen sie Sie.)
»Sagen Sie auch mal: ›Ich weiß es nicht‹, und machen Sie sich schlau.[8]

Sicherheit bedeutet auch, dass Sie als Chef Leute womöglich zu etwas animieren müssen, das Ihnen eigentlich gegen den Strich geht. Bleiben wir im Gesundheitsbereich: Anita Tucker und Amy Edmondson stellten fest, dass die Krankenschwestern mit der größten Lernbereitschaft die polternden Nörgler und Querulanten waren, die offen über ihre Fehler und die ihrer Kolleginnen sprachen.[9] Ständig wollten sie wissen, warum etwas so gemacht wurde und nicht anders, und kamen mit Verbesserungsvorschlägen daher. Die meisten Ärzte, so Tucker und Edmondson, verstehen unter einer »guten Krankenschwester« das glatte Gegenteil: eine, die man sieht, aber nicht hört, die gehorsam Befehle befolgt und das ärztliche Handeln nicht infrage stellt.

Wie ungut die Kombination aus fehlender psychologischer Sicherheit und Angst vor der Autoritätsperson ist, zeigen mehrere beunruhigende Studien, so eine Untersuchung, die eine große Fluglinie im Flugsimulator durchführte: Wenn der Pilot unter schwierigen Bedingungen und bei Regen im letzten Stadium der Landung vorgab auszufallen, konnte in etwa 25 Prozent der Fälle der Kopilot nicht übernehmen, sodass es zu einem simulierten Absturz kam.[10] Alle Kopiloten wussten, dass der Pilot handlungsunfähig war, zögerten aber trotzdem, dessen Autorität infrage zu stellen. Unglücklicherweise kommt es durch unangebrachten Respekt auch im richtigen Leben zu Katastrophen. Der Absturz eines Firmenflugzeugs im Jahr 1979 war zum Teil darauf zurückzuführen, dass der zweite Offizier, der noch in der Probezeit war, nicht übernehmen konnte, als der Kapitän (ein Bereichsleiter der Firma, der für seinen ruppigen Stil bekannt war) fluguntauglich wurde. Die Kulisse mag unterschiedlich sein, doch die Lektion bleibt immer dieselbe: Wenn Menschen nicht die Sicherheit haben – geschweige denn, sich verpflichtet fühlen –, Probleme aufzuzeigen, einzuspringen und Fehler ihres Chefs zu korrigieren, dann finden keine Lernprozesse statt, und Fehler werden nicht bereinigt.

Vergeben und sich merken

Wie wichtig psychologische Sicherheit ist, habe ich in einem großen Medienunternehmen erlebt, dessen CEO wild entschlossen war, die Angst aus seiner Firma zu vertreiben. Eine leitende Redakteurin hatte ein Jahr lang den Neustart einer neuen Zeitschrift vorbereitet. Die Zeitschrift floppte, was unter früheren Chefs eine Degradierung oder Entlassung der Mitarbeiterin nach sich gezogen hätte. Stattdessen erhob sich der CEO auf einer Führungskräftekonferenz und gratulierte der gescheiterten Redakteurin zu ihrem Mut und ihrem Können, denn sie habe das Falsche richtig gemacht. Sie habe ja die unglückselige Entscheidung nicht allein getroffen, sondern die Unterstützung der Verlagsleitung gehabt, und die Zeitschrift habe trotz hervorragender Inhalte und einer guten Vermarktung nicht eingeschlagen. In den folgenden Tagen bezeichneten alle Führungskräfte, mit denen ich sprach, die Reaktion des Chefs als absolut umwälzend, als eine sichtbare Maßnahme, der Angst den Garaus zu machen.

Aus dem Vorgehen des Verlagschefs lässt sich die Diagnosefrage dafür ableiten, ob ein Chef psychologische Sicherheit schafft oder sie im Gegenteil sogar abtötet: *Was geschieht bei einem Fehler oder Misserfolg?* Jeff Pfeffer und ich vertreten die Meinung, dass es auf Misserfolg drei mögliche Reaktionen gibt.[11] Die erste Möglichkeit ist, dass der Chef nichts vergisst, dass er mit Schuldzuweisungen und Erniedrigung, ja vielleicht sogar mit Entlassung reagiert. Das ist die Mentalität »Mach es richtig, oder lass es sein«, die Edmondson auf der Station vorfand, auf der die Krankenschwestern wie Zweijährige behandelt wurden. Ich habe diesen Ansatz, der sich auf Angst gründet, in so vielen Firmen rund um die Stanford University erlebt, dass ich ihn als »Silicon-Valley-Standard« beschreiben würde. Die zweite mögliche Reaktion, »vergeben und vergessen«, ist gut gemeint, zeichnet aber einen inkompetenten Chef aus. Das ist der Ansatz, den sich halbwüchsige Kinder von ihren Eltern erhoffen, so meine (damals) 16 Jahre alte Tochter, als sie versehentlich auf das Gaspedal statt auf die Bremse trat, in unser Haus fuhr und 1 000 Dollar Schaden am neuen Auto verursachte. Sie wollte nicht darüber sprechen, sondern erwartete, dass wir »vergeben und vergessen«. Der dritte Ansatz ist der, den wir an unserer Tochter ausprobierten und den auch Chefs wählen, denen Sicherheit und Verantwortlichkeit wichtig sind: *vergeben und sich merken*. Diese Wendung stammt aus einer Studie, die sich damit befasst, wie gute Krankenhäuser aus Fehlern lernen. Sie spiegelt die Reaktion wider, die gute Vorgesetzte in Edmondsons Untersuchung, aber auch der Verlagschef an den Tag legten: Sie verzichteten auf Schuldzuweisungen und nutzten Fehlschläge als Chance zum Lernen.

Psychologische Sicherheit und Kreativität

Ein guter Chef stachelt die kollektive Fantasie an, indem er eine Sicherheitszone schafft. Hier können seine Leute über verdrehte und unausgegorene Ideen reden, sie ausprobieren und damit scheitern, ohne lächerlich gemacht, bestraft oder geächtet zu werden. In einer solchen Zone schadet der Misserfolg niemandem und kostet nicht viel. »Wo kann man bei Ihnen scheitern?« Diego Rodriguez von IDEO, der auch in Stanford unterrichtet und den Blog *Metacool* betreibt, stellt diese Frage Chefs, die sich mehr Kreativität wünschen.[12] Ich finde sie fantastisch, weil Kreativität viele Ideen voraussetzt, die in der überwiegenden Zahl schlecht sind. Man muss Ideen offen und ehrlich beurteilen und dann die meisten verwerfen. In den Händen eines schlechten Chefs ist dieses Verfahren peinlich und lähmend für alle, deren Ideen nicht umgesetzt werden, und herabwürdigend auch für jene, deren Ideen ausgewählt, entwickelt und auf den Markt gebracht werden.

Die Redakteure von *The Onion* haben so einen Ort, an dem sie scheitern dürfen. Ihre Konferenzen dauern Tage. *The Onion* ist eine Zeitung und Website, die Nachrichten parodiert, etwa so: »Die Preiselbeersaftbranche hofft 2009 auf ein gutes Jahr für Harnwegsinfekte«, »Inkompetente Mitarbeiter erhalten zu wenig Anerkennung« und (ja wirklich!) »Studie belegt: Ein Chef, der kein Arschloch ist, hebt die Arbeitsmoral«. *The Onion* hat mehr als drei Millionen Leser und 35 Millionen Website-Besucher im Monat. Jede Woche findet unter Leitung von Chefredakteur Joe Randazzo ein aufreibendes dreitägiges Brainstorming statt. Das Team sitzt in einem muffigen Raum, und die Redakteure bieten eine Schlagzeile nach der anderen an. Diejenigen, die vom Team für gut befunden werden, kommen (für den Anfang) an die Tafel. Am ersten Tag werden rund 600 Schlagzeilen zur Diskussion gestellt. Am Ende bleiben 18 übrig, zu denen dann die Artikel für die wöchentlich erscheinende Zeitschrift verfasst werden.

Randazzo führt diese Sitzungen mit leichter Hand, weil jeder weiß, dass er verrückte Ideen haben und gleichzeitig kritisch sein soll – mehr als 95 Prozent der Ideen werden ja verworfen. Randazzo ist »30 Jahre alt, unaufdringlich und auf Konferenzen völlig frei von jeglichem Chefgehabe, und offenbar hat keiner der Redakteure Angst vor ihm oder will ihm imponieren«.[13] Hin und wieder greift er ein, um die Diskussion in die richtigen Bahnen zu lenken: »Manchmal zündet ein Witz nicht, weil die Formulierung nicht stimmt. Dann muss ich die anderen auffordern, verdammt noch mal den Schnabel zu halten. Aber das geschieht eher selten, vielleicht einmal alle paar Ausgaben, wenn man für eine Geschichte ein klares Ja oder Nein braucht.« Randazzo ist klar: Wenn sich seine Leute nicht trauen würden, extreme, dämliche oder auch geschmacklose Ideen vorzutragen, dann wäre es mit ihrer Kreativität vorbei.

Weisheit und falsche Annahmen

Einer weiser Chef kann verhindern, falschen Annahmen aufzusitzen, weil ihm bewusst ist, dass er allzu leicht dem »Irrtum der Zentralität« anheimfällt: Wer eine zentrale Position innehat, meint, alles zu wissen, was an Wichtigem geschieht. Dieser Irrtum verhinderte bis Anfang der 60er-Jahre, dass Kinderärzte Kindesmissbrauch diagnostizierten: »Die Begründung? Wenn Eltern ihre Kinder missbrauchen würden, wüsste ich davon. Da ich nichts davon weiß, kommt es auch nicht vor.«[14]

Die meisten Chefs sind viel zu beschäftigt (und zu menschlich), um alles Wichtige zu wissen. Wie Studien zum »Stillschweige-Effekt« belegen, wird ihr Nichtwissen oft dadurch verstärkt, dass ihre Mitarbeiter ihnen schlechte Nachrichten verschweigen, weil der Chef gern »den Boten erschießt«.[15] Dieser Stillschweige-Effekt hat in der Finanzkrise 2008 möglicherweise zum Zusammenbruch des Versicherungsriesen AIG beigetragen, der nur dank eines irrwitzigen Rettungspakets von über 180 Milliarden Dollar an US-Steuergeldern überlebt hat. Wie Michael Lewis in *Vanity Fair* berichtet, ging die Firmenkultur in der AIG-Sparte Finanzprodukte den Bach hinunter, nachdem der reizbare und launische Joe Cassano 2001 die Leitung übernommen hatte (die er bis 2008 behielt).[16] Cassanos Sparte verlor schätzungsweise alles in allem 45 Milliarden Dollar. AIG-Insider erzählten Lewis, dass die unter Cassanos Vorgänger Tom Savage üblichen »Debatten und Diskussionen« unter dem neuen Chef zum Stillstand kamen. »Die Angst war so groß«, erklärte einer, »dass ... man ihm zeigte, was man tat, um ihn nicht zu verärgern. Und wenn man das Unternehmen kritisierte, brach die Hölle los.« Ein anderer fügte hinzu: »Bei Joe sagte man immer erst einmal: ›Sie haben recht, Joe.‹« Die meisten Führungskräfte, die den Mumm hatten, Cassano die Stirn zu bieten, verließen Lewis zufolge lange vor dem Zusammenbruch frustriert die Sparte

Finanzprodukte. Es wurde nie Anklage gegen ihn erhoben, und es wäre unfair, Cassano die Schuld für die Schwierigkeiten des Unternehmens, geschweige denn für den finanziellen Zusammenbruch, allein in die Schuhe zu schieben. Ich stimme Lewis darin zu, dass Cassanos »Vergehen keine Betrügerei im rechtlichen Sinne war, sondern eine tiefere Dimension hatte: den Wunsch nach Untertänigkeit in anderen und die mangelnde Bereitschaft, sich eigene Schwächen einzugestehen«.

Für mich klingt das, was ich über Cassano weiß, nach einem ausgemachten Arschloch. Doch selbst die freundlichsten Chefs belohnen Untergebene unbewusst dafür, wenn sie sie vor Unangenehmem bewahren. Eine Assistentin der Geschäftsleitung, die ihren Chef mochte, erklärte mir einmal, sie steuere über den Terminkalender und Telefonate seine Stimmung. Sie verehrte ihren Chef und wollte, dass er glücklich war, zumal ihr Job, wenn er schlechte Laune hatte, kein Zuckerschlecken war. Daher gab sie Leuten, die ihn auf die Palme brachten, meist unangenehme Nachrichten für ihn hatten oder bekannte Querulanten waren, einfach keinen Termin.

Ein guter Chef ermutigt seine Untergebenen, ihm auch Hiobsbotschaften zu überbringen. Darüber hinaus forscht er nach Hinweisen, die mit seinen Annahmen konträr gehen. Der langjährige Projektmanager Paul Snare erzählt dazu eine Anekdote, die sich in einer Pampers-Windelfabrik in Michigan zugetragen hat. Vorgesetzte mutmaßten, ihr bester Mechaniker dokumentiere seine Arbeit nicht richtig, weil er sich einen Informationsvorsprung vor seinen Kollegen sichern wolle. Sie befürchteten darüber hinaus, er stehe der Gewerkschaft nahe und halte Informationen zurück, damit die Produktion im Streikfall ohne ihn nicht weiterlaufen könne. Diese Vermutungen lösten sich indes in Luft auf, als der Meister den Mechaniker fragte, warum er nichts aufschreibe. »Die Antwort war simpel: Er hatte eine miserable Rechtschreibung und schämte sich, das zu zeigen.« »Gehen Sie durch die Firma, sehen Sie sich um, stellen Sie Fragen«, schließt Snare daraus. »Die Frage ist die beste Informationsquelle, die aber am seltensten genutzt wird.«[17]

Wenn man davon ausgeht, dass alles erwartungsgemäß und wie gewohnt läuft, sitzt man besonders leicht falschen Annahmen auf. Man stellt auf »Autopilot« und folgt ohne nachzudenken seiner Gewohnheit. Studien zu außer Kontrolle geratenen Waldbränden, Operationsfehlern und Flugzeugabstürzen belegen, dass es katastrophal ausgehen kann, wenn Menschen, statt die Anzeichen für eine Notlage zu erkennen und Warnsignale ernst zu nehmen, gedankenlos mit ihrer Routine fortfahren. Karl Weick und Kathleen Sutcliffe appellieren an Vorgesetzte, gegen solche blinde Flecke vorzugehen und ein Klima zu schaffen, »in dem die Mitarbeiter Erfolg mit Argwohn betrachten, ruhigen Zeiten misstrauisch begegnen und beunruhigt auf zu viel Stabilität und Routine und zu wenig Herausforderungen und Vielfalt reagieren«.[18] Es reicht allerdings nicht aus, wenn man seine Leute auffordert, das Unerwartete zu erwarten. Ein erfahrener Chef bringt sie auch dazu, vorausschauend zu handeln. Berufspiloten orten mit einer Vielzahl von Tricks mögliche Probleme und machen sich Gedanken über deren Lösung, egal, wie normal die Lage zu sein scheint. »Wir binden das in unsere tägliche Einsatzbesprechung ein«, erklärte mir Bonny Warner-Simi, die bei JetBlue Pilotin in führender Position ist. »Am wichtigsten ist es, mögliche Gefahren zu identifizieren. Ein Kapitän sagt zum Beispiel: ›Ich weiß, das Wetter sieht gut aus, und wir haben den Flug schon Hunderte von Malen gemacht, aber wir düfen uns nicht zu sicher sein. Wir müssen doppelte Vorsicht walten lassen ...‹«[19]

Was ist ein anständiger Streit?

Ein weiser Chef ist einem anständigen Streit nicht abgeneigt. Zahlreiche Studien belegen, dass Menschen, die in gegenseitigem Respekt um Ideen streiten, produktiver und kreativer sind.[20] In einem schlechten Team dagegen wird gezankt, beleidigt, provoziert und niedergemacht, was das Zeug hält. Karl Weick beschreibt einen guten Streit so: »Kämpfen Sie, als ob Sie recht hätten, und hören Sie zu, als ob Sie unrecht hätten.«[21] Wenn man für seine Ideen kämpft, die anderer kritisiert und die eigenen Ideen der Kritik aussetzt, bleiben am Ende die besten übrig. Wer nicht in der Lage ist zu streiten, ohne sich wie ein Arschloch aufzuführen, sollte das Streiten besser lassen. Doch ein guter Chef fördert den konstruktiven Streit um Ideen. In Tafel 5 finden Sie Tipps für einen guten Streit.

Tafel 5

Wie man konstruktiv streitet

1. Beginnen Sie erst mit dem Streit, wenn jeder den Streitpunkt oder das Problem kennt.
2. Streiten Sie nicht, während Sie Ideen oder Lösungen entwickeln. Sorgen Sie dafür, dass Ihre Leute unbeschadet auch verrückte oder kontroverse Ideen vorbringen können.
3. Wenn jemand unangenehm wird, so ordnen Sie eine Auszeit an, und bitten Sie den betreffenden Mitarbeiter, seine Gehässigkeit abzustellen. Achten Sie auch auf Spaßvögel, die schwere Beleidigungen in Witze und Frotzeleien verpacken.
4. Ermutigen Sie alle zum Streiten. Bringen Sie Mitarbeiter, die zu viel reden, freundlich zum Schweigen, und bestärken Sie die Stillen, sich ins Schlachtgetümmel zu stürzen.

5. Hören Sie nicht nur auf die Worte Ihrer Leute, sondern achten Sie auch auf ihre Körpersprache. Lächeln sie? Hören sie wirklich zu? Starren sie andere an, feixen sie oder verdrehen sie die Augen? Geben Sie als Chef eine konstruktive Körpersprache vor, und bringen Sie sie Leuten bei, die (möglicherweise ohne böse Absicht) abfällige Gesten machen.
6. Bestärken Sie besonders Mitarbeiter, die zurückhaltend, neu oder am unteren Ende der Hackordnung positioniert sind, ihre Meinung zu äußern, und nehmen Sie sie beherzt gegen persönliche Angriffe in Schutz.
7. Lernen Sie die Eigenarten Ihrer Leute kennen. Manche haben eine erstaunlich dicke Haut, an der die Gehässigkeit anderer abprallt. Andere sind so empfindlich, dass schon die behutsamste Kritik sie umwirft oder auf die Palme treibt.
8. Ist der Streit entschieden, dann sorgen Sie dafür, dass die Auseinandersetzung und die Kritik ein Ende haben. Nun ist es an der Zeit, die vereinbarten Ideen zu entwickeln und umzusetzen. Verbieten Sie Ihren Leuten, immer wieder darauf herumzureiten, dass »eine großartige Idee« abgelehnt wurde, und »siegreiche« Ideen ständig schlechtzumachen.
9. Nach dem Kampf glätten Sie die Wogen. Trösten Sie diejenigen, die sich persönlich angegriffen fühlen und deren Ideen abgelehnt wurden. Ermahnen Sie die Mitarbeiter, die andere persönlich angegriffen haben, und bringen Sie ihnen die richtige Streitkultur bei.
10. Trotz Ihrer Betreuung und gekonnter Lenkung kann es sich herausstellen, dass einige Mitarbeiter zu aggressiv oder zu sensibel mit Kritik umgehen. Möglicherweise müssen Sie sie aus künftigen Konflikten ausschließen, da sie es mit ihrer Haltung anderen unmöglich machen, konstruktiv zu streiten.

Die konstruktive Konfrontation ist bei Intel seit der Unternehmensgründung im Jahr 1968 üblich. Alle Neuzugänge nehmen an Seminaren zu diesem Thema teil. Intel-Angestellte erzählen, dass so ein Streit auch einmal aus dem Ruder laufen oder im Gegenteil zu zahm sein kann. Unter Leitung eines guten Chefs gehen aus einem Streit aber außergewöhnlich fundierte Entscheidungen hervor – vor allem dann, wenn Mitarbeiter gleichberechtigt um Ideen streiten. Ein guter Chef verhindert, dass Leute mit Machtgebärden oder mit dem Hinweis auf ihr Dienstalter oder ihre Erfahrung andere unter Druck setzen oder zum Schweigen bringen. Die dreitägige Ideenfindung bei *The Onion* folgt ähnlichen Regeln. Junge Redakteure unter 30 arbeiten dort mit Todd Hanson zusammen, der seit fast 20 Jahren Redaktionsmitglied ist, doch sie lehnen seine Schlagzeilen ebenso selbstverständlich ab wie er die ihren.

Brad Bird, Regisseur bei Pixar und Academy-Award-Preisträger, betreibt die kreative Auseinandersetzung mit großem Nachdruck. Als Bird die Regie für *Die Unglaublichen* übernahm, wurde er von den Studiochefs Steve Jobs, Ed Catmull und John Lasseter aufgefordert, die Grenzen bei Pixar auszutesten. Die meisten Firmen holen frisches Blut, wenn es nicht so gut läuft. Pixar holte den quirligen und charmanten Bird, nachdem man mehrere Kassenschlager gelandet hatte – beginnend mit *Toy Story I* –, weil man fürchtete, dass es *zu gut* lief. Bird sollte gegen die Selbstzufriedenheit bei Pixar angehen. »Nur zu, legen Sie sich mit unseren Leuten an, lassen Sie die Puppen tanzen.« Als Bird den Technikleuten erklärte, was er für *Die Unglaublichen* brauchte – realistisches Haar, Wasser, Feuer und andere komplizierte Tricks –, »wurden sie blass« und gaben zu bedenken, das werde »zehn Jahre dauern und 500 Millionen Dollar kosten«. Bird widerlegte sie, indem er ein Team aus »Unzufriedenen« zusammenstellte, die den Film für weniger als 100 Millionen Dollar produzierten:

> Ich sagte deshalb: »Geben Sie uns die schwarzen Schafe. Ich brauche Künstler, die frustriert sind. Ich möchte die haben, die anders an die Dinge herangehen, auf die aber niemand hören will. Geben Sie uns all die, die schon so gut wie draußen sind.« Viele von denen waren unzufrieden, weil sie sahen, was man anders machen konnte. Sie hatten aber keine Möglichkeit, es auszuprobieren, weil die bewährte Arbeitsweise ja so gut funktionierte.[22]

Die Leute in Birds Team gerieten während der Arbeiten an *Die Unglaublichen* ständig konstruktiv aneinander. Doch Bird weiß aus Erfahrungen, die er andernorts gemacht hat – vor allem bei der Regie von *Der Gigant aus dem All* –, dass man erst mühsam Vertrauen aufbauen muss, ehe man gut streiten kann. Das Team für *Der Gigant aus dem All* hatte in einem Klima der Angst gearbeitet, ehe Bird dazustieß. Er änderte das, indem er seinen Leuten sagte:

> Als Animator hat jeder von uns Stärken und Schwächen, aber wenn wir unsere Stärken bündeln, sind wir gemeinsam der beste Trickfilmanimator der Welt. Ich will, dass ihr kein Blatt vor den Mund nehmt und die Hosen herunterlasst. Wir sehen uns eure Szenen alle gemeinsam an. Ihr werdet gemeinsam beschämt oder bestärkt. Wenn es eine Lösung gibt, will ich, dass alle sie hören, damit sie jeder zu seinem Handwerkszeug hinzufügen kann. Ich mache Vorschläge, wie sich eine Szene verbessern lässt, aber wenn ihr anderer Meinung seid, dann los, widersprecht mir. Ich habe nicht auf alles die richtige Antwort.

Birds Worte sind voller Weisheit: Sie illustrieren, wie sehr die Mitarbeiter aufeinander angewiesen sind und wie wichtig es ist, Schwächen zu zeigen. Sein Satz »Ihr werdet gemeinsam beschämt oder bestärkt« bringt die psychologische Sicherheit auf den Punkt.

Ein guter Chef weiß auch, wann er einem Streit besser aus dem Weg geht. Wenn man eine völlig neue Idee in der Luft zerreißt, ist sie womöglich tot, ehe sie überhaupt so weit entwickelt wurde, dass man sie beurteilen kann. Auch wenn ein Team bereits entschieden hat, welche Ideen es verwirft und welche es verwenden will, sind Streit und Kritik kontraproduktiv. Ist die Entscheidung gefallen, sollte niemand weiterjammern, dass der eigene Vorschlag viel besser war als die idiotische Idee, die es am Ende geschafft hat. Ein solches Gezanke laugt die Leute aus und verhindert, dass sie die ausgewählten Ideen weiterentwickeln und verwirklichen.

Natürlich kommt es auch vor, dass ein Chef seinen Standpunkt verteidigt und tapfer gegen eine in seinen Augen falsche Entscheidung ankämpft oder dass er völlig zu Recht die Umsetzung einer schlechten Entscheidung zu verhindern sucht (mithin Schadensbegrenzung betreibt). Ehe man so erbittert Widerstand leistet, sollte man allerdings bedenken, dass man zum Zeitpunkt der Entscheidung meist gar nicht sicher sein kann, ob sie nun richtig oder falsch ist, egal, wie sehr man selbst oder andere dagegen sind. Man kann jedoch sicher sein, dass auch die beste Entscheidung nicht zum Erfolg führt, wenn sie nicht gut umgesetzt wird – auch von denen, die sie abgelehnt haben. Deshalb befolgt man am besten das achte der »Zehn Gebote für die ichlose Programmierung«, die sich auf der Website *TechRepublic* finden:[23]

> **Kämpfe für deine Überzeugungen, nimm aber eine Niederlage mit Würde hin.** Begreife, dass deine Ideen hin und wieder verworfen werden. Und wenn du am Ende doch recht hattest: Nimm keine Rache, wiederhole nicht allzu oft »Ich hab's euch doch gesagt«, und mach aus deiner geliebten Idee, die du begraben musstest, keinen Märtyrer, keine Parole.

Fallstricke der Mitarbeiterbeteiligung

Ein weiser Chef stellt gute Fragen, hört zu und bittet um Hilfe. Aber er erwartet von seinen Mitarbeitern nicht, dass sie ihm bei jedem Schritt und jeder Entscheidung zur Hand gehen. Allzu viele Chefs tappen in die Falle, ihre Leute über die Maßen zu beteiligen. Sie binden sie in zu viele Entscheidungen ein und fällen am Ende die falschen. Dadurch verärgern sie ihre Mitarbeiter und machen ihnen die Arbeit schwerer.

Der erste Fallstrick ist unnötige Störung und Einmischung. Wie wir in Kapitel 6 noch sehen werden, schottet ein guter Chef seine Leute ab, damit sie in Ruhe arbeiten können. Ein Chef, der zu viel Beistand einfordert, raubt seinem Team die Konzentration. Michael Scott, der schlechte Chef in der US-Fernsehserie *The Office*, wirbelt in einer Folge den Scranton-Konzern gehörig durcheinander, als er seine Mitarbeiter fragt, was er mit einem Überschuss von 4 300 Dollar anfangen soll. Statt zu arbeiten, streiten sie sich nun den lieben langen Tag darüber, ob das Geld in einen Kopierer oder Stühle investiert werden soll.[24] *The Office* ist eine Fiktion, doch mich erinnerte die Folge an echte Szenen aus meiner Universitätszeit, etwa die schreckliche Konferenz, in der zwei Fakultätsmitglieder eine alberne Dauerdebatte über Regeln zur Verwendung von Büromitteln führten, während 15 andere verdammt waren, ihnen zuzuhören.

Die zweite Falle ist diese: Nur weil jemand seinen Job gut macht, heißt das noch lange nicht, dass er auch ins Management eingebunden werden sollte. Ein Chef zieht Mitarbeiter nicht zur Erledigung von Managementaufgaben heran, wenn es ihnen an Können, Interesse oder Zeit mangelt. Die Gefahren dieser beiden Fallstricke lassen sich, ebenso wie die Vorzüge der Mitarbeiterbeteiligung, an einem Projekt zur Verbesserung der Kommunikation und Kooperation ablesen, das in 23 Frühgeborenenstationen eingeführt wurde.[25] Diese Stationen versuchten in unterschiedlicher Intensität, die diensthabenden Mitarbeiter wie Krankenschwestern, Ärzte und Beatmungsspezialisten zum Austausch von Informationen und einer gemeinsamen Entscheidungsfindung zu bewegen. Stationen, auf denen die Beteiligten in Zusammenarbeit die Versorgung verbesserten, etwa indem sie die Infektionsrate senkten, verzeichneten eine niedrigere Sterblichkeitsrate bei den Frühchen. Doch wenn diese Mitarbeiter dazu angehalten wurden, die Station auch mit zu leiten (»shared governance«, kooperative Führung), so war die Sterblichkeitsrate höher. Besonders dann, wenn Krankenschwestern an Einstellungen, Evaluierungen, Gehaltsfestsetzungen und Budgetentscheidungen beteiligt wurden, STARBEN MEHR BABYS! Zwar nahm an der Studie nur eine kleine Zahl von Stationen teil, doch eifrige Verfechter der Mitarbeiterbeteiligung sollten vor diesem Hintergrund noch einmal über deren Grenzen nachdenken. Ein guter Chef, so Jeff Pfeffer, »lässt die Arbeiter arbeiten«.[26]

Der dritte Fallstrick ist der gefährlichste. Ich bezeichne ihn als Scheinbeteiligung. Scheinbeteiligung liegt vor, wenn der Chef seine Leute dazu veranlasst, sich mit aller Energie in eine Entscheidung einzubringen, etwa durch die Teilnahme an zeitraubenden Ausschusssitzungen, die Befragung von Experten, das Anfertigen von Berichten und so weiter. Dabei weiß dieser Chef von Anfang an, dass seine Mitarbeiter keinen Einfluss auf die Entscheidung haben. Manche Chefs bedienen sich der Scheinbeteiligung, um machtlose Mitarbeiter glauben zu lassen, dass ihr Beitrag zählt. Andere meinen, sie könnten ihre Leute auf die Art dazu bringen, sich unpopuläre Entscheidungen zu eigen zu machen, statt sich dagegen zur Wehr zu setzen. Wieder andere wollen sich und anderen schlicht weismachen, sie seien aufgeschlossen und meinten es gut mit ihren Leuten, obwohl dem ganz und gar nicht so ist. Die erboste E-Mail eines europäischen Kollegen bestätigte mir erst neulich wieder, dass keine Beteiligung besser ist als eine Scheinbeteiligung: Nachdem er stundenlang in einem Fakultätsausschuss am Entwurf eines neuen Universitätsgebäudes mitgewirkt hatte, musste er feststellen, dass seine Ratschläge gänzlich ignoriert wurden. Für die vergeudete Zeit und die Geringschätzung fand er deutliche Worte: »Nicht ein Wort, das ich in der ganzen Zeit sagte, spielte eine Rolle.« Jeder Chef sollte von diesem verärgerten Professor lernen: Scheinbeteiligung ist eine sichere Methode, die Produktivität zu senken und das Vertrauen zu zerstören.

Kümmern Sie sich um Ihre Achillesferse

Wenn Sie jemanden für perfekt halten, kann das nur bedeuten, dass Sie ihn nicht sehr gut kennen. Ein Merkmal eines weisen Chefs ist, dass er sich seiner Wissenslücken, seiner Defizite und Charakterschwächen nicht nur bewusst ist, sondern auch etwas dagegen unternimmt. Er kümmert sich um seine Achillesferse.

Ein weiser Mensch geht nicht davon aus, dass seine Schwächen ihn sein Leben lang schicksalhaft begleiten, sondern er eignet sich neue Fertigkeiten und Verhaltensmuster an, um seine Schwächen zu überwinden. Mein Vater nahm, als ich noch im Teenageralter war, nach einem Herzinfarkt an einer Studie teil, um sein »Typ-A-Verhalten« in den Griff zu bekommen. Die Forscher rekrutierten Typ-A-Menschen wie meinen Vater und brachten ihnen bei, ihr forsches, ungeduldiges und hochfahrendes Verhalten zu ändern. Sie vermuteten, dass die Teilnehmer weniger Herzprobleme hätten, wenn sie sich entspannten. Ich weiß nicht, ob die Studie anderen half, doch mein Typ-A-Vater wurde gelassener und konnte sein Leben besser genießen. Als ich eines Tages mit ihm im Auto unterwegs war, sprang die Ampel direkt vor uns auf Gelb. Wie immer gab mein Vater Gas und schaffte es noch über die Kreuzung. Doch diesmal sagte er: »Oh Mist, das darf ich eigentlich nicht.« Dann atmete er ein paarmal tief durch und fuhr langsam über eine Seitenstraße wieder zurück zu der Kreuzung, über die er gerast war – eine Übung, die ihm die Forscher auferlegt hatten, damit er seine »Hetzerei« abstellte. Aus meinem Vater wurde nicht gerade ein sanftmütiger Brummbär, aber meiner Mutter, meiner Schwester und mir, ebenso wie der Belegschaft seiner kleinen Firma, fiel doch auf, dass er ruhiger und gelassener wurde.

Man kann bei der Überwindung seiner Schwächen durchaus andere um Hilfe bitten. Erwägenswert ist die »Klebebandmethode«, die Margie Mauldin aus Denver, Trainerin von Führungskräften, einsetzt.[27] Margie berichtete mir von einem ihrer Klienten, einem Regierungsbeamten, der in öffentlichen Sitzungen oft die Beherrschung verlor und so seine Vorgesetzten und die Regierungsmitglieder, für die er arbeitete, verärgerte. Wie ich in meinem Blog *Work Matters* darstellte, begleitete Margie ihren Klienten auf Sitzungen. Sie saß neben ihm, eine Rolle Klebeband in der Tasche. Wenn er sich erhob, um etwas zu sagen, bediente sich Margie eines vierstufigen Warnsystems:

1. Beim ersten Anzeichen von Wut holte sie die Klebebandrolle heraus und legte sie auf den Tisch.
2. Wenn sich ihr Klient nicht beruhigte oder sogar noch mehr in Rage geriet, stellte sie als stärkere Mahnung das Klebeband hochkant und rollte es hin und her.
3. Wenn er sich weiter echauffierte – indem er beispielsweise auf den Tisch klopfte –, rollte sie etwas Klebeband ab, und zwar so, dass er es auch sehen konnte.
4. Wenn nichts mehr half, stand sie auf und klebte ihm einen Streifen Klebeband über den Mund.

Margie kam nie bis Stufe vier, aber ein paarmal bis Stufe drei. Sie erklärte mir, dass die Methode funktionierte, weil dieser Klient Humor hatte und seiner Ausbrüche wirklich Herr werden wollte. Dank der »Klebebandmethode« und anderer

Übungen, die Margie entwickelt hatte, konnte der Beamte die Häufigkeit und Heftigkeit seiner Ausbrüche reduzieren.

Ein weiser Chef engagiert auch Mitarbeiter als Lehrer. Als Xerox im Jahr 2000 Anne Mulcahy zum President und zur möglichen CEO-Nachfolgerin bestimmte, befand sich das Unternehmen im freien Fall, blutete finanziell aus und sah sich Vorwürfen des sittenwidrigen Finanzgebarens ausgesetzt. Mulcahy traf sich mit den 100 höchsten Führungskräften des Unternehmens, hörte sich ihre Sorgen und Ideen an und warb um ihre Unterstützung bei der brutalen Kehrtwende, die sie vor sich hatten. Sie recherchierte ausgiebig die Fakten, besuchte jeden größeren Betrieb und hörte Hunderten von Kunden und Mitarbeitern zu. Mulcahy bat zudem Mitarbeiter um eine Schulung in Sachen Finanzen, da sie für ihren Job mehr Wissen brauchte. »Die Leute im Controlling machten mich stundenlang fit, damit ich die scheußlichen und brutalen Fragen der Banker beantworten konnte.«[28] Mulcahy wurde 2001 CEO, und 2003 kam Xerox wieder in die schwarzen Zahlen. Das Unternehmen machte bis 2009, als sich Mulcahy als CEO zurückzog und Chairman der Firma wurde, gute Gewinne.

Weisheit: der Weg zu Empathie und Mitgefühl

Wie wir gesehen haben, bringt ein guter Chef seine Leute dazu, dass sie mehr leisten. Doch das ist noch lange nicht alles. Wenn der Chef seinem Mitarbeiter gut zuhört, ihm Hilfe anbietet und von ihm lernt, so ist das gut für Würde und Stolz. Gleichzeitig wächst die Empathie des Chefs für seine Mitarbeiter. Er kann sich besser in sie hineinversetzen und begreift, was sie für den Erfolg in Beruf und Leben brauchen.

Die Vorzüge eines empathischen Chefs wurden bereits von einer Fülle von Studien bestätigt. Denken wir nur an die schwedische Untersuchung zurück, nach der Menschen mit einem freundlichen und umsichtigen Chef seltener einen

Herzinfarkt erleiden. Gallup-Umfragen zufolge sind Beschäftigte, die einen persönlichen Supervisor (oder einen anderen Ansprechpartner) haben, glücklicher und engagierter bei der Arbeit. Die eindrucksvollste Lektion in Sachen Weisheit und Empathie erteilte mir Jim Plummer, mein Dekan an der Stanford University. Im Jahr 2004 erzählte ich ihm von einem familiären Problem. Unser Sohn Tyler hat das Asperger-Syndrom, eine Krankheit, die dem Autismus nicht unähnlich ist und die sich in sozialen Beeinträchtigungen und einem Mangel an praktischen Fähigkeiten ausdrückt. Nach intensiver Suche fanden meine Frau und ich für Tyler (der damals 14 war) eine Schule, die weit von unserem Wohnort entfernt lag. Unsere beiden Töchter waren in den Ort integriert, und wir hatten unsere Arbeit in der Nähe. Deshalb war es unsinnig, dass die ganze Familie für vier Jahre umzog. Um die Situation zu meistern, mussten wir in der Nähe der Schule eine Wohnung mieten und gleichzeitig das familiäre Heim in der Nähe von Stanford behalten. Ich wollte mindestens drei Tage pro Woche in Tylers Nähe verbringen. Angesichts dieser Aufteilung der Familie bereitete mir aber die größten Sorgen, ob meine Vorgesetzten in Stanford mir gestatten würden, ein paar Tage pro Woche von der Wohnung aus zu arbeiten.

Als ich Jim die Problematik erläuterte, hörte er (wie immer) genau zu. Seine erste Reaktion war empathisch. Er hätte leicht in meiner Haut stecken können, sagte er, denn seine Tochter (ein damals normales und gesundes Mädchen) sei zu früh zur Welt gekommen, und es habe die Gefahr verschiedenster Behinderungen bestanden. Anschließend fragte Jim genau nach, wie ich meine Forschungs- und Lehrtätigkeit in den kommenden Jahren organisieren wolle, merkte an, dass ich Glück hätte, einen Job zu haben, in dem ich so viel zu Hause arbeiten konnte, und bot mir an, mein Ersuchen mit einer E-Mail an die Verwaltung zu unterstützen. Tyler besuchte vier Jahre erfolgreich die Schule und ist heute, obwohl noch nicht alles ausgestanden ist, ein glücklicher und zunehmend selbständiger

Erwachsener. Ihn durch diese Jahre zu bringen, war nicht einfach. Aber Jims Mitgefühl und Empathie waren eine Rettungsleine, an der ich mich in jenen Jahren fast täglich festhielt. Ganz im Einklang mit meinen Forschungen zu guten Chefs verhalfen mir Jims Wärme und Verständnis nicht nur zum Gefühl der Würde und zum Stolz auf mich und meine Arbeit – ich werde ihm auch ewig dankbar sein.

Dankbarkeit

Ein weiser Chef bringt Empathie, Mitleid und Anerkennung nicht nur durch starke und einprägsame Gesten zum Ausdruck, wie es Dekan Plummer mir gegenüber tat, sondern auch durch kleine und scheinbar belanglose. Wie wir gesehen haben, besteht die Kunst des guten Chefs darin, viele kleine Erfolge aneinanderzureihen und sich darüber im Klaren zu sein, dass seine Leute jeden seiner Schritte genau beobachten. Berühmte Chefs betonen, wie wichtig es ist, sich bei seinen Mitarbeitern zu bedanken, wie viel Gewicht diese kleine Geste hat und dass fehlende Anerkennung von den Leuten, die sich abrackern, als Geringschätzung empfunden wird. Der verstorbene Robert Townsend, früher Chef bei Avis und Autor des Buches *Hoch lebe die Organisation,* bezeichnete das »Danke« als eine »oft vernachlässigte Form der Vergütung«.[29] Max DePree, ehemaliger Chef des Möbelgiganten Herman Miller, hält es für eine der wichtigsten Aufgaben eines Vorgesetzten, Danke zu sagen.[30] Ich fand es immer überzogen, so viele Worte über etwas so Selbstverständliches zu verlieren, bis ein Professor einer anderen Universität mir von einer Reise nach China erzählte, die er mit seinem Universitätsrektor unternahm. Die Organisation der Reise war kompliziert, da die Gruppe viel unterwegs war und Transport, Unterkunft, Gespräche und unzählige Kleinigkeiten geplant werden mussten. Die Mitarbeiter, die mit der Gruppe reisten, arbeiteten zwölf bis 16 Stunden am Tag, um das alles zu erledigen, und meisterten ihre Aufgabe hervorragend. Doch wie mir mein Kollege berichtete, trat der Präsident zwar auf der Reise immer wieder mit Extrawünschen an diese Mitarbeiter heran, bedankte sich aber nicht ein einziges Mal. Dieser Undank wirkte demoralisierend, denn obwohl seine Leute jede seiner Kapriolen befriedigten, schenkte er ihnen weder Beachtung noch Anerkennung.

Weisheit sollte demnach immer von Dankbarkeit unterfüttert werden. Darin folge ich Kimberley Wiefling, der zufolge viel zu wenige Projekte mit Anerkennung und einer kleinen Feier abgeschlossen werden.[31] Ein guter Manager, so Wiefling, nimmt sich nach einem Projekt, egal ob es erfolgreich war oder nicht, ein paar Stunden Zeit, um seine Anerkennung zum Ausdruck zu bringen. Dankbarkeit ist vor allem dann wichtig, wenn der üble Geruch des Versagens in der Luft hängt. Dann brauchen die Mitarbeiter die Unterstützung des Chefs und ihrer Kollegen ganz besonders. Wird das beherzigt, so können alle Beteiligten aus dem Fiasko lernen, statt sich gegenseitig den Schwarzen Peter zuzuschieben, die Verantwortlichen zu demütigen oder gar in die Wüste zu schicken.

Eine weise Grundhaltung ist nicht auf Anhieb erlernbar. Nicht einmal der beste Chef kann sie ständig und bei allem, was er tut, durchziehen. Es handelt sich eher um eine Einstellung, ein Ziel, das man nie ganz erreicht, ein andauerndes Bestreben, eine Balance herzustellen zwischen Zuversicht und Zweifel, zwischen Handeln und Reflektieren. Wie wir gesehen haben, sind dazu jedoch konkrete Maßnahmen nötig, die ein Chef ergreifen kann, um Leistung und Menschlichkeit zu beflügeln. Diese Maßnahmen sind in den folgenden elf Geboten für den weisen Chef zusammengefasst.

Tafel 6

Die elf Gebote für den weisen Chef

1. Haben Sie starke Überzeugungen, die Sie aber nur schwach vertreten.
2. Behandeln Sie andere nicht wie Idioten.
3. Hören Sie Ihren Mitarbeitern aufmerksam zu – und tun Sie nicht nur so.
4. Stellen Sie viele gute Fragen.
5. Bitten Sie andere um Unterstützung und nehmen Sie ihre Hilfe dankbar an.
6. Schrecken Sie nicht davor zurück, »Ich weiß nicht« zu sagen.
7. Vergeben Sie Ihren Mitarbeitern, wenn sie versagen, lernen Sie daraus und teilen Sie anderen Ihre Erkenntnisse mit.
8. Streiten Sie, als hätten Sie recht, und hören Sie zu, als hätten Sie unrecht.
9. Grollen Sie nicht, wenn Sie in einem Streit unterliegen, sondern helfen Sie den Siegern mit aller Kraft, ihre Ideen umzusetzen.
10. Erkennen Sie Ihre Marotten und Fehler, und arbeiten Sie mit anderen daran, Ihre Schwächen zu korrigieren und zu kompensieren.
11. Zeigen Sie anderen Ihre Dankbarkeit.

4

Stars und faule Äpfel

Anfang 2008 sah ich mir die *Fortune*-Liste der »100 besten Arbeitgeber« an. Auf Platz 39 stieß ich auf die Firma Baird, ein Privatunternehmen aus dem Mittleren Westen. In der Zeitschrift hieß es kurz und bündig: »Was sie so groß macht? Die klare Regel ›Kein A**loch‹, die bei diesem Finanzdienstleister herrscht. Mit allen Bewerbern wird ein ausführliches Gespräch geführt, an dem sogar die Assistenten teilnehmen, die später mit ihnen zusammenarbeiten sollen.«[1] Auch Führungskräfte anderer Unternehmen, die jedes Jahr auf der Liste erscheinen, darunter die Nummer eins, Google, berichteten mir, dass sie die »Anti-Arschloch-Regel« anwenden. Nur Baird erhob sie allerdings zum zentralen Anliegen. Ich nahm sofort Kontakt mit der Personalchefin Leslie Dixon auf. Leslie erläuterte mir enthusiastisch die Politik und Kultur bei der Firma Baird und machte mir einen Termin mit Unternehmenschef Paul Purcell.

Paul erklärte mir, er habe auf früheren Posten unter destruktiven Arschlöchern gelitten und sich, als er zu Baird kam, geschworen, dort für eine idiotenfreie Umgebung zu sorgen. Auf meine Frage hin, wie er die Regel durchsetzte, sagte Paul, die meisten Idioten würden schon durch die Sichtung der Unterlagen und in Vorgesprächen aussortiert, ehe er sie überhaupt zu sehen bekäme. Doch auch er siebte noch aus. »Bei einem Vorstellungsgespräch sehe ich dem Bewerber in die Augen und sage: ›Wenn sich herausstellt, dass Sie ein Arschloch sind, werde ich Sie feuern.‹ Die meisten Kandidaten lassen sich dadurch nicht aus der Fassung bringen, doch hin und wieder wird einer kreidebleich, und wir sehen ihn nie wieder – er zieht die Bewerbung dann unter einem Vorwand zurück.« Auf die Frage, welche Idioten besonders unangenehm sind, sagte Paul: »Die schlimmsten Arschlöcher zeichnen sich durch zweierlei Eigenschaften aus, und zwar dauernd: Erstens stellen sie ihre Interessen vor die der Kollegen, und zweitens stellen sie ihre Interessen vor die des Unternehmens.« Pauls Einsatz scheint zu funktionieren, denn Baird kletterte in der *Fortune*-Liste des Jahres 2009 auf Platz 13, und trotz des Einbruchs in der Finanzdienstleisterbranche blieben Umsatz und Gewinn 2008 und 2009 stabil.

Natürlich sucht Paul Mitarbeiter mit hervorragenden Kenntnissen in, sagen wir, Buchhaltung, Personalführung, Vertrieb oder Verkauf. Aber er will noch mehr, nämlich Leute, die Leistung und Menschlichkeit ihrer Kollegen befeuern, statt sie zu torpedieren. »Wir erreichen in dieser Welt nichts allein«, so die ehemalige Richterin des Obersten Gerichtshofes der USA Sandra Day O'Connor, »und egal, was geschieht: Es ist das Ergebnis unseres ganzen Lebens – eines Teppichs und seiner einzelnen Fäden, die erst etwas ergeben, wenn sie miteinander verknüpft werden.«[2] Ein guter Chef stellt nicht nur Leute ein, die hervorragende Solo-Eigenschaften haben, sondern Mitarbeiter, die es verstehen, ihren Elan und ihre Begabungen mit denen anderer zu verknüpfen. So ein »Knüpftalent« ist nicht so entscheidend, wenn die Leute weitgehend unabhängig von ihren Kollegen agieren, etwa als Lastkraftfahrer oder als Vertreter. Doch auch in diesen Fällen ist keine Frau, kein Mann eine Insel für sich. Ein Lkw-Fahrer beispielsweise hat mit den Vorgesetzten, dem Lager und den Fahrerkollegen zu tun und muss daher gut mit anderen kooperieren. »Knüpftalent« braucht man sogar in »dezentralisierten« Teams und Netzwerken, deren Mitglieder über einen Kontinent oder den ganzen Erdball verstreut sind und sich durch Telefonate, E-Mails, Videokonferenzen und nur hin und wieder im direkten Gespräch austauschen. Die Arbeit in solchen Teams und Netzwerken erfordert eine präzise Verteilung von Ideen und Maßnahmen, egal, ob man nun bei SAP Softwaresysteme entwickelt, bei Boeing Flugzeuge oder bei Toyota Autos baut oder ob die US-Marines eine Militäraktion durchführen.

Die gegenseitige Abhängigkeit ist in einem Unternehmen notwendig und nicht zu vermeiden, kann aber die Beteiligten in den Wahnsinn treiben. Die Verflechtungen, die daraus resultieren, verdammen uns dazu, anderer Leute Launen und Marotten, Inkompetenz, abweichende Meinungen, Störungen und kleinliche Forderungen zu ertragen – und sie zwingen andere, im Gegenzug unsere Unzulänglichkeiten hinzunehmen. Jean-Paul Sartre hatte schon recht, als er in seinem Stück *Hinter geschlossenen Türen* sagte: »Die Hölle, das sind die anderen.« Und doch braucht ein Chef Leute, die in so einer Hölle hervorragende Leistung erbringen. Mitarbeiter, die mit anderen nicht gut zusammenarbeiten können oder wollen, wirken sich negativ auf die Leistung aus. Wer deshalb sozial unverträgliche, übermäßig konkurrenzorientierte oder rundweg bösartige Leute an Bord holt (oder nicht loswird), muss den Schaden irgendwie begrenzen.

Knüpftalent ist natürlich nutzlos, wenn der Betreffende den Anforderungen seiner Arbeit nicht gerecht wird. In jedem Beruf haben die Fähigsten gewaltige Vorteile vor ihren durchschnittlichen Kollegen. Das weist Dean Keith Simonton nach, der Größe und Genie erforscht.[3] Simonton zufolge bringen die obersten zehn Prozent einer Berufsgruppe, seien es nun Songwriter, Komponisten, Wissenschaftler, Programmierer oder Filmemacher, so viel oder mehr zustande wie die übrigen 90 Prozent. Die Überlegenheit guter Chefs geht auch aus einer Zusammenschau von 85 Jahren Forschung zu Einstellungskriterien für Beschäftigte hervor: Frank Schmidt und John Hunter kommen darin zu dem Ergebnis, dass bei Fachkräften und Managern die besten 15 Prozent fast 50 Prozent mehr leisten als ihre durchschnittlichen Kollegen.[4] Zu den stärksten Kennzeichen für Leistung zählten in der Studie »allgemeine geistige Fähigkeiten« (IQ und ähnliche Maßeinheiten), Probearbeiten (in denen die Leute beweisen mussten, dass sie die geforderten Aufgaben bewältigen können) und die Evaluation durch Kollegen. Dazu kamen nützliche Prädikatoren wie Informationen aus strukturierten Bewerbergesprächen (in denen allen Kandidaten dieselben Fragen in derselben Reihenfolge gestellt werden) und die Gewissenhaftigkeit der Bewerber (Selbstdisziplin und Durchhaltevermögen, man könnte auch sagen, Biss). Die Ergebnisse liefern Munition für Chefs, die kluge, qualifizierte und eloquente Leute mit Biss einstellen und glauben, dass das im Grunde schon genug ist. Doch ohne konstruktive Verknüpfungen zwischen den Mitarbeitern lassen sich kollektive Leistung und Menschlichkeit nur schwer erreichen, egal, wie viele Superstars man an Bord hat. Fähige Leute, die, wie Paul Purcell es darstellt, ihre Bedürfnisse vor die ihrer Kollegen und des Unternehmens stellen, sind gefährlich. Eine Anekdote von der Modekette Men's Wearhouse illustriert die Gefahren selbstsüchtiger Stars – und wie gut es ist, wenn man sie loswird. »Das Unternehmen feuerte einen seiner besten Verkäufer, weil er anderen die Umsätze wegschnappte und sich die Werte und die Philosophie der Firma nicht zu eigen machte«, berichten Charles O'Reilly und Jeff Pfeffer. »Obwohl im Geschäft keiner so viel verkaufte wie der gefeuerte Mitarbeiter, stieg der Umsatz anschließend um fast 30 Prozent. Dieser eine Mitarbeiter bremste alle anderen aus. Als er weg war, konnten sie endlich ihr Bestes geben.«[5]

Dieses Kapitel zeigt auf, wie ein Chef Leute auswählen und sich heranziehen kann, die nicht nur gute Einzelleistungen zuwege bringen, sondern auch aus anderen das Beste (und nicht etwa das Schlechteste) herausholen.

Wer sind Ihre Stars?

Das ist die erste Frage, die ich einem Chef stelle, wenn er Probleme mit der Leistung seiner Leute hat, sich mit nervtötenden Streitigkeiten herumschlagen muss oder ihm gute Leute in beängstigendem Tempo davonlaufen. Ich will von ihm wissen, ob seine ausgewiesenen Stars Leistung und Menschlichkeit im Team befördern oder stören. Leider vertrauen viele Chefs ihren Solostars und dem ungehemmten Wettbewerb dermaßen blind, dass sie Egomanen einstellen und mit rigorosen Gehalts- und Beförderungssystemen egoistische Widerlinge belohnen, die sich den Teufel um ihre Kollegen scheren. Oder, schlimmer noch, der Chef überschüttet Wichtigtuer und falsche Fuffziger dafür, dass sie andere niederknüppeln, mit Ruhm und Gold. Wie Morten Hansen aufzeigt, vermehren sich egoistische Stars wie die Karnickel und übernehmen bald das Zepter.[6] Hervorragende Einzelergebnisse kommen dann zwar noch zustande, doch die Kooperationsbereitschaft geht Richtung null, ebenso wie die kollektive Innovations- und Leistungsfähigkeit.

Die Giftbrühe beginnt schon im Einstellungsverfahren zu brodeln – oder wird gar nicht erst angerührt. Ich habe einmal mit einer erfolgreichen und angesehenen Anwaltskanzlei zusammengearbeitet, die eine Unternehmensberatung angeheuert hatte, um den Gewinn zu steigern. Die Firma rangierte bereits unter den 100 gewinnträchtigsten Kanzleien der USA, und die Gewinne stiegen ständig an. Die Berater hatten einen Ratschlag parat, der mich noch heute umhaut: Die Anwälte seien zu freundlich und kooperativ, sagten sie und drängten die Kanzlei, BSDs einzustellen, also »big swinging dicks« – aggressive, unangenehme und egoistische Erfolgstypen mit dicken Auftragsbüchern und der Grundeinstellung: »Keine Gefangenen machen.« Die Kanzlei könne, so die Berater, durch die Einstellung solcher BSDs nicht nur den Gewinn steigern, sondern auch die Konkurrenz zwischen den Partnern anheizen. So würden sie härter, und diejenigen, die für das grobe neue Spiel nicht geeignet seien, würden bald das Weite suchen. Die Kanzleileitung lehnte den Vorschlag höflich ab, denn der Import einer Horde BSDs hätte die Firmenkultur empfindlich gestört. Diese Chefs wollten keine übermäßige Konkurrenz, wie sie in der von »Henry« geleiteten Kanzlei herrschte, in der ein Anwalt beklagte: »Wir waren früher stolz darauf, dass bei uns Menschlichkeit und Wirtschaftlichkeit besser im Gleichgewicht waren als sonst wo in der Branche. Unter Henrys Führung regiert die Wirtschaftlichkeit – zum Teufel mit der Menschlichkeit.« Es überrascht nicht, dass sich Henry mit den BSDs brüstete, die er aus anderen Firmen abwarb.

Wenn man die Arbeit als eine Art Spiel versteht nach dem Motto »Ich gewinne, du verlierst«, vergiftet das nicht nur die Atmosphäre. Wie wir am Beispiel von Men's Wearhouse gesehen haben, wirkt es sich auch negativ auf die Leistung aus. Leider stampfen viele Chefs, die ein Lippenbekenntnis zur kooperativen Kultur ablegen, diese mit ihrem Vergütungssystem in Grund und Boden, ohne es zu wollen. Sie begehen, wie Steve Kerr es nennt, die »Torheit, A zu belohnen, während sie auf B hoffen«:[7] Mit ihrem Vergütungssystem fördern sie allenthalben den Egoismus, während sie gleichzeitig darauf hoffen, dass ihre Leute fair miteinander umgehen. Das Entlohnungssystem, das in der früheren Investmentbank Merrill Lynch (heute Tochterunternehmen der Bank of America) galt, illustriert diese Torheit. In *Riding the Bull* beschreibt Paul Stiles, was man als neuer Wertpapierhändler in der Firma erlebte.[8] In den ersten Wochen bat Stiles erfahrene Wertpapierhändler um Ratschläge und Tipps. Weil das Bonussystem aber ausschließlich die Leistung des Einzelnen belohnte, behandelten sie ihn wie Luft. Stiles anzulernen wäre schiere Dummheit gewesen, denn jede Minute, die sie mit ihm verbrachten, kostete sie Geld. »Am Ende beobachtete Stiles ihr Verhalten nur noch still aus der Distanz«, erzählen Dan und Chip Heath,

»wie ein Anthropologe, der die skrupellose Geschäftswelt studiert. Denjenigen, die das Zulagensystem bei Merrill Lynch einführten, fiel mit Sicherheit nie auf, dass die Boni der Wertpapierhändler die Einarbeitung neuer Mitarbeiter verhinderten.«

Merrill hielt bis zum bitteren Ende an diesem System fest. Doch manche Firmen – und Chefs – lernen aus den Gefahren, die daraus erwachsen, wenn man Solo-Stars in den Himmel hebt. Einer meiner Doktoranden arbeitete in einem Ingenieurteam, das für seine Kreativität bekannt war. Das Team erhielt einen neuen Chef, der glaubte, es könne noch mehr leisten, wenn er den Wettbewerb anheizte. Fortan zahlte er jedem Mitarbeiter einen bescheidenen Bonus für eine Idee, die er im gemeinsamen Brainstorming einbrachte oder ihm per E-Mail zukommen ließ. Diesen Anreiz paarte er mit größeren Boni für Ideen, die schließlich in Produkte der Firma eingingen. Vor Einführung dieses Systems durch den neuen Chef waren die Brainstorming-Sitzungen ausgelassen und laut und erbrachten in weniger als einer Stunde 100 oder mehr Ideen. Danach trugen die Ingenieure selten mehr als ein Dutzend Ideen vor. Vorher hatte sich niemand darum geschert, auf wessen Mist eine Idee geboren war. Danach bestanden die Ingenieure darauf, ihre Initialen auf der Tafel zu vermerken, wenn eine ihrer Ideen aufgeschrieben wurde. Die Teammitglieder hatten früher offen über ihre Ideen gesprochen, sie zusammengeführt und gemeinsam neue entwickelt. Mit dem neuen System ging alles ganz schnell: Statt miteinander essen zu gehen wie in der Vergangenheit, aß jeder Ingenieur für sich in seiner Arbeitsnische. Einmal brachte der Chef den Großteil eines Brainstormings damit zu, mit zwei Ingenieuren darüber zu streiten, wem eine Idee zuzuschreiben sei. Die beiden Ingenieure waren aneinandergeraten, nachdem er die Idee beiden zuschreiben wollte. Kein Mitarbeiter beschwerte sich, als der genervte Chef verkündete, das System sei ein Flop und müsse aufgegeben werden. Nach und nach, im Verlauf mehrerer Monate, kehrte die konstruktive Arbeitsweise wieder in die Abteilung zurück.

»Es ist verblüffend, was man leisten kann, wenn man sich nicht darum schert, wer die Anerkennung dafür erhält«, sagte Harry S. Truman einmal.[9] Das ist eine wunderbare Haltung und eine nützliche Weltsicht – gewissermaßen. Meist tragen einige Mitarbeiter mehr zum kollektiven Erfolg bei als andere und verdienen deshalb einen größeren Anteil an den Prämien. Wenn der Chef aber keinerlei Anstrengungen unternimmt, zu differenzieren zwischen denen, die konstruktive Beiträge bringen, und denen, die es nicht tun, kommen Versager, die das Team behindern, ungeschoren davon oder werden gar noch belohnt.

Dieses Problem kann ein erfahrener Chef auf zweierlei Art angehen. Er kann Leute, die sich als kooperativ und selbstlos erwiesen haben, befördern. So wird es bei Baird gehandhabt, wo man Arschlöcher, die ihre Bedürfnisse und Wünsche vor die der Kollegen und der Firma stellen, aussiebt (und entlässt). Auch der ehemalige CEO und heutige Chairman von Procter & Gamble, A. G. Lafley, berichtet, dass sein Unternehmen Kooperation nicht mit hochtrabenden Bonussystemen belohnt, sondern dass »Manager, die Ideen für sich behalten, nicht befördert werden«.[10]

Die zweite Methode wurde mir vor ein paar Jahren von mehreren Führungskräften bei General Electric erläutert. Ich befragte sie nach ihrem extremen Auswahlsystem, in dem sortiert und eliminiert wurde (mittlerweile wurde es modifiziert, allerdings nur geringfügig). Danach werden die untersten zehn Prozent der Belegschaft (»C-Spieler«) gefeuert. Die obersten 20 Prozent (»A-Spieler«) erhalten mit etwa 80 Prozent den Löwenanteil der Boni, während sich die mittleren 70 Prozent (»B-Spieler«) die Krumen teilen, die übrig bleiben. Ich übte Kritik an diesem Verfahren, weil eine Vielzahl von Studien zeige, dass es die Leistung des Teams und des Unternehmens schmälert, wenn man den Leistungsfähigsten die größten Boni zugesteht. Das liegt daran, dass die Leute keinen Anlass haben, andere zu unterstützen, dafür aber einen erheblichen Anreiz erhalten, ihre Kollegen zu behindern, schlechtzumachen und zu demoralisieren – immerhin schrumpft die Konkurrenz, wenn sie andere drücken. Die Leistung lässt auch deswegen nach, weil hart arbeitende Leute, die nicht als A-Spieler eingestuft werden, verbittern und Dienst nach Vorschrift machen. Die Führungskräfte von General Electric bestätigten, dass solche Probleme auftauchten. Sie bekämen sie jedoch größtenteils in den Griff, indem sie nur Leute als A-Spieler einstuften, die hervorragende Einzelarbeit leisteten *und* den Kollegen und dem Unternehmen zum Erfolg verhalfen. Dadurch wurden nur kooperative Mitarbeiter zu A-Spielern gekrönt, und die B-Spieler, die von ihnen unterstützt wurden, standen dieser Bewertung nicht so ablehnend gegenüber.[11]

Als ich mir die Firmen, in denen die Mitarbeiter kooperativ und uneigennützig handeln, einmal näher ansah, merkte ich, dass (obwohl die Vergütungssysteme sehr unterschiedlich waren) alle den Superstar ähnlich definierten wie bei General Electric. Zu diesen Unternehmen gehörten die Biotechnologiefirma Genencor, das bekannte Restaurant in Berkeley Chez Panisse, IDEO, Google, McKinsey, Procter & Gamble und Southwest Airlines. Morten Hansen zeigt auf, dass diese Firmen Innovation und Effektivität durch zwei Spielarten von Leistung steigern: das individuelle Engagement für den eigenen Job und die Zusammenarbeit im Team und über die Teamgrenzen hinaus.

Wenn Sie also der Chef sind, dann fragen Sie sich: »Wen habe ich zum Star erhoben?« Sehen Sie sich Ihre Abteilung oder Firma genauer an, und gehen Sie in sich: »Belohnen wir Leute, die Leistung und Menschlichkeit bei anderen fördern, oder welche, die Gift dafür sind?« Beantworten Sie zunächst die 20 Fragen des beigefügten Fragebogens EUS oder Evaluation unausstehlicher Superstars. Die EUS verschafft Ihnen einen zwar nicht wissenschaftlich fundierten, aber schnellen Überblick, ob ihre Abteilung dem Motto folgt »Der Stärkste überlebt« oder eher »Verhilf anderen zum Erfolg, oder scher dich zum Teufel«, oder ob sie irgendwo dazwischen angesiedelt ist.

Fragebogen EUS (Evaluation unausstehlicher Superstars)

Stellen Sie gierige und egoistische Mitarbeiter ein oder ziehen Sie sich solche Leute heran?

Beantworten Sie jede der unten stehenden Aussagen mit »zutreffend« oder »nicht zutreffend«.

Die Leute, die es bei mir zu etwas bringen, ...

1. ... sagen »wir«, denken aber »ich«.
2. ... betrachten ihre Kollegen als Rivalen, ja als Gegner.
3. ... löschen den Namen eines Untergebenen, ehe sie eine gute Arbeit nach oben weiterreichen.
4. ... desavouieren den Triumph oder Erfolg anderer.
5. ... behalten ihre Ideen für sich, weil es nicht honoriert wird, wenn sie sich mit ihren Kollegen austauschen.
6. ... sind chronische Punktesammler.
7. ... trampeln auf dem Weg nach oben andere nieder.
8. ... bitten oft Kollegen um Hilfe, revanchieren sich aber so gut wie nie.
9. ... fallen anderen ständig in den Rücken und zeichnen sich dadurch aus, dass sie ihre Kollegen, Untergebenen und Chefs, die sie als Rivalen betrachten, madigmachen.
10. ... horten Ressourcen und geben nichts ab, egal, wie nötig andere sie brauchen.
11. ... zerreißen immer wieder Kollegen in der Luft – ihre Ideen, ihren Ruf und ihr Selbstvertrauen.
12. ... sind so erstklassige Arschkriecher, dass ihre Vorgesetzten sie vergöttern, ihre Kollegen und Untergebenen sie aber verachten.
13. ... handeln ständig Prämien für sich selbst aus, nie aber für andere.

14. ... »vergessen« praktischerweise, Kollegen zu hochkarätig besetzten Sitzungen einzuladen.
15. ... tun, was für sie selbst am besten ist, aber so gut wie nie, was für ihr Team und die Firma am besten ist.
16. ... schmeicheln ihrem Chef, zerreißen ihn aber in Stücke, sobald er ihnen den Rücken zudreht.
17. ... vergeuden keine Zeit damit, anderen etwas beizubringen oder ihnen Ratschläge zu erteilen.
18. ... schlucken Informationen wie ein schwarzes Loch – sie geben sie nie an Kollegen weiter.
19. ... wollen immer »eingeweiht sein«, verraten andern aber nichts.
20. ... handeln nach dem Motto: »Ich bekomme, was mir zusteht!«

Auswertung: Zählen Sie nach, wie viele Aussagen Sie als zutreffend angekreuzt haben. Es handelt sich zwar nicht um einen wissenschaftlich fundierten Test, aber ich würde Ihre Arbeitsumgebung folgendermaßen beschreiben:

0 bis 4: **Verhilf anderen zum Erfolg, oder scher dich zum Teufel**. Wenn Sie ehrlich angekreuzt haben, wählen Sie uneigennützige Stars aus oder ziehen sie sich heran. Egoistische Idioten bekehren Sie, oder Sie werfen sie hinaus.

5 bis 10: **Verhilf anderen zum Erfolg, aber sei trotzdem auf der Hut**. Ihre Arbeitsumgebung befindet sich an der Grenze zwischen der Förderung kooperativer und egoistischer Stars. Die Leute arbeiten zusammen und werden dafür auch belohnt, doch egoistisches Verhalten ist immerhin so verbreitet, dass die ausgewiesenen Stars Prämien und Anerkennung einheimsen und sich davor schützen, von anderen gelinkt zu werden, insbesondere von besonders egoistischen und hinterhältigen Kollegen.

11 bis 15: **Verlier die Nummer eins nie aus dem Auge, sonst bist du im Eimer**. Ihre Leute spielen tagein, tagaus das Spiel »Ich gewinne, du verlierst«. Egoismus und Hinterhältigkeit sind an der Tagesordnung, und kooperative Mitarbeiter werden vom System zermalmt. Auch von Natur aus hilfsbereite Menschen lernen in so einer Arbeitsumgebung, egoistisch zu

sein und anderen das Messer in den Rücken zu stoßen, weil sie sonst nicht überleben.

16 bis 20: **Der Stärkste überlebt**. In Ihrer Welt herrscht das Motto »Fressen oder gefressen werden«. Ihre Mitarbeiter können nur aufsteigen, wenn sie ihre Kollegen als Gegner betrachten, sie bei jeder Gelegenheit entmutigen und schlechtmachen. In so einer Umgebung hält es nur ein überheblicher egoistischer Idiot länger aus, der seine Kollegen bei jeder Gelegenheit linkt.

Fördern Sie Energiespender

Rob Cross erforscht soziale Netzwerke: Wie verbreiten sich Informationen, Ideen und Einflüsse im Netz der Beziehungen, aus dem jedes Team und jede Firma besteht? Vor ein paar Jahren entwickelten Rob und seine Kollegen eine Umfrage, mittels derer sie Verbindungen zwischen Mitarbeitern in mehreren Großunternehmen untersuchten. Sie wollten herausfinden, welcher Mitarbeitertyp die besten Leistungen erbrachte und in anderen das Beste herauskehrte. Ihre Hypothese lautete, dass die Mitarbeiter am meisten leisteten, die für ihren Sachverstand bekannt waren, ihr technisches Wissen weitergaben und in der Position waren, Informationen zu sammeln und zusammenzuführen. Bei einer Fachservicefirma, die sie untersuchten, erklärte eine Führungskraft den Forschern, dass sie etwas Wichtiges vernachlässigten:

> Bei uns arbeiten einige der genialsten Berater der Welt. Trotzdem haben die einen mehr Erfolg als die anderen, und das hat viel mehr mit etwas zu tun, das ich Elan nennen würde, als mit winzigen Intelligenzunterschieden. Unsere Leistungsträger können andere mitreißen. ... Sie spenden Energie, und obwohl das nicht messbar ist, äußert es sich im Umsatz pro Klient und der Zahl der Nachfolgeaufträge. Darüber fühlen sich die anderen veranlasst, sie engagierter zu unterstützen.[12]

Inspiriert von dieser Erkenntnis fügten die Forscher ihrem Fragebogen eine Frage hinzu: »Andere Menschen können die Energie und den Enthusiasmus, mit denen wir an die Arbeit gehen, in vielfältiger Weise beeinflussen. Die Interaktion mit jemandem kann ein Gefühl der Erschöpfung auslösen oder ein Ansporn sein. Wenn Sie mit jeder der unten genannten Personen zu tun haben, was geschieht dann mit Ihrer Energie?« Die möglichen Antworten waren: »1 = sie sinkt; 2 = keine Wirkung; 3 = sie steigt.« Anschließend waren die Kollegen im Team oder Betrieb aufgeführt. Jeder wurde von jedem Mitarbeiter bewertet.

Zu Robs und seiner Forscherkollegen Erstaunen ließen sich auf der Basis dieser »Energie«-Frage die Ergebnisse von Leistungsevaluationen und auch Beförderungen voraussagen, ebenso wie der Umstand, ob Mitarbeiter in der Firma blieben oder sie verließen. Sie fanden außerdem heraus, dass die erfolgreichsten Gruppen, Projekte und Firmen über Netzwerke verfügten, in denen es mehrere miteinander vernetzte Energiespender gab. Cross und seine Kollegen haben seither die Menschen, die anderen Energie spenden, und das Geheimnis ihres Erfolges weiter erforscht. »Energiespender« müssen keine charismatischen und temperamentvollen Menschen sein. An der Oberfläche sind viele von ihnen unaufdringlich, ja, eher schüchtern. Doch ihre Kollegen schöpfen daraus Energie, dass sie eine optimistische Grundeinstellung haben, sich ihrem jeweiligen Gegenüber ganz und gar zuwenden, die Ideen anderer wertschätzen und ihnen das Gefühl geben, Fortschritte zu machen.

Der verstorbene Gordon MacKenzie hatte bei Hallmark Cards die Position eines »kreativen Paradoxes« inne. MacKenzie war ein arrivierter Designer, hatte erfolgreiche Teams geführt und in seiner Firma und außerhalb Kreativitätsseminare gegeben. In seinem Buch *Orbiting the Giant Hairball* (dem besten Buch über Kreativität, das je geschrieben wurde), beschreibt er dutzenderlei verschiedene Methoden, wie er bei

Hallmark positive Energie weckte.[13] In einem Interview beschrieb er seinen Job wie folgt:

> Ich wurde zum Bindeglied zwischen dem Chaos der Kreativität und der Firmendisziplin. Ich hatte keine Jobbeschreibung und trug einen sinnlosen Titel, doch die Leute kamen mit ihren Ideen zunehmend zu mir. Ich hörte mir ihre Ideen an und gab ihnen Bestätigung. Wenn man einem Menschen Bestätigung gibt, gibt man ihm in Wahrheit Kraft, genau wie ein Batterieladegerät.[14]

Energiespender müssen also durchaus nicht quirlig oder spritzig sein. Bei einem stillen Energiespender fällt mir Lenny Mendonca ein, ein Partner bei McKinsey, der mehrere Führungspositionen bekleidete; unter anderem war er Strategiechef und Vorsitzender des Global McKinsey Institute. Ehe ich Lenny kennenlernte, hatte ich als Stereotyp eines McKinsey-Partners einen redegewandten Egomanen im Kopf. Lenny ist das genaue Gegenteil. Ich erinnere mich an ein wunderbares Abendessen mit meinem Kollege Huggy Rao und Lenny in der Half Moon Bay Brewing Company (die Lenny gehört). Huggy und ich waren gerührt, wie Lenny uns in unserem Forschungsvorhaben bestärkte und konstruktive Hinweise gab. Huggy, ein sehr guter Beobachter, machte mich später darauf aufmerksam, wie gut Lenny zuhörte. Er sah in jedem Menschen und jeder Idee das potenziell Wertvolle und fiel, anders als Huggy und ich, anderen so gut wie nie ins Wort. Huggy und ich sind nur zwei von Lenny Fans – die energiespendende Wirkung hat er auf alle, die ihn kennen.

Faule Äpfel: Schlecht schlägt gut

Leider reicht es nicht aus, das Positive zu belohnen. Ein guter Chef gibt seinen Leuten nicht nur Kraft, heuert nicht nur Energiespender an oder zieht sie sich heran – er schafft auch das Negative aus dem Weg, denn schon wenige faule Äpfel können mit ihrem destruktiven Verhalten viele gute Leute und deren konstruktives Verhalten zunichtemachen. Dass man die schlimmsten Missetäter läutern oder, sollte das nicht gelingen, hinauswerfen muss, untermauert eine Studie zu »faulen Äpfeln«, die Will Felps und seine Kollegen vorgenommen haben.[15] Sie untersuchten solche Mitarbeiter, die sich nicht besonders anstrengen – ich nenne sie **Faulenzer** –, solche, die »Pessimismus, Angst, Unsicherheit und Verwirrung an den Tag legen« (eine schlimme, energieraubende Mixtur) – ich nenne sie **Depris** –, und solche, die »zwischenmenschliche Normen des Respekts« verletzen – ich nenne sie **Arschlöcher**. Nach Felps Schätzungen muss ein Team mit nur einem Faulenzer, Depri oder Arschloch mit einer Minderleistung von 30 bis 40 Prozent rechnen, verglichen mit einem Team, das keine faulen Äpfel mitschleppt.

Diese faulen Äpfel haben eine so destruktive Wirkung, weil »schlecht gut schlägt«. Bei den meisten Menschen und unter den meisten Umständen wirken negative Gedanken, Gefühle und Ereignisse stärker und länger nach als positive. Studien zu Liebesbeziehungen weisen nach, dass die positiven Interaktionen die negativen um das Fünffache übersteigen müssen, damit die Beziehung eine Chance hat.[16] Sobald die negativen Interaktionen diese »Fünf-zu-eins-Regel« übersteigen, schnellt die Scheidungsrate in die Höhe, und die Zufriedenheit in der Ehe sinkt. Auch eine Studie, die die Stimmung von Beschäftigten untersuchte, kam zu dem Ergebnis, dass negative Interaktionen mit dem Chef oder den Kollegen fünfmal stärker auf die Gefühle der Leute wirken als negative Interaktionen. Negative Interaktionen (und die faulen Äpfel, die sie herbeiführen) bringen eine solche Dramatik in enge Beziehungen, weil sie die Beteiligten ablenken, enttäuschen und emotional auslaugen. Wenn Teammitglieder bei der Verrichtung ihrer Arbeit aufeinander angewiesen sind, rauben die faulen Äpfel den anderen die Kraft und stecken sie an. Leider sind schlechte Laune, Faulheit und Dummheit furchtbar ansteckend.

Sie dürfen als Chef demnach nicht lange abwarten, ob solche destruktiven Charaktere sich bessern, sondern Sie müssen rasch eingreifen. Wenn gezielte und wiederholte Rückmeldungen Ihrerseits kein Ergebnis bringen, müssen Sie tun, was in Ihren Kräften steht, um den faulen Apfel loszuwerden. Vor ein paar Jahren sollten meine Studentengruppen bei Wal-Mart darauf hinwirken, dass die Mitarbeiter mit Kundenkontakt mehr Bewusstsein für die Umweltverträglichkeit der von ihnen verkauften Produkte entwickelten. Das Projekt war knapp terminiert, und auch die Präsentation für die Führungskräfte wurde unter Druck erstellt. Ein Teammitglied beschwerte sich, ein anderes habe an fast keinem Treffen teilgenommen und arbeite überhaupt wenig mit. Als ich den Studenten darauf ansprach, räumte er ein, dass er die Arbeit für das Team »in den Wind geschlagen« hatte, weil er sich auf Bewerbungsgespräche für ein Rhodes-Stipendium und für einen Job bei Google vorbereiten musste. Er hielt sich aber für so einen Überflieger, dass er es trotzdem verdiente, im Team zu bleiben. Der Student meinte, er sei so clever, dass er nichts arbeiten müsse – dabei war er nur ein fauler Apfel. Als ich ihm klarmachte, dass er auf eine schlechte Note zusteuerte, schmiss er den Kurs. Das Team leistete noch hervorragende Arbeit, und der Faulenzer bekam weder ein Rhodes-Stipendium noch den Job bei Google.

Und hier noch ein paar clevere Tricks

1. Zeigen Sie Ihre Wertschätzung

In jeder Organisation oder Firma ist der Chef mit einer Unmenge Zeit und nervenraubender Routineaufgaben belastet. Bei all dem Termindruck, den Besprechungen und dem Papierkrieg, den es zu erledigen gibt, fallen wichtigere Dinge gern unter den Teppich. Ein Paradebeispiel sind Leistungsevaluationen. Viele Firmen schreiben strenge, pedantische, unmenschliche und mühsame Evaluationen vor, die den Chef davon abhalten, sich anständig um seine Mitarbeiter zu kümmern. Wie oft habe ich erlebt, dass der Chef endlose Stunden mit Evaluationen verbrachte, aber keine Zeit hatte, seinen Leuten Wertschätzung entgegenzubringen.[17]

Joel Podolny erklärte mir einmal, was man alles ausrichten kann, wenn man ein wenig Zuneigung zeigt. Joel war früher Dekan der Yale School of Management und ist derzeit Vice President bei Apple und Dekan der unternehmenseigenen »Universität«. Ich lernte ihn kennen, als er als Dekan der Stanford Business School hervorragende Arbeit leistete. Joel ist der einzige mir bekannte Dekan, der mehrmals die Woche durch seine Uni geht und mit den Mitarbeitern seiner Fakultät über ihre aktuellen Projekte und kommende Aufgaben redet. Joel hatte unheimlich viel um die Ohren, nahm sich aber immer die Zeit, den Fakultätsmitgliedern zuzuhören und ihnen seine Anerkennung auszusprechen. Er war sehr beliebt, weil er so einfühlsam und uneigennützig war. Die Entscheidungen, die er traf, und die Gefühle, die er zum Ausdruck brachte, waren für sein Gegenüber (und die betreffende Institution) stets die besten.

Besonders beeindruckte mich Joels Reaktion auf die Forderung eines Fakultätsmitglieds nach einer Gehaltserhöhung, verbunden mit der Drohung, an eine andere Universität zu wechseln – eine Routinesituation für einen Dekan. »Am Ende geht es natürlich ums Geld«, erzählte mir Joel, »aber wenn ein Mitglied der Fakultät von Weggang spricht, fehlt es ihm meist an Anerkennung. Deshalb erkläre ich ihm zuerst, dass ich ihn mag und schätze, und dass das auch für die Kollegen gilt. Wenn wir das erledigt haben, komme ich aufs Geld zu sprechen. Fast immer stellt es sich heraus, dass die Frage der Zuneigung und Wertschätzung wichtiger ist als das Geld.« Chefs in allen möglichen Branchen können von Joel lernen – sich weniger mit den endlosen Routineaufgaben herumschlagen (zum Beispiel, indem sie die nicht so wichtigen nur flüchtig erledigen) und dafür ihren Leuten ein bisschen mehr Zuneigung entgegenbringen.

2. Erwarten Sie das Beste

Joels Geschichte illustriert, dass zu viele Chefs vergessen, wie wichtig der menschliche Faktor ist. Dazu gehört auch, dass man seinen Mitarbeitern vertraut. Fest an gute Ergebnisse zu glauben und das seinen Leuten auch mitzuteilen – also eine Prophezeiung auszusprechen, die sich selbst erfüllt –, ist unglaublich wirkungsvoll, das bestätigen viele Studien. Sehen wir uns einmal eine Untersuchung unter Ausbildern in einem Armeelager an. In diesem Feldversuch mit israelischen Soldaten gaukelten die Forscher fünf Ausbildern vor, zehn der 30 Soldaten, die jeder von ihnen in den folgenden 15 Wochen trainieren sollte, würden sehr wahrscheinlich überdurchschnittliche Ergebnisse erzielen. Die Forscher machten den Ausbildern weis, sie könnten auf der Basis früherer Studien mit 95-prozentiger Sicherheit das »Kommandopotenzial« (KP) vorhersagen. Das war geflunkert, denn die Wissenschaftler hatten die »Stars« völlig willkürlich ausgewählt. Sie tischten den Ausbildern diese Lüge gleich zu Beginn der Schulung nur ein einziges Mal auf, und zwar in Form der folgenden Anweisung:

> Sie notieren das KP jedes Soldaten in seiner persönlichen Akte. Sie müssen die Namen der Soldaten und ihr prognostiziertes KP vor Beginn der Ausbildung auswendig lernen. Bitte tragen Sie Namen und Prognosen jetzt in die Akten ein.[18]

Diese kleine Aufgabe nahm nur wenige Minuten in Anspruch, wirkte sich aber in den darauffolgenden 15 Wochen gewaltig aus. Die willkürlich ausgewählten Soldaten erfuhren von den Ausbildern eine andere Behandlung und glaubten bald selbst, dass sie besondere Begabungen hatten. Im Lauf der Schulung traten enorme Unterschiede zwischen den auserwählten Soldaten und dem Rest hervor. Die »Stars« zeigten sich im Schießen, im Lesen von Karten und in anderen Aufgaben überlegen. Die Studie weist nach, wie das abläuft, wenn sich eine Prophezeiung selbst bewahrheitet. Die Ausbilder glaubten etwas, das zunächst gelogen war, doch dadurch, dass sie es glaubten, machten sie diese Lügen wahr.

Wie Studien zur sich selbst bewahrheitenden Prophezeiung zeigen, hebt es die Leistung der betreffenden Mitarbeiter, wenn Sie an *einige* Ihrer Leute glauben. Doch meine Studenten wollen immer wissen: »Braucht man dafür zwei Gruppen: Gewinner und Verlierer? Was ist, wenn der Chef alle fantastisch findet?« Zum Glück scheint es nicht nötig zu sein, eine Gewinner- und eine Verlierergruppe festzulegen. Nachfolgestudien der »Militärlager«-Forscher haben ergeben, dass alle Soldaten eine bessere Leistung erbringen, wenn die Ausbilder glauben, alle hätten ein besseres »Kommandopotenzial«.[19] Daraus ergibt sich, dass ein kluger Chef die Leistung verbessern kann, wenn er allen Mitarbeitern Vertrauen, ja, übergroßes Vertrauen entgegenbringt. Auch bei Southwest Airlines bedient man sich dieser Taktik. Jeder neu eingestellte Mitarbeiter erfährt – in großer Runde –, dass er »alleralleralllererste Sahne« ist.[20]

Dafür, dass sich eine Prophezeiung selbst bewahrheitet, gibt es indes keine Garantie. Die Pygmalion-Wirkung ist beim Militär stärker als in Unternehmen, weil Vorgesetzte in der Armee häufiger und intensiver mit ihren Untergebenen interagieren. Manchmal erfüllt sich die Prophezeiung auch nicht, weil der Chef zwar daran glaubt, dass seine Mitarbeiter zu Großem berufen sind, und auch danach handelt, zuwiderlaufende Maßnahmen anderer Chefs, Kunden und Mitarbeiter diese Botschaft aber übertönen. Trotzdem: Wenn Sie daran glauben, dass Ihre Leute Gutes leisten können und werden, erhalten Sie bessere Resultate, als wenn Sie ihr Können in Zweifel ziehen oder sie gar als Verlierer hinstellen.

3. Schaffen Sie sich echte Verlierer vom Hals

Eine Prophezeiung erfüllt sich auch dann nicht von selbst, wenn man sich jemanden ins Team holt, der zwar wie ein genialer Star wirkt, dem man viel Aufmerksamkeit angedeihen lässt, jede Chance zum Erfolg gibt – der aber trotzdem versagt. Der Chef hat wie alle Menschen die Schwierigkeit, dass er sieht, was er zu sehen glaubt. Psychologen bezeichnen das als Bestätigungsfehler: selektives Denken, bei dem »man tendenziell sieht und nach dem sucht, was die eigenen Überzeugungen bestätigt, und ignoriert, nicht sucht oder unterbewertet, was den eigenen Überzeugungen widerspricht«.[21] »Still a man hears what he wants to hear / And disregards the rest«, heißt es in Simon and Garfunkels Lied »The Boxer«: Die Menschen hören, was sie hören wollen, und klammern den Rest aus.

Dieser Bestätigungsfehler kann dazu führen, dass ein Chef jemanden, in den er viel Zeit und Geld investiert hat oder den er schlicht sympathisch findet oder bewundert, in ein allzu rosiges Licht stellt. Auch wer normalerweise ein gesundes Urteilsvermögen hat, kann durch den Bestätigungsfehler blind werden für mittelmäßige oder gar miserable Leistungen, die sein »Liebling« erbringt. Barry Staw und Ha Hoang beobachteten Spieler, die aus Collegeteams in Mannschaften der

National Basketball League übernommen wurden.[22] Dort holen die Vereine die Spieler, die sie für besonders begabt halten, in den ersten Auswahlverfahren, diejenigen, die als weniger begabt gelten, erst in den späteren. Im Laufe von sechs Jahren wurden die Spieler, die aufgrund ihrer angeblichen Begabung früher ausgewählt worden waren, mehr eingesetzt und seltener an andere Vereine verkauft; außerdem dauerte ihre Karriere länger als bei denen, die später ausgesucht wurden – *und zwar völlig unabhängig von ihrer objektiven Leistung.*

Die Trainer und Manager in der NBA hielten Staw und Hoang entgegen, sie träfen bestimmt keine dermaßen irrationalen Entscheidungen; immerhin gehe es um viel Geld, und sie wollten ja unbedingt gewinnen. Sie waren im Irrtum. Es kann jedem Chef passieren, egal, wie erfahren er ist und was auf dem Spiel steht, dass er vernunftwidrig an einem auserwählten Star festhält, der in Wahrheit ein Verlierer ist. Wenn Sie befürchten, dass das auch Ihnen gerade passiert, dann sehen Sie sich doch, wenn das möglich ist, die Leistungsdaten Ihrer Mitarbeiter noch einmal ohne deren Namen an, oder holen Sie sich einen unvoreingenommenen Berater von außen, der Ihnen bei der Beurteilung Ihrer Leute hilft.

4. Halten Sie das Team zusammen

Ineinandergreifende Aufgaben lassen sich besonders gut bewältigen, wenn man kooperativ ausgerichtete Mitarbeiter einstellt und diejenigen zu Stars erhebt, die anderen zum Erfolg verhelfen. Doch auch wenn Sie die besten Leute im besten System beisammenhaben, braucht es seine Zeit, bis die Zusammenarbeit klappt. Sehen wir uns die erste US-Frauenfußball-Nationalmannschaft an, die zahlreiche Titel gewann, darunter zwei von vier Weltmeisterschaften und zwei von drei olympischen Frauenturnieren. Das Team konnte auf geniale Spielerinnen zählen wie Mia Hamm, Brandi Chastain, Julie Foudy und Joy Fawcett. Doch der Schlüssel zum Erfolg – und darin sind sich alle einig – lag darin, dass über zehn Jahre lang eine verschworene und stabile Gruppe Herz und Seele der Mannschaft bildete. Es braucht einfach Zeit, bis die Gruppenmitglieder die Stärken und Schwächen der anderen kennen und wirksame Strategien der Zusammenarbeit entwickelt haben.[23]

Die Vorteile eines »festen Teams«, der »Teamstabilität« oder »früherer gemeinsamer Erfahrungen« sind in vielen Kontexten belegt, so in Führungsmannschaften, OP-Teams, Produktentwicklungsgruppen und Cockpitbesatzungen.[24] Eine Studie begleitete 98 von 102 Halbleiterproduzenten, die zwischen 1979 und 1985 in den USA gegründet worden waren. Wie die Forscher feststellten, hatte ein Unternehmen in den ersten beiden Jahren größeren finanziellen Erfolg, wenn die Mitglieder des Gründungsteams schon vorher zusammengearbeitet hatten, und dieser Vorsprung vergrößerte sich in den kommenden Jahren sogar noch. Schon ein wenig Erfahrung wirkt sich positiv aus: Die US-Behörde für Verkehrssicherheit berichtet, dass sich 73 Prozent der Fehler, die auf einem Flug gemacht werden, in den ersten 24 Stunden der normalerweise 72 Stunden langen Schicht ereignen, die eine Cockpitbesatzung gemeinsam absolviert. 44 Prozent dieser »Vorfälle« waren sogar auf dem ersten Flug dieser Besatzung zu verzeichnen. Irgendwann ist ein Team natürlich auf neues Blut und frische Ideen angewiesen, doch das dauert länger, als man glauben mag. Eine Untersuchung stabiler Teams in Forschung und Entwicklung ergab, dass die Produktivität in den ersten rund vier Jahren ständig wuchs und erst nachließ, wenn das Team nach etwa fünf Jahren noch kein neues Mitglied aufgenommen hatte.

5. Schützen Sie sich vor Energiesaugern

Als Chef haben Sie sich um unangenehme Ereignisse und unzufriedene Leute zu kümmern. Doch wie Studien zeigen, steigt der Schaden, je länger Sie sich mit faulen Äpfeln aufhalten, also mit schlechten, trägen, missgelaunten und fiesen Leuten. Wer emotional ausgelaugt ist, konzentriert sich nicht mehr auf seine Aufgaben, sondern darauf, seine Laune aufzuhellen. Wenn einige Ihrer Mitarbeiter dermaßen unangenehm sind, dass sie tagein, tagaus die Energie aufsaugen, die Sie brauchen, um andere zu beflügeln und sich selbst in Ihrem Job wohlzufühlen, lautet mein Rat – sofern Sie sie nicht loswerden können –, ihnen möglichst aus dem Weg zu gehen. Eine Führungskraft aus dem Mittleren Westen erzählte mir einmal von einem leitenden Ingenieur, der die von allen bewunderte Fähigkeit hatte, Fehler zuverlässig zu orten, jedoch weit und breit gefürchtet und gehasst war, weil er ein Dreckskerl war. Egal, was gerade anstand, sei es die Prüfung einer Zeichnung oder eine Betriebsversammlung: Er zerriss nicht nur Ideen, sondern auch Menschen in der Luft, einschließlich seiner Chefs. Das leitende Management hielt ihn trotzdem für zu wertvoll, um ihn zu feuern, und setzte ihn deshalb in ein nettes Büro in einem anderen Gebäude mehrere Straßen weiter, damit seine Vorgesetzten und Kollegen ihm nicht mehr zufällig über den Weg laufen konnten.

Oft kann ein Chef aber solche »Energiesauger« nicht einfach isolieren. Wenn Sie ihnen nicht aus dem Weg gehen können, müssen Sie sich eben eine dicke Haut zulegen. Menschen, die für einen fiesen Chef arbeiten, rate ich immer, sich in der Kunst der emotionalen Distanz zu üben, damit ihnen das Ekelpaket im Innersten nichts anhaben kann. Ein ähnlicher Rat taugt auch für Chefs: Wenn Sie den Faulenzern, Depris und Arschlöchern, die Ihnen unterstellt sind, nicht ausweichen können, dann kommen Sie Ihren Führungsaufgaben nach, lernen Sie aber, sich nichts aus ihnen und ihrer destruktiven Art zu machen. Sparen Sie sich Ihre Begeisterung und Kreativität für die Mitarbeiter auf, die etwas davon haben und die Ihnen ein zufriedenes Gefühl geben, statt Sie emotional auszulaugen. Ein Chef mit Biss zeichnet sich durch die feine Kunst der Gleichgültigkeit und der inneren Distanz aus. Wenn Sie nicht einen Sprint laufen, sondern einen Marathon, dürfen Sie sich nicht auf den anstrengendsten Streckenabschnitten von ihren langfristigen Zielen abbringen lassen.

6. Wann das Motto »Teile und herrsche« angebracht ist

In diesem Kapitel geht es um Arbeiten, die Kooperation und Koordination erfordern. Wie anfangs schon erwähnt, sind kooperative Menschen mit einem ausgeprägten sozialen Verhalten dort nicht so entscheidend, wo wenig Kontakt und Koordination mit anderen nötig sind. Um einen Schritt weiter zu gehen: Manche Chefs haben Mitarbeiter, die keinerlei soziale Fähigkeiten haben und denen das Interesse am Umgang mit anderen völlig abgeht. Wenn Sie solche einsamen Wölfe unter sich haben und sie unersetzbar sind, gestalten Sie die Arbeit am besten so, dass Sie ihre Aufgaben koordinieren und zusammenführen, während Ihre Leute weitgehend allein arbeiten.

Ein Manager in einer Halbleiterfabrik erklärte mir einmal, warum er seine hoch qualifizierten, aber völlig in sich gekehrten Ingenieure nur mit einer »Teile und herrsche«-Strategie führen konnte:

> Sie verstecken sich in ihren Büros und kommen nicht heraus. Wir teilen die Arbeit so auf, dass jeder für eine in sich geschlossene Teilaufgabe verantwortlich ist. Wir schieben ihnen die Aufgabenstellung unter der Tür durch und rennen davon. Sie hören nicht darauf, wenn wir ihnen sagen, es sei gut genug – sie lassen es uns erst bauen, wenn es ihren Ansprüchen an elegantes Design genügt – sie scheren sich nicht darum, was wir denken.[25]

Diese Ingenieure haben keinerlei soziale Fähigkeiten und wenig Interesse am Umgang mit anderen. Doch das Management versucht nicht, sie umzukrempeln, sondern entwickelt ein System, in dem sich die Ingenieure nicht mit ihren Kollegen herumschlagen müssen, während die Chefs die Aufteilung und Zusammenführung der Arbeit in die Hand nehmen. Diese Methode schafft keine wohlig warme Atmosphäre, doch manchmal kommt ein Chef um die Strategie »Teile und herrsche« nicht herum.

Der Blick in den Spiegel

Viele Chefs haben nur begrenzt Einfluss darauf, wen sie unter sich haben, wie ihre Leute entlohnt werden, wer bleibt und wer geht. Doch auch wenn sie knappe Geldmittel, sperrige Vorgaben und zu wenig Autorität haben, klaffen zwischen den besten und den schlechtesten tiefe Abgründe. Autor und Berater Wally Bock wurde mit diesen Abgründen konfrontiert, als er in den 80er-Jahren erfolgreiche Sergeants in der Polizei von Oakland ausfindig machen und weiterbilden sollte.[26] Besonders gut gefiel Wally Sergeant John Ludden. Er wurde von seinen Kollegen bewundert, weil er alle Mitarbeiter respektvoll behandelte, keine Lieblinge hatte und immer, immer auf ihrer Seite war. Weil er einen so guten Ruf hatte, arbeiteten die Polizisten gern unter ihm. »Die Polizisten, die schon länger in ihrer Abteilung und auf ihrem Dienstgrad waren, durften sich vor denen mit weniger Erfahrung ihre Schicht aussuchen«, erklärte mir Wally. Als John Sergeant wurde, erhielt er die Nachtschicht von 23 Uhr bis sieben Uhr: »Normalerweise hätte seine Truppe aus lauter Anfängern bestehen müssen. Doch auch erfahrene Polizeibeamte meldeten sich freiwillig für Johns Team, weil sie mit ihm zusammenarbeiten wollten, obwohl sie sich auch eine bessere Schicht hätten aussuchen können.«

Dieses Beispiel wird von der in Kapitel 1 zitierten Untersuchung und anderen Studien bestätigt: Ein guter Chef holt nicht nur auf zivilisierte Art und Weise mehr aus seinen Leuten heraus, sondern er bekommt auch die besseren Leute und kann sie halten. Wenn sich also die Leute, die Ihnen unterstellt sind, ständig in den Haaren liegen, wenn Sie von Energiesaugern, Versagern, Depris und Arschlöchern umgeben sind, dann sehen Sie einmal in den Spiegel. Warum arbeiten nicht die besten Leute für Sie? Warum werden aus Mitarbeitern, die Sie bei ihrem Eintritt für Stars hielten, faule Äpfel? Wenn es Ihnen so geht, legt Wallys Studie es nahe, dass Sie sich einmal genau ansehen, was die besten Chefs auf vergleichbaren Arbeitsgebieten anders machen. Seien Sie ehrlich zu sich und versuchen Sie, die Lücke zu schließen.

5

Den Worten Taten folgen lassen

Wenn ein Chef und seine Leute wissen, was zu tun ist, darüber diskutieren, schreiben und recherchieren, diesen Vorarbeiten aber keine Taten folgen, sondern sie zum Selbstzweck verkommen lassen, gehen sie ihrem eigenen »leeren Geschwätz« auf den Leim.[1] Die endlosen Worte (und Bilder), die in Vorträgen, Brainstorming-Sitzungen, Diskussionen, Präsentationen, Strategieplanungen, Stage Gates, Szenarien, Vorstandstreffen, Leitbildern, Budgetplanungen und Umsatzvoraussagen entstehen, entfalten mitunter auch dann noch eine seltsam beruhigende Wirkung, wenn sie keinerlei Auswirkungen auf den Erfolg haben. Sehen wir uns einige Beispiele an:

- Eine Restaurantkette zahlte einer Unternehmensberatung mehrere Millionen Dollar für die Entwicklung eines detaillierten Planes zur Betriebsoptimierung. Als die Berater ihre Ergebnisse vorstellten, kommentierte eine langjährige Führungskraft, die Firma habe zehn Jahre zuvor bereits eine andere Unternehmensberatung für einen fast identischen Bericht bezahlt. Der Mann hatte ihn sogar vorliegen und las ihn Absatz für Absatz vor – die Vorschläge waren tatsächlich praktisch dieselben wie die der aktuellen Berater. Die Unternehmensleitung hatte schon lange gewusst, was zu tun war, es aber einfach nicht umgesetzt.
- Ein Bereichsleiter einer Einzelhandelskette, die in Schwierigkeiten steckte, beschwerte sich bei mir über die wöchentlich stattfindenden Sitzungen der Führungsetage: »Ich habe das Gefühl, dass ich seit 25 Jahren immer an derselben Sitzung teilnehme. Wir reden über dieselben Probleme, finden dieselben Lösungen und tun so, als würde schon

alles gut werden, nur weil wir darüber reden – aber irgendwie geschieht nie etwas.«

- »Was für Leute behindern Innovationen ganz besonders?«, fragte ich den Pixar-Regisseur Brad Bird einmal. »Leute, die dauernd über Qualität reden«, antwortete er, »aber sie nicht in ihre eigene Arbeit investieren – ja, diese Art Leute. Wissen Sie, ich habe ja nichts dagegen, wenn jemand unerfahren ist, solange er sich engagiert, weil ich dann zumindest weiß, dass er auf einer Fährte ist. Aber es gibt Leute, die kennen das ganze Geblubber von wegen Qualität in- und auswendig, setzen es aber einfach nicht um.[2]
- Elizabeth Gerber und ich baten Studenten, die Fahrradsicherheit auf dem Campus von Stanford zu verbessern. Sie sollten ein Brainstorming machen und erste Maßnahmen umsetzen. Dafür hatten sie 48 Stunden Zeit. In Stanford ereignen sich viele Fahrradunfälle, weil die Studenten um unübersichtliche Ecken rasen, sich durch Fußgänger schlängeln und es bergab einfach laufen lassen – nicht selten mit dem Handy am Ohr. Ein Studententeam baute mit orangefarbenen Hütchen und gelbem Plastikband an der sogenannten »Todeskreuzung«, an der es besonders oft krachte, einen Fahrradkreisverkehr. Er war in einer halben Stunde aufgebaut und funktionierte in einem zweistündigen Test wunderbar. Polizisten, die zufällig vorbeikamen, halfen dem Team beim Aufbau des Prototyps und zeigten sich erfreut über die Wirkung. Die gute Nachricht: Heute gibt es an der »Todeskreuzung« einen Kreisverkehr aus Beton. Die schlechte Nachricht: Es dauerte vier Jahre, bis er installiert war. Elizabeth ging der Geschichte dieses Kreisverkehrs nach. Als sie einen Vertreter der Universitätsverwaltung fragte, warum es so lange gedauert hatte, verteidigte er sich mit dem Hinweis darauf, er habe die Idee schon lange vor den Studenten gehabt. Wenn dem so war, warum wurde sie dann nicht viel früher umgesetzt oder zumindest getestet?

- »Respekt: Wir behandeln andere, wie wir auch gern behandelt werden würden. Rücksichtslosigkeit, Gefühllosigkeit und Arroganz haben hier nichts zu suchen.« Und: »Integrität: Wir gehen mit Neu- und Altkunden offen, ehrlich und aufrichtig um.« Das ist ein Auszug aus dem 64 Seiten langen »Ehrenkodex« der Firma Enron.[3]

Jeff Pfeffer und ich beschrieben schon vor zehn Jahren die »Umsetzungslücke« und haben seither für Chefs aller Art Ursachen und Abhilfe erkundet, von Ministern über Chefköche und Führungskräfte in der National Football League bis hin zu Chefs gemeinnütziger Organisationen, kleiner Start-ups und *Fortune*-500-Unternehmen.[4] Jeder erkennt kluges Geschwätz auf Anhieb, weiß Geschichten darüber zu erzählen und zu sagen, warum man ihm so leicht auf den Leim geht. Auch die besten Chefs setzen manchmal gute Ideen nicht um – die Lücke, die zwischen Wissen und Handeln klafft, ist eine unausweichliche Tatsache des Firmenlebens. Doch es gibt auffallende Unterschiede zwischen einem guten und einem schlechten Chef. Ein schlechter Chef merkt nicht einmal, wenn er Handeln verhindert oder dieses Handeln in falsche Bahnen lenkt. Einem guten Chef gelingt es, die Umsetzungslücke zu schließen, auch in einer Abteilung, die von leerem Geschwätz und Untätigkeit erfasst ist. Und so schließt ein guter Chef diese Lücke.

Hören Sie den richtigen Leuten zu

Als Chef müssen Sie eine Hackordnung einführen, in der diejenigen, die am meisten von einem Problem verstehen, den größten Einfluss darauf haben, was getan wird. Vor allem müssen Sie darauf achten, wer viel und wer wenig redet. Lassen Sie es nicht zu, dass Ihre Leute zu Plappermäulern werden, wie es zumindest in der westlichen Welt gern geschieht: Diejenigen, die das Wort als Erste und besonders häufig an sich reißen, üben den größten Einfluss aus – auch wenn sie nur Unsinn von sich geben.[5] Unabhängig von ihrer Persönlichkeit neigen Menschen, sobald sie Macht über andere erhalten (und wenn man sie nur ans Kopfende eines Tisches setzt), dazu, mehr zu reden und andere herumzukommandieren. Wie wir in Kapitel 3 gesehen haben, verschärfen manche Chefs dieses Problem, indem sie ihre Untergebenen anschnauzen und abwürgen oder darauf beharren, dass sie recht haben, auch wenn sie auf dem völlig falschen Dampfer sind.

Matthew May beschreibt einen »bösen Streich«, den er mehreren Führungskräften bei General Motors spielte, um ihnen zu demonstrieren, dass ihre Hackordnung schlechte Entscheidungen nach sich zog. Matt kennt sein Metier: Er hat langjährige Erfahrung in der Autoindustrie und ist Koautor des Buches *The Elegant Solution: Toyota's Formula for Mastering Innovation*.[6] Hier die Geschichte, die Matt mir für meinen Blog schickte:

> Ich war als Berater in einer GM-Abteilung tätig und erklärte den Führungskräften, dass die besten Ideen dort kein Gehör fanden – ja dass überhaupt keine Ideen Gehör fanden. Die Manager widersprachen mir heftig. Im Hause hatte ich dann Gelegenheit, ein Experiment durchzuführen. Es war ein uraltes Priorisierungsspiel namens »Überleben auf dem Mond«: Man strandet auf dem Mond, 200 Kilometer vom Mutterschiff entfernt, und muss 25 Gegenstände nach ihrer Wichtigkeit für das Überleben auf dem Rückweg zum Raumschiff anordnen. Man tut das zuerst einzeln und dann in der Gruppe, um nachzuweisen, dass »wir« klüger sind als »ich«. (Die richtige Reihenfolge hatten wir von der NASA.) Ich stellte mehrere Gruppen zusammen, quer durch die Hierarchien, sodass in jeder Gruppe zum Beispiel ein Bereichsleiter neben einem Sachbearbeiter saß. Dann spielte ich den Leuten einen bösen Streich: Ich gab der jeweils rangniedrigsten Person an jedem Tisch vorab die richtige Reihenfolge und bat sie, wenn

> es ihrer Gruppe zur Aufstellung der Liste kam, alles in ihrer Macht stehende zu unternehmen, um die anderen davon zu überzeugen, dass sie die richtige Lösung hatte – ohne allerdings zu verraten, dass ich ihr die Auflösung gegeben hatte. Nicht eine einzige Gruppe (es gab etwa 15 Gruppen zu jeweils zehn Mitgliedern) kam auf die richtige Liste. Dann ließ ich die Eingeweihten aufstehen. Die Manager liefen allesamt rot an.

Obwohl Matt die Untergebenen also angewiesen hatte, die Alphatiere mit allen Mitteln davon zu überzeugen, dass sie die Lösung kannten, wurden sie ignoriert und mundtot gemacht. Diese Gruppen verfügten über das notwendige Wissen, konnten es aber aufgrund ihrer unsinnigen Hackordnung nicht anzapfen. Ein guter Chef weiß, dass sich diejenigen, die am meisten wissen, manchmal am wenigsten Gehör verschaffen können. Nolan Bushnell, der Gründer von Atari, einer der ersten Hersteller von Computerspielen, erklärte mir einmal: »Die besten Ingenieure kommen oft in einem Körper daher, der sich nicht mitteilen kann.« Wenn man solche Ingenieure einstellen und das Beste aus ihnen herausholen wolle, so Bushnell, müsse man darauf achten, was sie tun, nicht, was sie sagen. Wenn jemand, der sich auskennt, nicht viele Worte macht, ist es Aufgabe seines Chefs, nachzufragen: »Was meinen Sie?«

Wenn Sie sich nicht auskennen, machen Sie sich kundig

Walt Disney von Disneyland, Bill Gates von Microsoft, Larry Ellison von Oracle, Steve Jobs von Apple, Ed Catmull von Pixar, Ray Kroc von McDonald's, Anne Mulcahy von Xerox, Marissa Mayer von Google, Hasso Plattner von SAP und George Zimmer von Men's Wearhouse waren (beziehungsweise sind) erfolgreiche Chefs. Sie haben in ihrer jeweiligen Branche Maßstäbe gesetzt, waren aber von ihrer Persönlichkeit her sehr unterschiedlich. Gemeinsam ist ihnen, dass sie alle von der Arbeit, die sie anleiteten, fachlich etwas verstanden. Nachdem Kroc den McDonald's-Brüdern die Franchiserechte abgekauft hatte, eröffnete er in Des Plaines, Illinois, das erste McDonald's-Restaurant außerhalb Kaliforniens.[7] Obwohl er CEO einer wachsenden Kette war, befasste sich Kroc intensiv mit dem Betrieb und erledigte jede Aufgabe vom Kochen bis hin zum Putzen der Toiletten. Fred Turner, der später Geschäftsführer bei McDonald's wurde, berichtete: »Jeden Abend sah man ihn auf der Straße McDonald's-Verpackungen und Becher aus dem Rinnstein aufsammeln. Dann kam er in den Laden, die Hände voll mit dem Abfall. Er war der Aufsammler vom Dienst.« Noch Jahre später spazierte Kroc, wenn er andere Franchisenehmer besuchte, über den Parkplatz und sammelte den Müll auf. Dann ging er ins Restaurant und brachte das Thema QSS auf: Qualität, Service und Sauberkeit. Das System hatte Fred Turner entwickelt, der ebenfalls etwas vom Betrieb verstand, denn er hatte am Anfang in Krocs Restaurant in Des Plaines noch selbst Hamburger gebraten.

Man muss nicht Gründer oder CEO einer Firma sein, um etwas von der Sache zu verstehen. Letztes Jahr erhielt ich eine Führung durch das Betriebskontrollzentrum des Bay Area Rapid Transit (BART), der den Zugverkehr im Großraum San Francisco bereitstellt. Geführt wurde ich vom Chief Transportation Officer Rudy Crespo, der schon mehr als 30 Jahre bei BART beschäftigt war.[8] Rudy erklärte mir, wie die Mitarbeiter in der Firmenzentrale die Arbeit draußen koordinieren. Zu ihren Aufgaben gehört die Überwachung der Zugbewegungen, Fahrplanerstellung, Kommunikation, Sicherheit, Energiemanagement, Notfallpläne und anderes mehr. Für jedes Geschäftsfeld gab es einen verantwortlichen Chef. Ich fragte Rudy, wie viele dieser Posten er bereits innegehabt hatte, und er antwortete: »Alle.« Rudy ließ sich durch leeres Geschwätz nicht ins Bockshorn jagen. Und wenn doch etwas schiefging, so erfuhr ich von seinen Mitarbeitern, wusste Rudy fast immer auf Anhieb, wie man am schnellsten mit dem Problem fertigwurde.

In einer perfekten Welt wäre jeder Chef für einen Bereich verantwortlich, in dem er sich gründlich auskennt. Doch das ist nicht immer machbar. Nicht jeder Chef kann über das Spezialwissen jedes seiner Fachleute verfügen. In diesem Fall ist es seine Aufgabe, gute Fragen zu stellen, zuzuhören, sich denen zu beugen, die über größeres Fachwissen verfügen, und, vor allem, sich sein mangelndes Wissen einzugestehen. Wer das nicht tut, geht das Risiko schlechter Entscheidungen ein und ruiniert seinen Ruf. In seinem Klassiker *Die Psychologie des Programmierers* erzählt Gerald Weinberg von Arnold, einem Verkaufsleiter, der ein Team von Programmierern übernahm. Statt sich auf ihr Wissen zu verlassen, pflegte er »das Image eines Programmierexperten« und beharrte sogar darauf, dass er für die Lösung eines drängenden Problems einen Algorithmus kenne, »obwohl den beiden erfahrensten Teammitgliedern völlig klar war, dass er keinen Schimmer hatte, wovon er da eigentlich sprach«. Sie sagten ihrem Chef aber nicht etwa, dass er im Irrtum war, sondern ließen ihn eine Teamsitzung einberufen. Als alle versammelt waren, »gaben sie ihm fünf Minuten Zeit, sich in seiner selbst geknüpften Schlinge zu verfangen. Dann begannen sie, seinen Algorithmus auseinanderzunehmen, im Ganzen und im Detail.« Arnold verließ unter Gelächter den Raum und wurde bald auf einen anderen Posten versetzt.[9]

Als Bill George die Leitung einer Firma übernahm, von deren Abläufen und Technik er nichts verstand, beschritt er den Weg, anderen zuzuhören und daraus zu lernen. Bill leitete den Medizinproduktehersteller Medtronic, während er von einem geschätzten Umsatz von einer Milliarde Dollar im Jahr 1989 auf 60 Milliarden im Jahr 2002 anstieg. Er erzählte mir, er sei neu in der Branche gewesen, als er in die Firma kam. Daher verbrachte er in den ersten neun Monaten die Hälfte seiner Zeit in Krankenhäusern, beobachtete Operationsteams bei der Anwendung von Geräten aus seiner Firma und führte Gespräche mit ihnen, ebenso wie mit Patienten, deren Angehörigen und Mitarbeitern der Krankenhausverwaltung. Auch später war Bill darauf bedacht, das Fachwissen von Ärzten, Krankenschwestern und Verwaltungsfachleuten zu nutzen. Durch seine intensiven Anfangsrecherchen konnte er ihre Belange da aber bereits besser nachvollziehen und gezieltere Fragen stellen.

Empathie mit dem Kunden

Das Beispiel Bill George illustriert, dass ein Chef, der sich einarbeiten will, Empathie entwickeln muss. Obwohl das eigentlich jedem Chef bewusst sein sollte, bin ich immer wieder verblüfft, wie wenig oft über die Befindlichkeiten der Kunden bekannt ist. General Motors geriet meiner Ansicht nach in so einen unglaublichen Abwärtsstrudel, weil im gesamten Unternehmen die Chefs nicht wussten, wie es ist, einen GM zu besitzen. Jahrelang bot GM seinen Managern (bis hinunter zu relativ niedrigen Rängen) einen Leistungsanreiz in Form eines Autos.[10] Das System funktionierte in etwa so: Die rangniedrigsten Manager bekamen einen Rabatt. Diejenigen im mittleren Management erhielten etwa alle halben Jahre ein neues Auto, mussten aber den Unterhalt zum Teil selber bezahlen. Im oberen Management bekam man ein schickes Auto gestellt und musste sich um die Wartung nicht kümmern – manchen Führungskräften wurden die Autos sogar betankt, sodass sie nie an eine Tankstelle kamen. Die oberste Führungsetage bekam ein Auto samt Fahrer, sodass die Spitzenmanager mit der Auswahl, dem Kauf, der Wartung, dem Verkauf oder den Fahreigenschaften eines Autos überhaupt nicht mehr in Berührung kamen. Einige Jahre, bevor GM so richtig in die Bredouille geriet, legte ich bei einer Reihe von Managern energisch (man kann schon sagen, unangenehm) Einspruch gegen dieses Vorgehen ein und plädierte dafür, es sofort abzuschaffen, weil es die Manager auf fast allen Ebenen des Konzerns blind machte dafür, wie es eigentlich ist, eines ihrer Autos zu besitzen. Man antwortete mir, GM könne das System nicht abschaffen, weil man ein umfängliches Steuergeschäft mit dem Staat Michigan ausgehandelt habe (das, so prahlte man, erheblich günstiger sei als das von Ford), und weil das Auto eines der wenigen Anreize sei, das höhere Angestellte hätten. Ich gab mich weiter bockbeinig und erklärte, diese Mentalität liege an der Wurzel der Schwierigkeiten, und GM werde noch mehr Probleme bekommen. Man behandelte mich, als sei ich völlig verrückt.

Wenn sich Chefs gemeinsam bemühen, sich in die Befindlichkeiten ihrer Kunden hineinzudenken, so sollten sie zunächst die Lücken zwischen Wissen und Handeln aufdecken und mögliche Abhilfemaßnahmen festlegen. Die Innovationsfirma SYPartners (SYP) mit Sitz in San Francisco und New York entwickelte mit den Nachwuchsführungskräften eines großen Unternehmens neue Finanzdienstleistungen für Immigranten.[11] Die Manager schleppten Kisten voller Ordner an, die vollgestopft waren mit datenreichen PowerPoint-Präsentationen, und zeigten mit stolzgeschwellter Brust ihre fantastischen Schaubilder und Statistiken vor. Als man ihnen bei SYP zu verstehen gab, dass sie die nicht brauchten und stattdessen Kunden beobachten sollten, machte sich Nervosität breit.

SYP teilte das Team in Dreiergruppen, gab jedem einen spanisch sprechenden Übersetzer und einen spanisch sprechenden illegalen Arbeiter mit und schickte sie hinaus nach Mission District, das Immigrantenviertel von San Francisco. Jedes Team sollte in einer Bank einen Scheck einlösen und in der Western Union Geld in ein mittelamerikanisches Land überweisen und anschließend den illegalen Arbeiter bei denselben Transaktionen beobachten. Schon vorher wussten diese Manager aus ihren Erhebungen, dass dieser Kundenkreis unerschlossen war und riesige Chancen in sich barg. Doch mit ihren Annahmen dazu, was diese Kunden brauchten – und wofür sie bereit waren zu zahlen –, lagen sie meilenweit daneben. Aufgrund dieses praktischen, beobachtenden Ansatzes und der Gespräche mit den illegalen Arbeitern schlugen sie ihrem Unternehmen ein modifiziertes Konzept vor und weiteten die Angebote aus. Ein Manager sagte, es habe »sein Leben verändert«, und er werde künftig völlig anders an Marketingideen herangehen. Der Manager, der anfangs »seinen« illegalen Immigranten besonders widerstrebend begleitet hatte, durchlief die größte Wandlung und wies hartnäckig darauf hin, Papier sei schließlich geduldig – man müsse schon begreifen, was die Kunden tun, und sich in ihre Lage versetzen.

Wiederholte und konkrete Anweisungen

Das »Wunder vom Hudson« war eine Notwasserung, die ein Flugkapitän mit einem manövrierunfähigen Airbus A320 auf dem New Yorker Hudson River vornahm. Captain »Sully« Sullenberg verdient für seine Heldentat höchste Anerkennung. Doch das »Wunder« war auch den erfahrenen Flugbegleiterinnen zu verdanken, denn als Flug 1549 absackte, skandierten sie im Chor: »Arme verschränken, Kopf runter, unten bleiben« und verhinderten damit schlimme Verletzungen während der harten Landung.[12] Wiederholte und konkrete Anweisungen sind nicht nur im Notfall wirkungsvoll, sondern auch im Alltag, wenn ein Chef möchte, dass Worten Taten folgen. Zu den Begriffen Einfachheit und Wiederholung berichtet eine Kollegin von A. G. Lafley, Chairman bei Procter & Gamble, er wiederhole gebetsmühlenartig das Wort »sesamstraßensimpel«, und obwohl sie es in- und auswendig kenne, könne sie beobachten, dass es auf Mitarbeiter, die es zum ersten Mal hören – oder auch zum dritten oder vierten Mal – sichtbar wirkt.

Häufige Wiederholungen entfalten die größte Wirkung, sofern sie genau besagen, was wann zu tun ist. Ihre Aufgabe als Chef ist es, für Ihre Mitarbeiter eine Losung zu finden wie »Arme verschränken, Kopf runter, unten bleiben«. Die Macht des Konkreten lässt sich an einem Versuch ablesen, den Lee Ross und Richard Nisbett durchgeführt haben.[13] Mehrere Studenten in Stanford wurden gebeten, unter ihren Kommilitonen die Großzügigsten zu benennen, die am wahrscheinlichsten für eine Tafel spenden würden, aber auch die egoistischsten, die am ehesten nichts geben würden. Die Forscher teilten die »Großzügigen« und die »Egoisten« in jeweils zwei Gruppen ein und baten sie dann um eine Spende für die Tafel. Die eine Gruppe erhielt vage Anweisungen, nämlich lediglich einen Brief mit der Anschrift »Liebe Studierende«, in dem sie gebeten wurden, Lebensmittel zu spenden, und erfuhren, wo sie sie abgeben sollten. Die anderen wurden in dem Brief namentlich angesprochen, erhielten genaue Hinweise, was für Lebensmittel (zum Beispiel eine Dose Bohnen) sie wann spenden sollten, und einen Stadtplan, auf dem der Standort der Spendenkiste verzeichnet war; es folgte ein Erinnerungsschreiben, wieder mit sämtlichen Angaben. Aus der Gruppe mit den ungenauen Hinweisen spendeten acht Prozent der »Großzügigen«, jedoch keiner (null Prozent) der »Egoisten«. Die konkreten Angaben bewirkten dagegen einiges: Immerhin 25 Prozent der »Egoisten« spendeten Lebensmittel, wenn man ihnen genaue Hinweise gab. Damit lagen sie zwar deutlich hinter den 43 Prozent der »großzügigen« Studenten, die genaue Anweisungen erhielten, aber doch erheblich besser als null.

Mit einer Checkliste lassen sich Worte besonders gut mit konkreten Taten verbinden. Die Checklisten, mit denen Piloten vor dem Start arbeiten, wurden schon vor dem Zweiten

Weltkrieg entwickelt. Major Ployer Hill, damals Testflugchef, brachte im Jahr 1935 aufgrund eines eigentlich leicht vermeidbaren Fehlers einen Prototyp des B-17-Bombers zum Absturz. Kritiker beklagten, dass es unmöglich sei, die B-17 sicher zu fliegen, weil vor dem Start so furchtbar viel zu beachten sei – Boeing brachte das fast in den Bankrott. Man löste das Problem mit einer Checkliste »mit Schritt-für-Schritt-Kontrollen für Start, Flug, Landung und Ausrollen«, die es Tausenden von Piloten ermöglichte, mit der B-17 Millionen von Kilometern sicher zurückzulegen. Jüngsten Studien zufolge nehmen auch, wenn Ärzte und Krankenschwestern für die intravenöse Tropfinfusion an Patienten Checklisten verwenden, Infektionen und Todesfälle stark ab. In einem Krankenhaus sank nach Einführung von Checklisten die Infektionsrate von elf auf null Prozent.[14]

In der Kürze liegt die Würze

Diese Beispiele wiederholter und konkreter Anweisungen zeichnen sich allesamt durch eine klare Wortwahl aus. Doch es ist gar nicht so einfach, die Leute dazu zu bringen, sich einer einfachen Sprache zu bedienen.[15] Für Klugschwätzer gibt es erhebliche Anreize, unverständliches Geblubber von sich zu geben. Leider gelten Leute, die abstruses »Phrasenmonoxid« ausspucken, als cleverer als solche, die sich einer einfachen Sprache bedienen – insbesondere wenn sie für ihre Sachkenntnis bekannt sind.[16] Das gilt auch dann noch, wenn jemand völlig sinn- und nutzlose Ideen in unverständliche Worte kleidet. Hüten Sie sich daher, wenn jemand so klug daherredet, dass Sie kein Wort verstehen, denn so ein Blender hat möglicherweise die Erfahrung gemacht, dass er mit »Phrasenmonoxid« am besten vorankommt und seine Inkompetenz dahinter verschleiern kann.

Echte Experten müssen zwar keine Inkompetenz verschleiern, sollten sich aber vor dem »Fluch des Wissens« hüten: Je mehr jemand über etwas weiß, desto schwerer fällt es ihm, Erklärungen und Anleitungen so zu verpacken, dass andere sie verstehen. Pamela Hinds von der Stanford University hat beispielsweise nachgewiesen, dass diejenigen, die am meisten über die Bedienung eines Handys wissen, Neulingen am schlechtesten erklären können, wie man mit dem Mobiltelefon umgeht.[17] Dieser Fluch ereilt Experten, weil sie sich nur schwer in einen Laien hineinversetzen können. Ein Experte handelt mit der Zeit so automatisch, dass er die einzelnen Schritte, die er als Anfänger erst erlernen musste, und andere Schwierigkeiten vergisst. Manche Fachleute simplifizieren auch nicht gern, weil sie aus lauter Verzückung über das eigene Genie alle, die ihnen nicht folgen können, als Deppen betrachten. Ich habe einmal einen Manager aus Forschung und Entwicklung beobachtet, der seinem Publikum eine Versorgungskette beibringen wollte. Doch niemand wurde aus dem Vortrag schlau, weil er ihn mit verschwurbelten Statistiken, unverständlichen Schaubildern und abstrusen Formulierungen würzte. Nach dem Seminar murmelte er mir zu: »Die Leute, die wir hier unterbringen, sind ja wohl nicht gerade die hellsten.« Er konnte sich offenbar überhaupt nicht vorstellen, dass nur wenige Menschen auf diesem Planeten seiner abgedrehten Wortwahl und seinen komplizierten Gedankengängen hätten folgen können.

Ein guter Chef kämpft gegen unnötige Komplexität an und sorgt als Anwalt der Einfachheit hartnäckig dafür, dass für die Überführung von Wissen in Handeln möglichst wenig emotionale und kognitive Mühe nötig ist. Der Spruch »In der Kürze liegt die Würze« wird von Chefs wie Colonel Harland Sanders (Gründer von Kentucky Fried Chicken), vom Führungsteam bei Procter & Gamble oder auch von Trickfilmregisseur Richard Williams beherzigt, dessen bekanntester Film *Falsches Spiel mit Roger Rabbit* war.[18] Wie wir gesehen haben, kann man, egal, wie viel man weiß, das Handeln anderer nur beeinflussen, wenn man seine genialen Ideen in Schritte aufteilt, die andere nachvollziehen und umsetzen können.

Chip und Dan Heath zufolge hat eine einfache und konkrete Botschaft die größte Wirkung, wenn man sie in eine kleine Anekdote oder eine Sentenz verpackt, die den Leuten im Gedächtnis bleibt und die sie gern weitererzählen.[19] Ein gutes Beispiel dafür ist Conrad Hilton (Gründer der Hotelkette Hilton), der in den 60er-Jahren in Johnny Carsons *Tonight Show* auf NBC auftrat: »Johnny fragte ihn, ob er dem Millionenpublikum vor den Fernsehern etwas mitteilen wolle. Hilton blickte in die Kamera und sagte: ›Ja, bitte denken Sie daran, der Duschvorhang gehört IN die Wanne.‹«[20] Ich weiß nicht genau, ob die Geschichte wahr ist, aber wenn, dürfte Hilton diese Worte auch bei anderen Gelegenheiten zum Besten gegeben haben – manche behaupten, er habe sie auf dem Sterbebett gesprochen. Ob sie nun stimmt oder nicht – sie ist ein hervorragendes Beispiel für Worte, die den Leuten im Gedächtnis haften bleiben und ihr Verhalten beeinflussen. Sie sind einfach, konkret und geben eine präzise Handlungsanweisung. Jedes Mal, wenn ich in einem Hotel einen Duschvorhang vorfinde, denke ich an Conrad Hilton. Und wenn ich den Vorhang in die Wanne hole, höre ich seine Worte und sehe vor meinem inneren Auge Johnny Carson lachen, obwohl ich die Show selber nie gesehen habe.

Eine einfache Rechnung

Dieses Streben nach Einfachheit bedeutet auch, dass man bei der Leistungsmessung klare und umsetzbare Kriterien einsetzt, und zwar möglichst wenige. Jeff Pfeffer und ich haben in *Wie aus Wissen Taten werden* aufgezeigt, dass viele Firmen unter dem, wie wir es nennen, Otis-Redding-Problem leiden. Kennen Sie noch den Song »Sitting on the Dock of the Bay«? »Can't do what ten people tell me to do«, singt Otis Redding,

»so I guess I'll remain the same«, also: »Da ich es nicht zehn Leuten auf einmal recht machen kann, versuche ich es erst gar nicht.«[21] Das ist das Problem, wenn man Menschen, Abteilungen oder Unternehmen zu vielen Leistungskriterien unterwirft: Sie können nicht allen auf einmal gerecht werden oder ständig an all diese Kriterien denken. Deshalb tun sie am Ende, was sie für richtig erachten, oder orientieren sich an den ein oder zwei Kriterien, die sie für wichtig halten oder die ihnen ein Lob einbringen (unabhängig von der strategischen Absicht ihrer Vorgesetzten). Seit wir das Otis-Redding-Problem beschrieben haben, habe ich von Hunderten von Menschen gehört, dass sie nach absurd langen Kriterienlisten beurteilt werden: vom Vice President bei Microsoft, der mir erklärte, er könne sich unmöglich alle 35 Kriterien auf seinem *scoreboard* merken, bis hin zum Manager der Softwarefirma Intuit, der (gemeinsam mit dem Unternehmensberater, der ihn dabei unterstützte) einem großen Publikum stolz verkündete, er habe soeben das 100. Kriterium für die Wertschöpfung eingeführt.

Doch man kann das Otis-Redding-Problem durchaus überwinden, indem man nur wenige Kriterien ansetzt, damit die Leute wissen, in was sie ihre Energie investieren sollen. Joe Mello, leitender Geschäftsführer bei der Firma DaVita, die in den USA 1 200 Dialysezentren betreibt, tat genau dies. Als er merkte, dass ein Teil seines Unternehmens unter dem Otis-Redding-Problem leidet, unternahm er etwas dagegen. Er schrieb uns:

> Vor ein paar Monaten übernahm ich die Aufsicht für unsere Einnahmevorgänge (Rechnungsstellung und Zahlungseingänge). Im neuen zusammengeschlossenen Unternehmen haben wir in diesem Bereich etwa 900 VbE (Vollbeschäftigungseinheiten), und wir hatten für die Leitung gerade eine hervorragende Führungskraft eingestellt. Es ist wirklich kompliziert. Es herrschte (und herrscht bis heute) Chaos. ... Wir fuhren

von 42 richtig wichtigen Kriterien auf neun RICHTIG wichtige herunter. Und wir machen schon jetzt Fortschritte![22]

Joe verschlankte nicht nur den Kriterienkatalog, sondern seine Haltung ist auch die eines hervorragenden Chefs. Als er etwas sah, das Handeln verhinderte, verlor er nicht viele Worte, sondern schaffte Abhilfe.

Einfache Strategien

Ein unsinniger Trick, mit dem Chefs ihre Genialität zur Schau stellen – und sei es nur vor sich selbst –, ist auch die Entwicklung unverständlicher Strategien. Wenn Ihre Leute Ihre Strategie nicht verstehen, wissen sie leider auch nicht, was sie tun müssen. Und selbst wenn sie Ihren verschrobenen Gehirnwindungen folgen können, zwingt sie die Komplexität der Strategie, in so viele Richtungen zu denken, dass sie nichts mehr gut machen können. Eine der verblüffendsten Transformationen einer chaotischen in eine einfache Strategie brachte Steve Jobs zustande. Als er im Juli 1997 die Leitung von Apple übernahm, verkaufte das Unternehmen eine verwirrende Vielzahl von Computermodellen – es waren mindestens 20. Jobs, der ein Jahrzehnt lang von Apple verbannt gewesen war, widmete die ersten Wochen in seinem Amt der Recherche des Status quo und unternahm unter anderem den Versuch, die Produktstrategie von Apple zu begreifen. Er bat Insider, ihm die Unterschiede zwischen Modellen wie dem Performa 3400, 4400, 5400 und 6500 zu erklären. »Ich habe es schlichtweg nicht verstanden«, sagte er später. »Wir konnten nicht einmal unseren Freunden raten, welchen Computer sie kaufen sollten.« Diese Strategie verwirrte die Kunden und erschwerte die Neuausrichtung der Produktentwicklung, der Vermarktung und der bis dahin ungenügenden Versorgungskette der Firma. Schon im ersten Jahr nahm Jobs fast alle Modelle aus dem Angebot, und Apple verkaufte nur noch vier Computer: einen Laptop und einen Desktop fürs Büro sowie einen Laptop und einen Desktop für Privatkunden. So kehrte Apple in die Gewinnzone und zur einstigen Größe zurück, womit Jobs' Ruf als skrupelloses Genie zementiert war.

Tun Sie's, dann wissen Sie's

Eines der ältesten Gegenmittel gegen Klugschwätzerei ist es, zu handeln, einen Versuch zu wagen und daraus zu lernen.[23] Damit will ich nicht behaupten, dass Diskussionen, Ideensammlungen und Nachforschungen überflüssig wären. Doch sie sind kein Selbstzweck, sondern vorbereitende Schritte zum Handeln. Debra Dunn, Kris Woyzbun und ich machen uns diese Perspektive in unserem Stanford-Seminar »Firmenpraktiken als Modelle behandeln« zu eigen. Unsere Studenten haben schon diverse Modelle implementiert: ein Modell zum Abbau von Stress und Langeweile bei Flugpassagieren im Falle von Verspätungen, ein Modell für die zeitnahe Leistungsrückmeldung in Softwarefirmen oder ein Modell zur Verbesserung der Mitarbeiterorientierung in einer Unternehmensberatung.

Mein Lieblingsmodell wurde für Timbuk2 entwickelt, ein Unternehmen aus San Francisco, das hippe Taschen und Accessoires herstellt.[24] Chef war 2008 der geradlinige Perry Klebahn. Er klagte, er habe eine schreckliche Mitarbeiterversammlung vor sich. Ob unsere Studenten wohl Ideen hätten, wie man das in Ordnung bringen könnte? Wir fuhren mit dem gesamten Kurs (zwölf Studenten) zu Timbuk2 und beobachteten die Betriebsversammlung, an der etwa 70 Mitarbeiter teilnahmen. Perry hatte recht: Es war schrecklich. Wir wussten nicht, wer die Versammlung leitete, es gab keine Tagesordnung, keine Diskussion über Produkte oder Kunden, die meisten Mitarbeiter mussten stehen, Neuzugänge wurden nicht vorgestellt, es gab nichts zu essen und zu trinken, die

Nachmittagssonne stach durchs Fenster, es war stickig im Raum, die Leute blickten gelangweilt drein, und ein Mitarbeiter schlief sogar ein.

Nach der Versammlung listeten unsere Studenten die Probleme auf und sammelten Lösungsvorschläge. In der Woche darauf besuchten uns vier Timbuk2-Manager, Perry eingeschlossen. Die Studenten ließen uns zunächst die Versammlung nachspielen: Wir standen auf, stellten das Chaos ohne Tagesordnung und Begeisterung nach, und ein Student tat so, als halte er ein Nickerchen. Nach wenigen Minuten stellten die Studenten die Regie um, und wir spielten eine andere, verbesserte Versammlung: Stühle und Essen wurden hereingebracht, jemand übernahm die Versammlungsleitung, Neuzugänge wurden vorgestellt und sagten jeweils ein paar Worte, ein Kunde sprach über die Vor-und Nachteile der Timbuk2-Produkte, und auch vieles andere mehr lief nun anders.

Die Timbuk2-Führung setzte viele dieser Ideen sofort um, und Gespräche, die wir – auch mit den zynischsten Firmenmitarbeitern – führten, bestätigten, dass die nächste Versammlung erheblich angenehmer ablief. Dieser Übergang von einer grottenschlechten Versammlung zu einer ziemlich guten brauchte nur etwa zwei Wochen und war überwiegend dem Umstand zu verdanken, dass Beobachtungen, Ideensammlung und Rollenspiel der Studenten mit greifbaren Maßnahmen einhergingen. Die Führung von Timbuk2 dankte den Studenten nicht nur für ihre Anregungen, sondern sie probierten sie auch aus und optimierten sie weiter. Diese Chefs bewiesen Walt Disneys Aussage: »Am besten fängt man an, indem man aufhört, zu reden, und handelt.«[25]

Tun Sie das Richtige und nicht das, was jeder tut

Unüberlegte Imitation zählt zu den gefährlichsten und verbreitetsten Formen der Idiotie in der Chefetage. Wenn man etwas vermasselt hat, lautet eine der dämlichsten Entschuldigungen: »Das macht doch jeder so, das ist branchenüblich.« Das erinnert mich an einen Spruch, den ein Collegefreund immer sagte: »Iss Scheiße. Zehn Milliarden Fliegen können sich nicht irren.« Trotzdem ist das eine der sichersten Ausreden. Wenn andere gar nichts tun oder alle denselben Unsinn machen, so ist das kollektive Dummheit, bei der die Menschen ein besseres Gefühl haben, als wenn jeder seinen eigenen Schwachsinn verzapft. Mit genau dieser Ausrede kommen heute auch viele Banker und Hypothekenmakler, die vor dem Finanzmarktkollaps 2008 Häuserkredite an Menschen vergeben haben, die es sich nicht leisten konnten. Viele wussten es indes schon damals besser. Keysha Cooper arbeitete als Versicherungskauffrau bei der mittlerweile bankrotten Firma Washington Mutual. »Denen war es egal, ob sie Leuten einen Kredit gaben, die nicht geeignet waren«, berichtete sie. »Es ging immer nur darum, wie viele Verträge wir abgeschlossen hatten.«[26] Frau Coopers Vorgesetzte bedachten sie wiederholt mit Tadel und negativen Vermerken in der Personalakte, weil sie faule Kredite abgelehnt hatte. Heute wissen wir, dass dieser Usus leichtsinnig und dumm war, doch damals folgte die Firma dem »Branchenstandard«. Meine Mutter brachte mir bei, mir meine eigenen Gedanken zu machen, wenn ich eine Entscheidung zu treffen hatte. Das war für einen Teenager ein guter Ratschlag, denn viele meiner Freunde waren Idioten. Auch für einen Chef taugt dieser Rat. Vergleichen Sie sich nicht gedankenlos mit anderen. Was für die anderen richtig sein mag, könnte für Sie falsch sein. Schlimmer noch: Die Leute, denen Sie nacheifern, könnten Vollidioten sein.

Heiße Gefühle und kühle Lösungen

Ein Chef, der Klugscheißerei keine Chance gibt, fordert von seinen Leuten (und macht es ihnen leicht), ihr Wissen in Handeln zu überführen. Sehen Sie sich dazu die Tricks und Tipps an, »Wie der Chef alles gemacht kriegt«. Ein Thema, das ich bislang nur angerissen habe, ist die Frage, wie man seine Leute zum Handeln anstachelt. Wie wir gesehen haben, gehören die Belohnung klugen Handelns und die Schaffung psychologischer Sicherheit unbedingt dazu. Doch wenn Sie wollen, dass Ihre Leute intensiv tätig werden, dann müssen Sie erst »heiße« Gefühle gegenüber einem Problem, einer Aufgabe oder einem Gegner hervorrufen und dann diese Leidenschaft »kühlen« und auf vernünftige Lösungen zuführen (Punkt 9).

Tafel 7

Wie der Chef alles gemacht kriegt

Machen Sie den Weg frei für Taten: Tipps und Tricks

1. Wenn Ihre Leute eine vielversprechende Idee vortragen, sagen Sie (möglichst oft): »Super! Machen wir!«
   Den Anstoß für diesen Tipp erhielt ich von einer UPS-Werbung, in der zwei aalglatte Unternehmensberater einem Kunden Ideen zur Kostenreduzierung präsentieren. Er erwidert: »Super! Machen wir!« Die Unternehmensberater sind fassungslos und antworten: »Aber wir setzen unsere Vorschläge doch nicht in die Tat um. Wir machen nur Vorschläge.« Ein guter Chef und seine Mitarbeiter setzen dagegen ihre Vorschläge auch um.
2. Teilen Sie Ihre schlimmsten Klugschwätzer den besten »Machern« zu.

Belohnen Sie beide, wenn die Klugschwätzer dadurch handlungsorientierter werden.

3. Feuern oder degradieren Sie unheilbare Klugschwätzer, und lassen Sie Ihre Leute wissen, warum.
Hüten Sie sich davor, ein Klima der Angst zu schaffen. Geben Sie daher den Betreffenden Rückmeldung, und warnen Sie sie vorab. Doch wenn Sie die faulen Äpfel behalten, stecken sie andere an.

4. Wiederholen Sie das Einfache und Gute gebetsmühlenartig, bis es sich auf das Tun Ihrer Leute auswirkt.
Sie könnten zum Beispiel mit der »sesamstraßensimplen« Philosophie von A. G. Lafley anfangen.

5. Erzählen Sie spannende Anekdoten über Patzer, die man vermeiden, und über einfache Dinge, die man tun sollte.
Ein Manager gibt gern sein einstiges Fehlverhalten bei Telefonkonferenzen zum Besten. Wenn er gerade nicht sprach, legte er das Telefon ab und beantwortete E-Mails. Dauernd verpasste er wichtige Informationen, etwa den Termin für den Weggang eines Mitarbeiters. Seine direkten Untergebenen mussten daraus schließen, dass er sich um sie und ihre Arbeit nicht scherte. Heute schaltet er während einer Telefonkonferenz den Monitor ab und stellt sich vor, dass seine Leute mit ihm in einem Raum sitzen.

6. Im Zweifelsfall über Bord werfen oder gar nicht erst einführen.
Versuchen Sie wie Steve Jobs, einander – und Ihren Kunden – die Unterschiede zwischen ihren Produkten und Dienstleistungen zu erklären. Wenn das nicht so einfach ist, müssen Sie vielleicht das eine oder andere über Bord werfen.

7. Bekämpfen Sie das Otis-Redding-Problem.
Machen Sie sich eine Liste sämtlicher Leistungskriterien, die Sie benutzen. Egal, wie lang die Liste ist,

wählen Sie die drei wichtigsten aus. Brauchen sie die anderen wirklich?

8. Fragen Sie sich – und Ihre Leute –, ob es bei Ihnen Gepflogenheiten gibt, die »jeder hat«, die aber Zeitverschwendung sind oder sogar Nachteile bringen.
   Wie steht es mit Ihren Leistungsevaluationen? Diejenigen, die sie durchführen oder über sich ergehen lassen müssen, finden die Prozedur meist furchtbar. Evaluationen werden deshalb oft so mangelhaft durchgeführt, dass sie mehr schaden als nützen. Wären Sie besser dran, wenn Sie darauf verzichten oder zumindest 75 Prozent der Fragen in Ihrem Formular streichen würden?
9. Führen Sie leidenschaftliche Gefühle in nüchternes Handeln über.
   Heizen Sie die Ängste und Wünsche Ihrer Leute an, damit sie in Gang kommen und ihre Energie in sinnvolle und konkrete Maßnahmen investieren. Wie die Manager des Finanzdienstleisters, die ständig darüber redeten, dass sie mehr jüngere Kunden brauchten – bis sie Kunden um die 20 baten, ihre Dienstleistungen auszuprobieren. Nun konnten sie sich so richtig aufregen, denn es folgten Horrorgeschichten über unsensible Mitarbeiter und unverständliche Marketingmaterialien – ein Anreiz, um sinnvolle Problemlösungen zu entwickeln.

Wie wichtig es ist, leidenschaftliche Gefühle in nüchternes Handeln zu überführen, zeigen Studien meines Kollegen Hayagreeva (»Huggy«) Rao aus Stanford. Huggy erzählt beispielsweise von Fritz Maytag, der 1965 die ums Überleben kämpfende Brauerei Anchor Steam in San Francisco kaufte und eigentlich vorhatte, sie ein paar Jahre zu betreiben und dann wieder zu verkaufen.[27] Doch bald war er ganz vernarrt ins Bierbrauen und ging schließlich als Branchenführer aus dem »Krieg der Biere« hervor. Fritz mobilisierte bei seinen Mitarbeitern, Kunden, bei Kleinbrauereien und anderen Kennern der Branche Begeisterung, Unterstützung und auch Abneigung gegen »industrielles Bier« wie Coors und Corona: »dünn, geschmacklos, wässrig und zu viel Kohlensäure – gut für einen Rausch, schlecht für den Geschmack«. Fritz, mittlerweile seit 45 Jahren Besitzer von Anchor Steam, entwickelte gemeinsam mit seinen Mitarbeitern und Braumeistern hingebungsvoll bessere und zuverlässigere Biere. Von Anfang an weihte er Firmenneulinge in die Kunst des Bierbrauens ein, damit sie besseres Bier herstellen, es besser vermarkten und vertreiben konnten. Er behandelte sie wie Verbündete im Kampf gegen den gemeinsamen Gegner und ließ Worten Taten folgen, indem er zunächst »leidenschaftliche« Gefühle gegenüber dem »Feind« und seinen »schalen« und »klebrigen« industriellen Bieren weckte. Fritz stand sodann als sichtbare und verlässliche Kraft hinter der Entwicklung vernünftiger Lösungen (zum Beispiel in der Produktion, der Vermarktung und dem Vertrieb), die es Anchor Steam und Hunderten anderer Kleinbrauereien und Brauereigaststätten erlaubte, einen bescheidenen, aber ansehnlichen Anteil des Biermarktes zu erobern. Das bei Anchor Steam gebraute Bier bringt mittlerweile rund fünf Millionen Dollar ein und wird in allen 50 US-Bundesstaaten verkauft.

Wie Fritz Maytags Beispiel zeigt, sollten Sie, wenn Sie Ihre Leute – oder ein Netzwerk aus Partnern oder Kunden – mobilisieren wollen, Leidenschaft erzeugen: Machen Sie Ihre Mitarbeiter wütend auf den »Gegner«, oder begeistern Sie sie für Träume und Ziele. Anschließend machen Sie die Energie nutzbar, indem Sie sie auf ein Ziel ausrichten und greifbare und wirkungsvolle Brücken zwischen Wissen und Handeln bauen.

6

Der Chef als menschlicher Schutzschild

Ein guter Chef lässt seine Leute ihre Arbeit in Ruhe erledigen. Er hält ihnen Papierkrieg, aufdringliche Führungskräfte, unnötige Sitzungen und allen möglichen anderen Knatsch vom Hals und erspart ihnen jede Zeitverschwendung. Dass das Management als »Puffer« die Kernarbeit der Firma vor Kapriolen und Störungen von außen abschirmen sollte, ist in der Organisationstheorie ein altes Motiv.[1] Ein guter Chef ist stolz darauf, als menschlicher Schutzschild den Druck, den Vorgesetzte und Kunden auf seine Mitarbeiter ausüben, abzuwehren, indem er langweilige und stupide Aufgaben selber erledigt und gegen jeden Idioten und jede Kränkung ankämpft, die seinen Mitarbeitern das Leben schwer macht.

Ob das auch klappt, lässt sich an dem Maße ablesen, in dem die Mitarbeiter den Chef hinter sich glauben. Robert Townsend kann als Paradebeispiel für einen Chef herhalten, der als menschlicher Schutzschild agiert. Townsend hatte eine Vielzahl von Managementposten inne, insbesondere als CEO bei der Autovermietung Avis. Er schrieb das beste und außergewöhnlichste Managementbuch aller Zeiten, *Hoch lebe die Organisation: Aus der Trickkiste eines Erfolgsmanagers*. Ein Chef, so Townsend, hat für seine Leute da zu sein, ein »Wasserträger gleichsam«, das heißt, er verteidigt sie und kämpft für sie.[2] Townsend weigerte sich einmal, dem Avis-Vorstandsmitglied »General« David Sarnoff eine Liste der Autos zu geben, die im Besitz der Firma waren. Eine solche Liste aufzustellen, hätte Wochen gedauert, und Townsend vertrat die Meinung, seine Leute könnten ihre Energie anderswo sinnvoller investieren. Daher reagierte er mit den Worten auf Sarnoffs Forderung: »Wenn ich diese Information nicht brauche, um das Unternehmen zu führen, dann brauchen Sie als externer Vorstand sie verdammt noch mal erst recht nicht.« Als Townsend noch bei American Express war, hielt ihn der Chairman der Firma in der Eingangshalle auf und lobte ein gutes Geschäft, das seine Abteilung durchgeführt hatte. Townsend erwiderte, davon wisse er nichts, weil er ständig damit beschäftigt sei, die Betriebsmittel und eine bessere Bezahlung für seine unterbezahlten »Tagelöhner« zusammenzubetteln, die diese hervorragende Arbeit leisteten. Townsend nutzte die Begegnung mit seinem Vorgesetzten, um sich für seine Leute einzusetzen, und nicht etwa dazu, sich im Ruhm ihrer Leistungen zu sonnen.

Polizei-Captain Nick Gottuso erklärte auf meine Frage, wie er seinen Polizisten den Rücken frei hält, er schirme sie nicht nur vor unnötigen Störungen und Streitigkeiten ab, sondern er habe auch ihr emotionales Wohlbefinden im Auge.[3] Nick ist in einem Polizeirevier in Hillsborough, Kalifornien einer der Befehlshaber eines Sondereinsatzkommandos, das aus etwa 50 Polizisten des örtlichen Reviers besteht. Ein SEK wird bei riskanten Operationen angefordert, etwa wenn gewaltbereite Verdächtige verhaftet werden müssen, jemand sich verbarrikadiert hat, Geiseln zu befreien sind oder ein Einsatz die Möglichkeiten der regulären Polizei anderweitig sprengt. Er erzählte mir von einer furchtbaren Geiselnahme, die sich am 25. November 2008 in San Mateo, Kalifornien, ereignete. Der 22 Jahre alte Raymond Gee drang in das Haus einer Familie ein und bedrohte die 24 Jahre alte Loan Kim Nguyen und ihre beiden Kinder. Nach 45 Minuten hatten etwa 40 SEK-Mitglieder das Haus umzingelt. Nguyen gelang es, sich und ihre Kinder in einem Zimmer zu verbarrikadieren, und ließ die beiden Kinder durch das Fenster des oberen Stockwerks auf das Dach des SEK-Einsatzwagens hinab. Doch gerade als sie das zweite Kind losgelassen hatte, feuerte der Eindringling zehn Kugeln durch die Wand des Nebenzimmers und verletzte die Frau tödlich. Das SEK schoss mehrere

Dutzend Kugeln ab, um den Eindringling (der mittlerweile ein Mörder war) zu töten. Er wurde später tot aufgefunden – er hatte sich selbst erschossen.[4]

Nick wusste, dass seine Polizisten nach dem Einsatz darunter leiden würden, dass sie Loan Kim Nguyen nicht hatten retten können. Dazu kam, dass sie geschossen hatten: Polizisten wissen sehr genau, dass ihnen das rechtliche und politische Probleme einbringt, egal, ob sie, wie in diesem Fall, eindeutig richtig gehandelt hatten. »Ich sprach jeden Polizisten an, der geschossen hatte«, erzählte mir Nick, »sah ihm in die Augen, klopfte ihm auf den Rücken, umarmte ihn und sagte: ›Sie haben hervorragende Arbeit gemacht, ich bin verdammt stolz auf Sie.‹« Seine Anerkennung und Wertschätzung, so Nick, sei den Leuten eine echte Hilfe gewesen, mit ihren Negativgefühlen und Ängsten klarzukommen, und habe ihnen gezeigt, dass er auf ihrer Seite war und mit aller Kraft für sie kämpfen würde, sollte es zu einem juristischen oder politischen Nachspiel kommen.

Egal, ob ein Chef nun im Büro sitzt wie Robert Townsend oder unter extremen Bedingungen arbeitet wie Nick Gottuso: Zu seinem Job gehört es unbedingt, seine Mitarbeiter vor unnötigen und abträglichen Ängsten, Demütigungen, Scherereien, Prozeduren, Störenfrieden und Idioten jeglicher Couleur zu schützen.

Vergeuden Sie nicht Ihrer Leute Zeit

Wenn Sie einen guten Schutzschild abgeben wollen, fangen Sie am besten bei sich an. Ein guter Chef lädt seinen Leuten nicht zu viel auf. Er setzt alles daran, die mentale und emotionale Bürde, die auf seinen Mitarbeitern lastet, zu erleichtern. Vor allem Sitzungen sind zeit- und energieraubend. Sicher, manche sind notwendig, aber viele Chefs legen durch die Art, wie sie eine Sitzung leiten, eine demonstrative Missachtung der Zeit und Würde ihrer Mitarbeiter an den Tag. Das gilt besonders dann, wenn sie in erster Linie damit beschäftigt sind, sich selbst zu beweihräuchern. Wenn Ihnen Macht wichtig ist, Sie sich aber nicht um ihre Leute scheren, dann achten Sie darauf, zu jeder Sitzung ein bisschen zu spät zu kommen. Hin und wieder lassen Sie die Verspätung besonders groß werden, oder – noch besser – Sie lassen, wenn schon alle versammelt sind, verlautbaren, dass Sie die Sitzung ausfallen lassen müssen, weil etwas dazwischengekommen ist. Immerhin sind Sie WICHTIG, ein VIP, und Ihre kleinen Mitarbeiter müssen eben akzeptieren, dass sie sozial unter Ihnen stehen.

Klingt das vertraut? Den Zeitpunkt des Auftritts zur Machtdemonstration oder -übernahme zu nutzen, ist ein uralter Trick. Mit diesem Schachzug sicherten und festigten schon die Stammesältesten, die »Großen Männer«, in primitiven Sippen ihre Stellung. Eine ethnografische Untersuchung der Merina-Sippe auf Madagaskar ergab, dass Machtrangeleien unter den Ältesten regelmäßig dazu führten, dass Zusammenkünfte drei oder vier Stunden verspätet begannen. Die Ältesten spionierten sich über jugendliche Stammesmitglieder gegenseitig aus und inszenierten ein Wartespiel, das sich viele Stunden hinzog. Jeder wollte den Eindruck erweckten, dass die Zusammenkunft in dem Moment begann, in dem er eintraf. Kam er zu früh und fing die Besprechung nicht sofort an, so war das ein Zeichen dafür, dass er nicht das Alphamännchen war. Kam er zu spät, und die Besprechung begann ohne ihn, so zeigte auch das, dass er nicht der angesehenste Älteste war.[5] Ähnliche Machtspielchen habe ich an der Universität erlebt. Der Leiter eines Ausschusses, in dem ich Mitglied war, – ein angesehenes Fakultätsmitglied – kam immer mindestens zehn Minuten, häufig 20 Minuten zu spät. Zweimal sagte er Sitzungen ab, nachdem sich die anderen fünf Ausschussmitglieder schon versammelt hatten. Ich habe die Wartezeit, die ich mir wegen dieses Idioten um die Ohren geschlagen habe, einmal zusammengerechnet und kam in einem Zeitraum von sechs Monaten auf einen halben Tag.

Nicht weniger ärgerlich ist es, wenn der Chef seine Mitarbeiter über die angesetzte Sitzungsdauer hinaus festhält und dafür sorgt, dass sie zu anderen Sitzungen oder Verabredungen mit Freunden und Angehörigen zu spät kommen. Natürlich ist es manchmal nicht zu vermeiden, dass man länger bleiben muss, wenn ein dringender Termin ansteht. Aber ein cleverer Firmenpolitiker weiß sehr genau, dass er mit diesem Schachzug auch Macht an sich reißt. Wenn man eine Sitzung überzieht, zeigt man damit, dass man nicht nur wichtiger ist als alle anderen im Raum, sondern man löst auch einen Dominoeffekt aus, der sich auf andere Sitzungen, das Abendessen mit der Familie und so weiter auswirkt und demonstriert, dass der Chef wichtiger ist als alle anderen Menschen im Leben seiner Mitarbeiter. Wenn Sie allerdings möchten, dass Ihre Leute mehr Zeit für ihre Arbeit haben, eine würdevolle Behandlung erfahren und stolz darauf sind, für Sie zu arbeiten, dann beginnen und beenden Sie Ihre Sitzungen pünktlich. So entgeht Ihnen zwar der Kitzel einer kleinlichen Machtdemonstration, aber Ihr Ansehen wächst auch, wenn Sie produktive und dankbare Mitarbeiter haben.

Ein guter Chef fühlt sich deshalb auch nicht verpflichtet, die angesetzte Sitzungsdauer einzuhalten, wenn es auch kürzer geht. Mein früherer Dekan an der Stanford Engineering School, John Hennessy, war darin ein wahrer Meister. Überhaupt war er ziemlich kurz angebunden. In einer Sitzung besprach er die Tagesordnungspunkte meist knapp und beantwortete Fragen entschieden mit »Ja«, »Nein« oder »Das weiß ich nicht, dazu brauche ich mehr Informationen«. Die meisten Sitzungen nahmen nur die Hälfte der veranschlagten Zeit in Anspruch. Nach der ersten Sitzung war ich fassungslos (immerhin tut an der Universität fast jeder so, als hätte er alle Zeit der Welt), doch rasch lernte ich zu schätzen, dass John die Zeit der anderen respektierte und ihnen Luft für ihre eigentlichen Aufgaben ließ. Seine Fähigkeiten fielen in Stanford durchaus auf, denn er stieg innerhalb weniger Jahre vom Dekan zum Verwaltungsdirektor und schließlich zum Präsidenten auf.

Will Wright, der Computerspiele wie *Die Sims* und *Spore* entwickelt hat, hielt seine Sitzungen mittels einer »mitarbeiterzentrierten« Methode kurz. Er lud den Künstler Ocean Quigley zu seinen Sitzungen ein, weil er so kreativ und ungeduldig war. Quigley war für ihn »der Kanarienvogel im Kohlebergwerk«. Wenn er die Hand hob und bat, gehen zu dürfen, »wussten wir, dass die Sitzung nicht mehr viel brachte« und geschlossen werden musste.[6]

Manchmal gibt es noch stichhaltigere Gründe, frühzeitig aufzuhören. Einer nutzlosen, einschläfernden oder destruktiven Sitzung kann man sich nur entziehen, indem man vor der angesetzten Zeit seine Niederlage eingesteht. Das ist erheblich sinnvoller, als das Elend in die Länge zu ziehen oder noch mehr Schaden anzurichten. Ich habe diese Taktik vor ein paar Jahren anwenden müssen, als ich eine Mädchenfußballmannschaft trainierte. Wir hatten einen Gast zum Training, einen erfahrenen Spieler aus England. Er konnte den Mädchen Tricks beibringen, die die Fähigkeiten von uns Vätern, die die Mannschaft trainierten, überstiegen. Schon vorher hatten wir die Hilfe englischer Spieler in Anspruch genommen, die freundlich und unglaublich hilfsbereit gewesen waren. Dieser Trainer aber war ein Albtraum. Er war ungeduldig und aggressiv und murmelte mit einem starken Cockney-Akzent Anweisungen in seinen nicht vorhandenen Bart, die wir nicht verstanden. »Warum ist er so wütend auf uns?«, fragten die Mädchen oder: »Was hat er gesagt?« Das Training sollte eine Stunde dauern, doch nachdem wir den bärbeißigen Briten 40 Minuten ertragen hatten, erklärte ich die Einheit für beendet und schickte die Mädchen nach Hause.

Ein letzter Punkt: Statt routinemäßig Sitzungen anzuberaumen, sollte man sich fragen, ob man sie wirklich braucht oder ob es sich vielleicht um eine Art Routinehandlung handelt. Der Spieleentwickler Will Wright bediente sich eines netten Tricks. Wenn jemand um eine Sitzung bat, stellte er einen Dollar in Rechnung. Zwar besuchte Will viele Sitzungen und nahm jede Menge Dollars ein, doch seine Mitarbeiter »überlegten es sich genau, auch wenn es nur um einen Dollar ging«.

Es lebe die Sitzung im Stehen

Sitzungen im Stehen faszinieren mich schon seit Jahren. Es begann, als Jeffrey Pfeffer und ich *Harte Fakten* schrieben, unser erstes Buch über evidenzbasiertes Management. Wir trafen uns häufig in Jeffs wunderbarem Haus und begannen die Arbeit für gewöhnlich in der Küche. Doch meist landeten wir in Jeffs Büro, in dem wir beide standen oder, was häufiger vorkam, Jeff auf dem einzigen Stuhl saß und ich stand. Die Besprechungen in seinem Büro waren ergiebig, dauerten aber selten lang. Ich hatte keine Sitzgelegenheit, und das unbequeme Stehen trieb mich bald wieder zur Tür hinaus (oder zumindest zurück in die Küche). Wir fragten uns, ob es Studien zu Besprechungen im Stehen gab, und zu unserer Begeisterung fanden wir eine; sie verglich die Entscheidungen von 56 Gruppen, in denen die Leute während der Besprechung standen, mit 55 Gruppen, deren Mitglieder saßen.[7] Obwohl es nur kurze Besprechungen über zehn bis 20 Minuten waren, stellten die Forscher große Unterschiede fest. Die Gruppen, die standen, brauchten 34 Prozent weniger Zeit, um zur erforderlichen Entscheidung zu gelangen. Zwischen den Entscheidungen der stehenden und der sitzenden Gruppen waren keine wesentlichen Qualitätsunterschiede festzustellen.

Sitzungen im Stehen werden nicht nur von schlauen Universitätsstudien gelobt. Robert Townsend riet in *Hoch lebe die Organisation*: »[Manche Konferenzen sollten] von gnädiger Kürze [sein]. Letztere werden am besten im Stehen abgehalten.

Die Teilnehmer werden zunächst ihren Augen nicht trauen. Dann werden sie sich unbehaglich fühlen und es kaum erwarten können, bis die Besprechung vorbei ist.«[8]

Ich kenne viele gute Chefs, die Sitzungen im Stehen abhalten, um die Sache zu beschleunigen. Einer ist David Darragh, Chef bei Reily, einem Unternehmen in New Orleans, das sich auf Nahrungsmittel und Getränke aus dem Süden spezialisiert hat. Es produziert und vermarktet Dutzende von Produkten wie Wick Fowler's 2-Alarm Chili, CDM Coffee and Chicory, No Pudge Fat Free Brownie Mix und Lizianne Tea. David und ich unterhielten uns einmal angeregt über seine Arbeit mit seinem Team. Dabei erwähnte er auch die 15-minütigen Sitzungen im Stehen, die er an vier Tagen in der Woche morgens in seinem Büro abhält. Später fragte ich genauer nach, und wir haben seither mehrere E-Mails zu diesen Sitzungen ausgetauscht. David schrieb mir:

> Die Sitzung im Stehen zeichnet sich dadurch aus, dass sie effizient ist und daher häufiger stattfinden kann. Wie in vielen Bereichen der Disziplin erbringt die Wiederholung bessere Ergebnisse. Das gilt auch für Sitzungen. Der Rhythmus, der sich durch die Häufigkeit einstellt, führt dazu, dass sich Beziehungen entwickeln, persönliche Marotten zutage treten, Stressoren erkannt werden, persönliche Stärken und Schwächen ans Tageslicht kommen und so weiter. In der Sitzung im Stehen sollen nicht strategische Fragestellungen bearbeitet oder auch nur unmittelbar anstehende Probleme gelöst werden. Vielmehr werden aktuelle Themen angesprochen und identifiziert, damit man nach der Sitzung einen Verantwortlichen dafür finden und sie bearbeiten kann. Mit häufigen, knappen Sitzungen im Stehen erübrigt sich die Ausrede, dass es an Gelegenheiten fehlt, etwas anzusprechen. Wir legen Wert darauf, dass schlechte Nachrichten ebenso schnell die Runde machen wie gute.[9]

Das Team absolviert darüber hinaus einmal wöchentlich eine 90 Minuten lange Konferenz, in der man sitzt und sich mit eher strategischen Fragen befasst. Doch die kurzen täglichen Besprechungen fördern den Zusammenhalt im Team, schaffen eine Plattform für kleine Probleme, ehe sie groß werden, und erleichtern ein schnelles und effektives Handeln.

Besprechungen im Stehen eignen sich nicht für jedes Team und jeden Chef. Die im letzten Kapitel erwähnte verhunzte Betriebsversammlung bei Timbuk2 litt ja unter anderem darunter, dass in der etwa 45 Minuten dauernden Zusammenkunft viele Mitarbeiter nicht sitzen konnten, was sie misslaunig und ungeduldig machte. Kernpunkt ist, dass ein guter Chef ständig überlegt, wie er effizient und respektvoll mit der Zeit und der Energie seiner Mitarbeiter umgeht. Manch ein Chef stützt sich auf überkommene Verfahren, die seine Mitarbeiter unnötig ausbremsen. In vielen Fällen sind solche Bremsklötze schon lange Usus, und es fällt allen Beteiligten nicht einmal auf, dass sie mehr schaden als nützen. Versuchen Sie, einen unvoreingenommenen Blick darauf zu werfen, was Sie und Ihre Leute tun. Holen Sie sich jemanden, der »es auch nicht besser weiß«, und fragen Sie ihn: Was kann ich tun, damit meine Leute unbeschwerter durch den Tag kommen?

Externe Zeiträuber

Henry Mintzberg zeigte mit seinen bahnbrechenden Studien zum Management auf, dass ein guter Chef seine Leute hartnäckig vor Störungen von außen schützt. »Ein Manager wurde einmal, halb im Spaß, als jemand definiert, der die Besucher empfängt, damit alle anderen ihre Arbeit erledigen können«, schrieb er.[10] Als Chef kann man sich unmöglich vor Störungen schützen. Mintzberg zufolge umfasst das Management täglich Dutzende – manchmal Hunderte – kurzer bruchstückhafter Aufgaben. Eine Befragung von Werksmeistern ergab, dass sie sich durchschnittlich mit 583 »Ereignissen«, also kleinen Arbeitsschritten, befassen müssen, wobei die Zahl zwischen 237 und 1 037 schwankt – und das war Jahrzehnte vor der Erfindung der E-Mail.[11] Heute ist die Arbeit stärker fragmentiert denn je, denn die meisten Chefs (und auch alle anderen Berufstätigen) werden über E-Mails und Instant Messages zu allen Tag- und Nachtzeiten mit wichtigen – häufig auch trivialen – Botschaften aus allen Teilen der Welt bombardiert.

Sie müssen sich vielleicht nicht um 500 Ereignisse kümmern wie diese Werksmeister, doch es gehört einfach zur Managementarbeit dazu, dass Sie – egal, ob Sie eine Firma leiten oder eine kleine Abteilung – viele Unterbrechungen erleben. Ein erfahrener Chef schottet seine Leute ab, indem er Nachrichten, Probleme, Anfragen und Aufträge abfängt und abarbeitet, damit sich seine Leute auf ihre Arbeit konzentrieren können. Unterbrechungen wirken meist störend auf Leute, die sich konzentrieren müssen, also Wissensarbeiter wie Hardwareingenieure, Grafikdesigner, Anwälte, Autoren, Architekten, Rechnungsprüfer und so weiter. Gloria Mark und ihre Kollegen wiesen nach, dass man ungefähr 25 Minuten braucht, um nach einer Unterbrechung zu der Aufgabe, an der man gerade gearbeitet hat, zurückzukehren.[12] Unterbrechungen lassen den Gedankengang abreißen und lenken die Aufmerksamkeit ab. Eine ähnliche Studie zeigt, dass die Betreffenden eine Unterbrechung anschließend zwar ausgleichen, indem sie schneller arbeiten, doch dieses schnellere Tempo hat seinen Preis: Frustration, Anspannung und Stress. Manche Unterbrechungen sind unvermeidbar und Teil der Arbeit, doch je mehr triviale und unnötige Störungen Sie als Chef abfangen, desto mehr können Ihre Leute erledigen und desto weniger leidet ihr mentales Wohlbefinden.

Eine andere Methode, die Zeit Ihrer Mitarbeiter zu schonen, ist die Abschottung vor besonders mühseligen firmeninternen Prozeduren. Statt solche Pflichten als gottgegeben hinzunehmen, ändert sie ein vorausschauender Chef. Bonny Warner-Simi ist Chefin der Flughafenplanung und Ablauforganisation bei JetBlue Airways. Bonny ist eine der proaktivsten Chefinnen, die ich kenne. Ihre Grundeinstellung – »Wird erledigt!« – eignete sie sich als dreimalige Olympiateilnehmerin für das US-Rodelteam und in ihren Jahren als Berufspilotin an.

Im Jahr 2007 entwickelte sich für Bonny und ihr Team die Leistungsevaluation bei JetBlue zur Bürde, da das Ausfüllen des Formulars etwa zwei Stunden in Anspruch nahm und dauernde Rückfragen zwischen Chef und Mitarbeitern mit sich brachte. Die Abteilung verwarf das alte Formular und entwickelte ein neues, das in nur 20 Minuten ausgefüllt werden konnte. Das neue Formular ist klarer und mit 14 Kompetenzen, vier Leistungszielen und einem Entwicklungsverlauf dennoch recht umfassend. Zudem ist es eng mit der JetBlue-Strategie verzahnt. Dieses kürzere Formular erspart Chefs und ihren Mitarbeitern (ohne sichtbare Informationseinbußen) nicht nur viel Arbeit, sondern setzt auch Zeit frei. Bonny und die ihr direkt unterstellten Mitarbeiter nutzen diese Zeit heute für die Vorbereitung und Beschleunigung von Sitzungen, auf denen sie die Leistung der nachgeordneten Mitarbeiter besprechen. »Das einfache Formular ist natürlich reine Magie, aber wir stimmen auch die Entwicklungsverläufe ab (zu wenig Leistung, gut positioniert, erweiterter Aufgabenbereich oder beförderungsfähig). Jeder Direktor erläutert zwei bis drei Minuten lang, warum er meint, dass seine Manager eine bestimmte Entwicklung aufweisen. Dann folgt eine Aussprache. So erhalten wir einen besseren Überblick über die Leistung und können sicherstellen, dass die Manager über alle Disziplinen hinweg fair bewertet werden.«[13]

Schwachsinn von oben: Ignorieren und abwehren

Bonny Warner-Seim und ihr Team gestalteten das Evaluationsformular mit Unterstützung und Erlaubnis der Firmenführung neu. In der JetBlue-Chefetage wusste man um die Probleme mit dem System und war froh, dass Bonnys Abteilung etwas Neues ausprobierte. Häufig jedoch werden die Mitarbeiter von den lausigen Ideen der Unternehmensleitung oder anderer einflussreicher Gruppen innerhalb der Firma bombardiert. Leider ist es für Ihre Leute – und Ihre Karriere – oft am besten, wenn Sie solche idiotischen Anweisungen befolgen. Der politische Preis dafür, dass man Vorgesetzten oder einer mächtigen Gruppe die Stirn bietet, ist womöglich zu groß. Ein weiser Chef ruft zudem sich und seinen Leuten in Erinnerung, dass sich Anordnungen und Abläufe, die von oben vorgegeben werden und auf den ersten Blick möglicherweise idiotisch wirken, hin und wieder als nützlich und notwendig herausstellen. Er prüft die Fakten und die Erfahrungen anderer Chefs, die angeblich miese Ideen umgesetzt haben, ehe er entscheidet, ob er der neuen Anweisung Folge leistet oder sich dagegen zur Wehr setzt.

Ein guter Chef muss sich irgendwo in der Mitte ansiedeln zwischen einem rückgratlosen Waschlappen, der immer tut, was man ihm sagt (und sei es noch so absurd), und einem aufmüpfigen Unruhestifter, der jede Anweisung und Routinemaßnahme hinterfragt oder ignoriert. Er bemüht sich, mit den Vorgesetzten zu kooperieren und zu tun, was für die Firma am besten ist, weiß aber, dass er seine Leute und sich eventuell auch durch Widerstand schützen muss – und dieser am Ende von seinen Vorgesetzten durchaus gewürdigt wird. William McKnight, CEO bei 3M, drohte in den 20er-Jahren seinem Mitarbeiter Richard Drew wiederholt mit der Kündigung, weil sich dieser die Arbeitszeit gern mit seinem Steckenpferd um die Ohren schlug, statt sich zu 100 Prozent der Qualitätskontrolle zu widmen. McKnight merkte, dass er auf dem falschen Dampfer war, als aus dem Steckenpferd das Malerkreppband hervorging, das sich rasch zum erfolgreichsten Produkt der Firmengeschichte entwickelte. McKnight entschuldigte sich bei Drew und führte die heute berühmte 15-Prozent-Regel ein, nach der die Mitarbeiter 15 Prozent ihrer Zeit einem frei gewählten Projekt widmen dürfen, wenn sie es wollen.[14] Auch Chuck House erhielt Ende der 60er-Jahre von seinem damaligen CEO bei Hewlett-Packard David Packard die Anweisung, sein Team solle die Entwicklung des Oszillografen einstellen, weil das Gerät keine Käufer finden werde. Chuck sagte halbherzig »Ja, Chef«, verbrachte aber seinen Urlaub damit, Bestellungen für das Gerät im Wert von mehreren Millionen Dollar zu sammeln. Packard ließ das Team den Oszillografen nicht nur bauen, sondern zeichnete Chuck wenige Jahre später aus – für »außerordentliche Missachtung und offenen Ungehorsam, die weit über die normale Pflicht des Ingenieurs hinausgehen«.[15]

Auch Robert Townsend hätte Chucks Widerstand gutgeheißen. »Ungehorsam ist notwendig«, schrieb er und legte Chefs Napoleons Ratschlag ans Herz, dem zufolge »... jeder Kommandierende General (Manager), der es unternimmt, einen von ihm als schlecht beurteilten Plan auszuführen, schuldig ist; er muss seine Gründe vorbringen, muss darauf bestehen, dass der Plan geändert wird, und sogar lieber seinen Abschied erbitten, als zum Werkzeug des Untergangs seiner Armee (Firma) zu werden.«[16] Manchmal kann ein Chef den offenen Ungehorsam auch umgehen, indem er die Dummheit eines Vorgesetzten einfach ignoriert und tut, was am besten ist. Ich habe diese Taktik in den 80er-Jahren in einer großen kalifornischen Einzelhandelskette beobachtet. Ich las, dass die Kette über 100 Geschäfte schließen wollte, und fragte das Führungsteam der Firma, ob ich die Implementierung untersuchen dürfe. In meiner Dissertation hatte ich mich mit Firmenschließungen beschäftigt, und nun wollte ich in einer größeren Studie untersuchen, wie sich »gute« und »schlechte« Schließungen unterscheiden – die 100 Geschäfte schienen mir dafür perfekt geeignet. Das erste Gespräch mit dem Team, das die Schließungen überwachte, dauerte mehr als eine Stunde. Man war ganz heiß darauf, das Projekt ins Rollen zu bringen. Das Retail Action Team (Aktionsteam Einzelhandel), RAT oder, wie sie sich im Spaß nannten, die »RAT Patrol«, wählte vier seiner Ansicht nach »gute« Schließungen aus, und vier, die »schlecht« waren, insbesondere im Hinblick auf den Anteil von Kunden, die der Firma erhalten blieben.

Mehrere Tage lang befragte ich die Filialleiter und je einen oder zwei Mitarbeiter der betroffenen Geschäfte. Dabei kristallisierte sich ein klares Muster heraus: Die Filialleiter, die eine »gute« Schließung vornahmen, ließen das vom Aktionsteam festgelegte Vorgehen weitgehend unbeachtet, weil sie es für zu mühselig, ineffektiv, unsensibel und realitätsfern hielten, und entwickelten stattdessen ihre eigene Vorgehensweise. Ein Filialleiter hielt den Aktenordner mit den Handlungsanweisungen aus der Firmenzentrale in die Höhe und brüstete sich, sein Erfolgsgeheimnis liege darin, dass er die ganze Sache ignoriere! Er beschwerte sich, die RAT Patrol wolle ihm ausreden, seinen Leuten eine »Totenwache« zu erlauben, damit sie sich voneinander verabschieden konnten. Er setzte sich auch über diesen Ratschlag hinweg. Die RAT Patrol war der Meinung, eine Abschlussfeier werde Wut und Groll nur schüren. Der widerspenstige Filialleiter dagegen berichtete, es sei ganz im Gegenteil eine nette Party gewesen, die den Leuten geholfen habe, ihren Verlust zu verarbeiten, und dazu geführt habe, dass sie in den letzten Wochen, in denen der Laden noch geöffnet war, besser zusammenarbeiteten.

Die Filialleiter der Geschäfte, in denen die vier »schlechten« Schließungen anstanden, bemühten sich dagegen, die offiziell festgelegte Vorgehensweise strikt einzuhalten. Alle beschwerten sich, sie könnten Kunden nur schwer davon überzeugen, ihre Konten auf andere Filialen zu übertragen, was auf die Beschäftigten demoralisierend wirke. Wiederholt fiel das

Wort »frustriert«. Die Kunden waren frustriert, weil das Verfahren so kompliziert war, und die Mitarbeiter waren frustriert, weil es so schwer war, die Kunden zur Umstellung ihrer Konten zu bewegen. Die Filialleiter waren frustriert, weil ihnen jeder, einschließlich der RAT Patrol, die Schuld dafür in die Schuhe schob, dass ihre Filiale so schlecht lief.

Als ich nach diesen Gesprächen noch einmal mit der RAT Patrol sprach, stellte ich meine Erkenntnisse kurz vor und wollte in der auf eine Stunde angesetzten Besprechung auf Details eingehen. Doch etwa drei Minuten nach Beginn meines Vortrags unterbrach mich der Teamleiter und erklärte, es sei etwas Dringendes dazwischengekommen, und er müsse die Sitzung abbrechen. Man expedierte mich rasch hinaus. Auf meine Anrufe erhielt ich später keine Antwort. Ich vermute, man wollte einfach nicht hören, wie mangelhaft das Verfahren war, und erschoss lieber den Boten, als sich mit den Problemen auseinanderzusetzen und sie zu lösen.

Ich kenne auch Chefs, die nicht etwa konstruktiven Widerstand leisten, sondern die gegensätzliche Strategie verfolgen, um inkompetente Vorgesetzte zu schwächen und loszuwerden – einer bezeichnete es als »bösartige Willfährigkeit«: Er befolgte idiotische Anordnungen von oben bis aufs Haar und gelangte so zu grottenschlechten Ergebnissen. Das ist natürlich eine riskante Strategie, doch ich unterhielt mich einmal eingehend mit dem Manager einer Elektronikfirma, dessen Team einen hässlichen und unhandlichen Prototyp baute. Nachdem der CEO das Produkt in der Luft zerrissen hatte, erklärte und dokumentierte der Manager in aller Sorgfalt, dass sein Team genau die Anweisungen des Bereichsleiters Technik befolgte hatte. Er habe zwar schon früh hartnäckig Widerspruch gegen das Projekt eingelegt, doch er hätte genauso gut »gegen eine Wand reden können«.

»Dann kriegt er eben, was er haben will«, sagten sich dieser Chef und sein Team. »Wir sagten ›Ja, Sir‹ und befolgten seine erbärmlichen Anweisungen bis ins Detail.« Der Bereichsleiter Technik verlor seinen Job. Noch einmal: Das ist eine gefährliche und aggressive Strategie, die ich einem Chef nur als letzten Ausweg empfehlen würde.

Die Kunst der schöpferischen Unfähigkeit

Haben Sie auch von Ihren Eltern gelernt: »Wenn schon, dann schon richtig«? Trotzdem, mit allem Respekt, es kommt vor, dass ein kluger Chef Aufgaben absichtlich schludrig oder halbherzig erledigen muss. Und hin und wieder stachelt er seine Leute sogar dazu an, es ihm gleichzutun. Mit gezielter Inkompetenz bringt man Leistung und kollektive Menschlichkeit manchmal am besten voran. Kreative Inkompetenz wurde in den 60er-Jahren durch das schon erwähnte Peter-Prinzip bekannt. Mittels »schöpferischer Unfähigkeit«, so Dr. Laurence Peter, könne man besonders effektiv vermeiden, auf seine persönliche Stufe der Inkompetenz befördert zu werden.[17] Wenn man vorgebe, in Bereichen inkompetent zu sein, die für die Erledigung der gegenwärtigen Stellung nicht so wichtig sind, erwecke man beim Vorgesetzten den Eindruck, dass man seine »Stufe der Unfähigkeit bereits erreicht« habe. Dr. Peter regte gezielte Akte der schöpferischen Unfähigkeit an, etwa das gelegentliche Verschlampern unwichtiger Unterlagen oder das versehentliche Abstellen des Autos auf dem Parkplatz des Firmenchefs, das Tragen »*ein wenig* schäbiger Kleidung« oder, bei Frauen, der reichliche »Gebrauch eines starken Parfüms und zu viel Schmuck.«

Schöpferische Unfähigkeit hat ihre Tücken, da sie, falsch eingesetzt, zu einer Form der Sabotage werden und anderen schaden kann. Niemand will, dass ein Arzt oder ein Flugzeugpilot absichtlich Mist baut, wenn unser Leben in seinen Händen liegt. Und schöpferische Unfähigkeit ist dann unmoralisch, wenn sie für Lug, Diebstahl und Betrug genutzt wird, so geschehen im Falle der Rechnungsprüfer, die für den wegen seines Schneeballsystems verurteilten Bernie Madoff arbeiteten. Wie die *New York Times* berichtete, räumte der Rechnungsprüfer David Friehling durch sein Schuldeingeständnis im Grunde ein, »dass er Madoffs Geschäfte nie angemessen geprüft hatte und, da er selber Investor war, nie ein wirklich unabhängiger Prüfer war. Trotzdem legte er scheinbar professionelle und unabhängige Berichte vor, die Madoffs Betrug ein ums andere Jahr deckten.«[18]

Schöpferische Unfähigkeit kann zwar in den falschen Händen viel Schaden anrichten, doch in kleinen Dosen und mit der erforderlichen Sorgfalt eingesetzt, kann sie durchaus wirkungsvoll und moralisch vertretbar sein. Von den meisten Chefs wird so viel erwartet, dass es oft unmöglich ist, jede Aufgabe perfekt zu erledigen – oder auch nur gut zu erledigen. Ein guter Chef richtet seine Aufmerksamkeit und die Mühe seiner Mitarbeiter auf die wenigen Dinge, die am wichtigsten sind. Doch manch eine unleidige Aufgabe lässt sich nicht vermeiden, obwohl sie den Mitarbeitern oder ihrer Leistung wenig oder nichts bringt. In einem solchen Fall ist es klug, sie schlampig und schnell »abzuhaken« und sich rasch wichtigeren Aufgaben zuzuwenden.

Klar wurde mir das bei Recherchen, die Jeff Pfeffer und ich für unser Buch *Wie aus Wissen Taten werden* durchführten. Damals fuhren wir nach New York, um uns mit Managern und Führungskräften der Citibank (heute Citigroup) zu unterhalten. Ein denkwürdiges Gespräch führten wir mit einem Mann, der in der Führungsetage als einer der fähigsten Filialleiter in New York City galt. Er berichtete, der Schlüssel zum Erfolg liege für ihn darin, dass er möglichst viele Anforderungen, die von der Führungsetage an seine Filiale herangetragen wurden, einfach ignorierte. Manches müsse er erledigen, etwa die Bewertungsbögen, die er für seine unmittelbaren Vorgesetzten auszufüllen habe. Um diese Anweisung kam er nicht herum, weil die Bögen ein Steckenpferd des obersten Chefs waren und die Einhaltung dieser Anweisung streng überwacht wurde. Der betroffene Filialleiter hielt es allerdings in Übereinstimmung mit dem Otis-Redding-Problem aus Kapitel 5 für wenig hilfreich, jede Person in allen rund 25 verzeichneten Punkten zu bewerten. Daher füllte er die Bögen hastig und halbherzig aus – und wandte sich dann der Aufgabe zu, die wirklich wichtigen Kriterien in der Realität zu verbessern und andere relevante Aufgaben zu erledigen.

Noch einmal: Mit schöpferischer Unfähigkeit muss man zwar sorgsam umgehen, aber jeder gute Chef hat sie in seiner Trickkiste. Wenn Sie Chef sind, dann fragen Sie sich: Gibt es Vorgänge, die unumgänglich, aber unwichtig sind und die Ihre Leute flüchtig erledigen sollten? Gibt es langweilige und deprimierende Aufgaben, die sie von interessanteren und wichtigeren Dingen abhalten? Fragen Sie sich außerdem, ob Ihre Bereitschaft, unwichtige, ja triviale Aufgaben zu erledigen, anderen Chefs und Teams womöglich die Freiheit verschafft, sich ganz auf interessante und wichtige Aufgaben zu konzentrieren. Übernehmen Sie bekanntermaßen gern und bereitwillig Pflichten, die Ihnen für andere Aufgaben, die wichtiger sind für Ihre Leute, die Firma und Ihre eigene Karriere, keine Zeit mehr lassen? Leiten Sie beispielsweise jede zeitraubende, aber unwichtige Arbeitsgruppe, organisieren Sie jede Firmenparty (weil es kein anderer tut oder andere es immer vermasseln)? Empfangen Sie einen nicht abreißen wollenden Strom von Besuchern, für die andere Chefs keine Zeit opfern? Wenn Sie sich solcher Aufgaben nicht entledigen können, dann sollten Sie vielleicht ein bisschen schöpferische Unfähigkeit an den Tag legen.

Nieder mit dem Feind!

Jedes Team, dem ich bisher angehört habe oder das ich kenne, ist der festen Überzeugung, dass es eine bestimmte Person oder Gruppe gibt, die nichts anderes im Sinn hat, als ihm das Leben schwer zu machen. Soziologen zufolge hat dieses Gefühl der Bedrohung durch einen Feind den Vorteil, dass die Betroffenen gemeinsam gegen diese Bedrohung ankämpfen. Ann Rhoades, ehemalige Personalchefin bei Southwest Airlines, erzählte mir einmal, wie ein anderer leitender Angestellter in ihrem Unternehmen die Loyalität der Mitarbeiter am Flugschalter gewann: Er unterbrach einen unangenehmen Passagier, der ausfallend wurde, teilte ihm mit, dass er eine solche Behandlung seiner Mitarbeiter nicht zulasse, brachte ihn zu einem Schalter von American Airlines, kaufte ihm ein Flugticket und schickte ihn auf die Reise. Das schweißte die Mitarbeiter bei Southwest nicht nur enger zusammen, weil sie sich beschützt fühlten, sondern auch, weil American Airlines als Erzfeind galt, der das Arschloch von einem Passagier wahrlich verdient hatte.[19]

Ein guter Chef schützt seine Leute nicht nur vor schädlichen und unangenehmen Einflüssen von außen, sondern auch vor den Feinden von oben, insbesondere Vorgesetzten, die seine Leute von der Arbeit abhalten und ihnen zusetzen. Ein Polizei-Sergeant in Texas bewies außergewöhnlichen Mut, als er seinen beleidigenden Chef vom hohen Ross stürzte. Wie in meinem Blog dargestellt, begann die Sache, als der Chef ihm mein Buch *Der Arschloch-Faktor* gab:

> Ich bekam das Buch von meinem Supervisor und sollte es lesen, weil er mit mir über Führungsfragen »diskutieren« wollte. Mir kam das seltsam vor, weil sich der Führungsstil meines Chefs am besten als »Führung durch Unterdrückung« beschreiben lässt. Also las ich das Buch, wie ich hinzufügen muss, zunächst widerstrebend, weil ich erst dachte, es handle

> sich um einen nicht besonders subtilen Wink mit dem Zaunpfahl. Bald merkte ich aber, dass mein Chef einen kolossalen Fehler begangen hatte. Der Fehler bestand nicht nur darin, dass die »Arschlöcher« in dem Buch genau auf ihn als passen, sondern dass er mir auch noch die Waffe in die Hand gegeben hatte, um es mit ihm aufzunehmen. Allerdings lernte ich auch, mein inneres Arschloch in den Griff zu bekommen, das ich manchmal bei der Arbeit herauskehre. Nachdem ich das Buch gelesen hatte, erklärte ich ihm in Anwesenheit der mir unterstellten Polizisten, ich würde es in meiner Schicht nicht mehr dulden, dass er meine Leute beschimpfte. Ich habe sogar gesagt: »Das ist Ihre Schuld! Sie haben mir *Der Arschloch-Faktor* gegeben!« Mann, war das ein gutes Gefühl![20]

Ich würde Ihnen zu so einer riskanten Aktion in aller Öffentlichkeit übrigens nur raten, wenn Sie einen todsicheren Job, viele einflussreiche Freunde oder ein anderes Jobangebot haben. Wer seinen miesen Chef dermaßen bloßstellt, fliegt mancherorts in hohem Bogen hinaus.

Kampf um Ressourcen

Für eine erfolgreiche Bewältigung ihrer Arbeit brauchen Ihre Mitarbeiter Material, Zubehör und ausreichend Geldmittel. Robert Townsends Beschreibung seiner unkonventionellen Bemühungen, seine Leute angemessen auszustatten, gefällt mir besonders gut. Es war schon die Rede davon, wie er sich für eine höhere Bezahlung seiner Leute bei American Express ins Zeug legte. Darüber hinaus hatte Townsend auch stets ein Kündigungsschreiben dabei, das er manch einem Verwaltungsmenschen unter die Nase hielt (mit der Bitte um Gegenzeichnung), wenn dieser nicht mit den Gerätschaften oder Ressourcen herausrückte, die seine Leute nötig brauchten. Seine Eskapaden waren unterhaltsam, aber wer so extreme Maßnahmen ergreift, muss in mancher Firma mit der sofortigen Kündigung rechnen oder erwirbt sich womöglich den Ruf eines Arschlochs, das für solche theatralischen Auftritte nicht auch noch belohnt werden sollte. Meist ist es klüger, auf subtilere und zivilisiertere Art für das Recht seiner Mitarbeiter einzutreten.

Ein Beispiel: Corey Billington, dem wir in Kapitel 1 begegnet sind, kämpfte ständig darum, dass seine Leute bekamen, was sie für ihre Arbeit brauchten. Er bemühte sich sanft, aber unermüdlich um bessere Gehälter, ein größeres Budget für die Einstellung weiterer Fachkräfte und mehr Platz. Mit kleinen Dingen lässt sich viel erreichen, das wusste Corey, und das Ansehen des Chefs bei seinen Leuten steigt, wenn er hin und wieder für sie in den Krieg zieht, auch für relativ triviale Dinge.

Ein gutes Beispiel sind die Donuts in Coreys Strategic Planning and Modelling Group. Ein paar Jahre, nachdem Corey Chef geworden war, führte HP eine ganze Reihe von Maßnahmen zur Kosteneinsparung ein. Eine davon war die Streichung der Donuts, die die Mitarbeiter jahrzehntelang jeden Morgen kostenlos erhalten hatten. Coreys Leute waren stocksauer, dass das Unternehmen ihnen ihre Donuts wegnahm. Da sie Überstunden machten und nachweisen konnten, dass sie dem Unternehmen viel Geld sparten, wollten sie für ihren Einsatz belohnt und nicht bestraft werden. Corey traf daher eine Vereinbarung mit der Firmenleitung, der zufolge er die Donuts fortan aus dem Budget seiner Abteilung bezahlte. Ich war, ehrlich gesagt, verblüfft, wie beglückt seine Leute über diesen Donuts-Sieg waren. Ich weiß noch, dass ich kurze Zeit nach dem Deal im Pausenraum saß. Ein Mitarbeiter nach dem anderen kam herein und erklärte stolz: »Die haben wir uns schließlich verdient.« Sie betrachteten Coreys Sieg als Schlag gegen das Unternehmen, als Rettung ihres Stolzes und ihrer Würde und als Anerkennung ihrer Leistung. Wir Menschen sind eigentümliche Wesen – das sollte ein Chef niemals vergessen.

Halten Sie für Ihre Leute den Kopf hin

Eine Chefin, mit der ich zusammenarbeite – sie leitet ein Unternehmen, in dem sonst fast nur Männer arbeiten –, erzählte mir, einem ihrer Mitarbeiter sei einmal ein schwerer Fehler unterlaufen, der das Unternehmen teuer zu stehen kam. Als der Vorstand sie wegen des hohen Verlustes zur Rede stellte, schob sie die Schuld nicht etwa auf diesen Mitarbeiter, sondern übernahm die Verantwortung und ließ die unangenehme Kritik über sich ergehen. »Er durfte sich hinter mir verstecken. Immerhin gehört es zu meinem Job als Chefin, dass ich mich vor meine Leute stelle, wenn sie Mist bauen.« Als Schutzschirm für die eigenen Mitarbeiter zu fungieren ist unangenehm, aber wirkungsvoll. Ein Chef, der für seine Leute den Kopf hinhält, zeigt, dass Sicherheit für ihn nicht nur leeres Geschwätz ist. Schließlich kann man ebenso gut die Schuld auf sich nehmen, wenn etwas schiefgeht, denn wie die Studie »Romantik der Führung« zeigt, bekommt der Chef ja ohnehin sein Fett ab. Aber belassen Sie es nicht dabei, sich für den Fehler zu entschuldigen und still und leise die Prügel einzustecken, sondern eruieren Sie auch, was schiefgelaufen ist, damit sich der Fehler nicht wiederholt. Sagen Sie Ihren Leuten, welche Konsequenzen sich daraus ergeben, und setzen Sie diese um. So stärken Sie das Bewusstsein dafür, dass Sie das Schicksal Ihres Teams oder Ihrer Firma fest in der Hand haben.

Je besser Ihr Chef und Ihre Firma sind, desto weniger müssen Sie Ihre Leute abschirmen

Die Taktik, die eigenen Mitarbeiter vor unangenehmen Leuten und Anweisungen abzuschirmen, ist in den meisten Firmen ein notwendiges Übel. Je besser Ihr Chef ist, desto weniger müssen Sie aber Ihre Leute vor idiotischen Einflüssen von außen und Ineffizienz in Schutz nehmen. Eine der Chefinnen,

die mir am besten gefallen hat, ist Annette Kyle. Die Managerin eines Verladeterminals in Bayport, Texas, mit etwa 60 Beschäftigten unter sich brachte eine »Revolution« in Gang, die umwälzende Veränderungen im Betrieb mit sich brachte. Das waren unter anderem neue Maschinen, Veränderungen im Verantwortungsbereich der Mitarbeiter und eine Umgestaltung des Maßsystems, die es erlaubte, dass der Standort von Schiffen, Eisenbahnwaggons und Lastwagen, die das Terminal ansteuerten, für alle sichtbar war. Dazu kam eine Verbesserung des Umgangstons (Annette versah die Arbeitskleidung mit Aufnähern mit der Aufschrift »No Whining« – Kein Jammern) und auch die Umgestaltung ihres eigenen Arbeitsbereiches (so versteigerte sie ihren Schreibtisch an die Arbeiter mit der Begründung, ihr Platz sei nicht »hinter einem großen Schreibtisch«, sondern sie wolle ihren Teil »dazu beitragen, unsere Ziele zu erreichen«). Das Ergebnis war unter anderem eine Senkung der »Überliegegelder« (die bezahlt werden, wenn ein Schiff, das eintrifft, nicht gleich entladen kann) von 2,5 Millionen Dollar im Vorjahr der Revolution auf weniger als 10 000 Dollar im Folgejahr. Hatten die Arbeiter zuvor durchschnittlich mehr als drei Stunden zum Beladen eines Lastwagens gebraucht, wurden danach mehr als 90 Prozent der Lastwagen in weniger als einer Stunde beladen. Umfragen und Gespräche ergaben, dass die Belegschaft nach der Umstellung zufriedener mit ihrer Arbeit war und voller Stolz auf das gemeinsam Erreichte blickte. Im ersten Jahr der Umstellung verließ nur ein Mitarbeiter die Firma. Als ich Annette fragte, wie sie mit so radikalen Veränderungen in dem riesigen Celanese-Konzern »durchgekommen war«, antwortete sie, ihr Chef habe sie vor der Führungsetage in Schutz genommen: Er beschaffte die Geldmittel und stellte ihr Fachleute zur Seite, besprach die Sache aber erst mit der Konzernleitung, als sich der überwältigende Erfolg schon abzeichnete. Annettes Chef ermöglichte ihr und ihren Leuten die Umsetzung grundlegender Veränderungen ohne Störung von ganz oben.[21]

Das gilt auch auf Firmenebene: Je besser die Firma organisiert ist, desto weniger müssen Sie in dieser Richtung unternehmen. In einer gut geführten Firma muss ein erfahrener Chef seine Leute weniger abschirmen als in einer schlechten. Bei Amazon beispielsweise fällt es kaum auf einen Chef zurück, wenn seine Leute etwas ausprobieren, das schiefgeht, oder wenn sie ohne seine Erlaubnis handeln. Die wichtigste Mitarbeiterauszeichnung heißt bei Amazon »Tu es einfach«. Sie wird von Konzernchef Jeff Bezos an Mitarbeiter verliehen, die durch Eigeninitiative der Firma helfen, ohne vorher die Erlaubnis ihres Chefs eingeholt zu haben.[22] Unter solchen Bedingungen brauchen die Mitarbeiter nicht viel Schutz vor der Führungsetage. Je weniger Schwachsinn von oben auf seine Mitarbeiter herabprasselt, desto weniger Schutzschirme muss ein Chef spannen.

7

Drücken Sie sich nicht vor der Drecksarbeit

Jeder Chef muss auch Dinge tun, die andere ärgern und verletzen. Als Chef ist es Ihr Job, Leute zurechtzuweisen, zu entlassen, Geldforderungen abzulehnen, Mitarbeiter auf Positionen zu versetzen, die sie nicht wollen, Fusionen, Massenentlassungen und Schließungen durchzuziehen. Wenn Sie solche unangenehmen Aufgaben nicht erledigen können oder wollen, sollten Sie besser kein Chef sein. Oder Sie müssen sich jemanden besorgen, der die Drecksarbeit für sie erledigt.

Ein guter Chef kneift nicht vor unangenehmen Aufgaben und schiebt sie auch nicht vor sich her. Charles O'Reilly und Barton Weitz haben untersucht, wie Vorgesetzte mit »problematischen« Verkäufern umgingen, solchen also, die unproduktiv und unpünktlich waren, eine mangelhafte Arbeitshaltung an den Tag legten oder andere Schwachpunkte hatten.[1] Die Chefs der produktivsten Teams, so stellte sich heraus, befassten sich direkt und unmittelbar mit Problemen, reagierten häufiger mit Warnungen und formalen Sanktionen und entließen Angestellte, wenn diese Warnschüsse nichts fruchteten. Solche starken Chefs hoben die Teamleistung, weil sie mit Worten und Taten unmissverständlich klarmachten, dass sie schlechte Leistung nicht duldeten.

Ein mieser Chef sitzt im Elfenbeinturm, leugnet Probleme, macht sich selbst etwas vor und ist ein Meister im Erfinden von Ausreden für grottenschlechte Leistungen. Er redet vielleicht zackig daher, bringt aber nicht den Mut auf, Mitarbeiter mit negativen Rückmeldungen, Sanktionen oder anderen Hiobsbotschaften zu behelligen. Ein gutes Beispiel ist ein Trio von Führungskräften in einer Firma, das ständig mit der Faust auf den Tisch schlug und forderte, mittelmäßige Leute zu feuern – häufig gegen den Widerspruch anderer Führungskräfte, die die Schwierigkeiten als vorübergehend oder lösbar betrachteten. Manchmal setzte sich das Trio durch und kündigte an, die Entlassungen selbst vorzunehmen. Doch dann vergingen Wochen, in denen die machohaften Kraftmeier die schwierigen Entlassungsgespräche immer wieder vor sich herschoben. Mittlerweile hatte es sich herumgesprochen, dass die betreffenden Mitarbeiter gefeuert werden sollten, und diese fragten sich, völlig eingeschüchtert, warum ihre Chefs ihnen wohl aus dem Weg gingen. Das ging so lange, bis sich die Führungskräfte, die eigentlich gegen die Entlassung gewesen waren, schließlich verpflichtet fühlten, die Unsicherheit zu beenden, und für ihre angriffslustigen, aber rückgratlosen Kollegen die unangenehme Aufgabe übernahmen, den Leuten zu kündigen.

Hin und wieder bringt ein Chef die Drecksarbeit selbst ins Rollen, weil er keinen anderen Ausweg sieht. So erging es Ann Rhoades, die als Personalchefin bei Southwest Airlines an der Entscheidung beteiligt war, ihren eigenen Kollegen in der Führungsetage David Neeleman zu entlassen, der im Zuge einer Fusion mit Morris Air zu Southwest gekommen war.[2] Neelemans Klagen über Southwest und seine Streitsucht wirkten sich negativ auf das Führungsteam aus sowie auf die freundliche Kooperation, für die es bekannt war. Ann war einverstanden, Neeleman zu entlassen, und brachte ihm die schlechte Nachricht bei.

Manchmal müssen Chefs auch Entscheidungen umsetzen, mit denen sie nicht einverstanden sind und gegen die sie sich zuvor womöglich offen ausgesprochen haben. Ein guter Chef nimmt nicht etwa seinen Hut, sondern gibt seinen Widerstand auf, weiß er doch, dass es manchmal klüger ist, *eine schlechte Entscheidung gut umzusetzen*. Ich arbeitete mit PeopleSoft zusammen, als der Softwaregigant Oracle ein feindliches Übernahmeangebot machte; am Ende kaufte und schluckte er die Firma. Eine Managerin bei PeopleSoft (ich nenne sie einmal »Cindy«) wehrte sich vehement gegen die Übernahme. Doch als sie nicht mehr zu verhindern war, bemühte sich Cindy um »Schutz und Respekt« für ihr etwa 20-köpfiges Team. Sie erstellte einen Zeitplan für die Abwicklung und akzeptierte, dass sie nicht alles wusste (oder nicht darüber sprechen durfte). Cindy hielt ihr Team bis zur Auflösung durch kleine Gesten bei Laune – man feierte gemeinsam Geburtstage, Cindy hörte ihren Leuten zu, wenn sie sich bei ihr ausweinten oder ihrem Ärger Luft machten (achtete allerdings darauf, dass sie nicht in Zynismus abrutschten), und witzelte mit ihnen darüber, dass Larry Ellison (der umstrittene Oracle-Chef) vielleicht in Wahrheit doch nicht so ein mieser Charakter sei.

Jeder Chef muss hin und wieder Dinge tun, die andere verletzen. *Doch es gibt einen gewaltigen Unterschied zwischen dem, was man tut, und der Art und Weise, wie man es tut.* Ann Rhoades' Erfahrung mit David Neeleman mag das illustrieren: Neeleman ließ sich natürlich nicht gern auf die Straße setzen, aber er fand es dermaßen beeindruckend, wie Ann diese und andere Aufgaben bei Southwest meisterte, dass er sie ein paar Jahre später, als er JetBlue Airlines gründete, als Personalchefin einstellte.

Verhaltensstudien zeigen, dass die Drecksarbeit weniger unerwünschte Nebenwirkungen hat, wenn der Chef oder die Chefin vier Gegenmittel untermischt: Einschätzbarkeit, Verständnis, Kontrolle und Mitgefühl.[3] Die ersten drei Punkte habe ich gemeinsam mit Robert Kahn, meinem Mentor an der Universität von Michigan entwickelt. In einer Rezession, die Anfang der 1980er-Jahre den Bundesstaat Michigan ereilte, fiel uns auf, wie unterschiedlich gute und schlechte Manager Massenentlassungen, Gehaltskürzungen und andere schmerzliche Einschnitte umsetzten. Gute Chefs verhalfen ihren Leuten dazu, die Einschnitte einzuschätzen, sie zu verstehen und den Ablauf zu kontrollieren. Jeff und ich fügten als viertes Element das Mitgefühl hinzu, da ein guter Chef, wenn er schlechte Neuigkeiten überbringt oder Umstrukturierungen vornimmt, Empathie und Wärme vermittelt.

Einschätzbarkeit

Ein schlechter Chef verurteilt seine Mitarbeiter zu ständiger Angst: Sie warten unablässig auf die nächste Welle von Hiobsbotschaften, die erfahrungsgemäß ohne Vorwarnung und in scheinbar willkürlichen Abständen über sie hereinbrechen. Ein guter Chef dagegen tut sein Möglichstes, seinen Leuten anzukündigen, wann negative Ereignisse eintreten und wie sie sich entwickeln werden. Wenn der Zeitpunkt eines Desasters vorhersagbar ist, so kann man auch sagen, wenn keines ansteht – der Psychologe Martin Seligman bezeichnete das als Sicherheitssignalhypothese.[4] Können sie die Lage einschätzen, wissen die Menschen, wann sie sich entspannen können und wann Furcht und Wachsamkeit angesagt sind. Das bewahrt sie vor emotionaler und physischer Erschöpfung, die sich unweigerlich einstellt, wenn man sich keine Sekunde sicher fühlen kann. Seligman illustriert seine Hypothese anhand der Luftschutzsirenen, die im Zweiten Weltkrieg während der deutschen Bombenangriffe in London ertönten. Die Sirenen waren so verlässlich, dass die Menschen überwiegend ohne Angst ihrer Arbeit nachgehen konnten, weil sie sich keine Gedanken machen mussten, solange keine Sirenen zu hören waren.

Die Sicherheitssignalhypothese lässt sich auch auf weniger existenzielle Bedrohungen anwenden, etwa Lohnsenkungen, Entlassungen, Fusionen und Schließungen. Der Leiter einer finanziell angeschlagenen wohltätigen Organisation machte mit einer aufmunternden Notiz an seine Mitarbeiter davon Gebrauch: Er erklärte, dass möglicherweise Lohnkürzungen und Entlassungen anstünden, sollten sich der Aktienmarkt und das Spendenaufkommen nicht erholen, machte aber die feste Zusage, dass es in den folgenden drei Monaten keine Gehaltskürzungen oder Entlassungen geben werde. So wussten die Leute, dass sie zumindest so lange sicher waren. In einem anderen Unternehmen strichen die Manager mehr Stellen als unmittelbar notwendig, weil sie den verstörten Mitarbeitern, die in der Firma blieben, eine weitere Entlassungswelle so lange wie möglich ersparen wollten. Anschließend gaben sie bekannt, dass es mindestens sechs Monate lang keine weiteren Kürzungen geben werde. Diese Strategie wird von Studien gestützt, die zeigen, dass die »Überlebenden« mehrerer Entlassungswellen ihre psychische Widerstandskraft verlieren, depressiv und krank werden und eine Kündigung in Erwägung ziehen.[5] Ein Chef, der seinen Leuten weniger, kürzere und einschätzbare Krisensituationen zumutet, stärkt Leistung und Menschlichkeit.

Wenn sie die Lage einschätzen können, haben die Menschen auch realistischere Erwartungen. Doch wie Menschen auf Hiobsbotschaften reagieren, hängt nicht nur von den Erwartungen ab, die der Chef in ihnen weckt. Auch Ihre persönliche Geschichte als Chef und die Geschichte Ihrer Firma wirken sich darauf aus, mit welcher Art Abwicklung der Drecksarbeit die Leute rechnen – unabhängig davon, was Sie gerade sagen. Leider ist es so, dass die Mitarbeiter umso SCHLECHTER auf unangenehme Nachrichten reagieren, je BESSER Sie und Ihre Firma sie in der Vergangenheit behandelt haben. Christopher Zatzicks und Roderick Iversons Untersuchung von 3 000 Arbeitsstätten in Kanada ergab, dass sich Massenentlassungen in Firmen mit »hohem Engagement« besonders negativ auf die Produktivität auswirkten, in solchen Unternehmen also, in denen die Mitarbeiter menschlicher behandelt und stärker beteiligt wurden als in traditionellen Firmen.[6] Ein Chef, der brutalere Maßnahmen ergreift als in der Vergangenheit, muss demnach eine sehr gute Antwort auf die Frage haben: »Warum tust du uns das gerade jetzt an?«

Verständnis

Wir Menschen kommen nicht dagegen an: Obwohl die Grübelei keinerlei Auswirkung auf unser Schicksal hat, wollen wir die Ursache für ein Ereignis kennen. Wir sind besessen von Erklärungen und lassen uns, wenn etwas Leidvolles oder Belastendes geschieht, von ihnen trösten. Wer keine Informationen erhält, füllt das Vakuum, indem er falsche und schaurige Erklärungen erfindet und in Umlauf bringt. Dieser Hang, nach Ursachen zu forschen und immer gleich das Schlimmste anzunehmen, führt dazu, dass die Erklärungen, die sich uninformierte Mitarbeiter ausdenken, im Normalfall düsterer und für den Chef weniger schmeichelhaft sind als die ungeschminkte Wahrheit. Ein guter Chef weiß, dass er seinen Leuten besser eine Erklärung abliefert, die ihnen nicht schmeckt, als gar keine. Mehr als 50 Studien weisen nach, dass Beschäftigte, die eine vernünftige und glaubhafte Erklärung für negative Veränderungen wie Lohnkürzungen, Entlassungen und Fusionen erhalten, nicht so leicht in Rage geraten, vor Angst erstarren, sich rächen, kündigen, stehlen oder in der Leistung nachlassen.

Die Vorteile einer umsichtigen Erklärung kann man an einer Studie ablesen, in der untersucht wurde, wie die Belegschaft in zwei (fast identischen) Fabriken auf unwillkommene Neuigkeiten reagierte: Das Mutterunternehmen fusionierte mit einem größeren Konzern. Unmittelbar nach der Ankündigung führten David Schweiger und Angelo Denisi eine Umfrage unter den Mitarbeitern durch und stellten fest, dass sich in beiden Fabriken Unzufriedenheit, Spannungen und Misstrauen breitmachten.[7] Besonders erschrocken reagierten die Beschäftigten auf die Information der Führungsetage, dass »überflüssige Anlagen und Stellen eliminiert« werden würden, um eine »Wirtschaftlichkeit der Massenproduktion« zu erreichen. In den beiden Fabriken wurden dieselben Produkte produziert, sie waren in etwa gleich groß und hatten ähnlich viele Mitarbeiter. Doch nach der einschüchternden Ankündigung vonseiten der Konzernleitung waren große Unterschiede in der Kommunikation zu beobachten. In der einen Fabrik erhielten die Angestellten in den folgenden drei Monaten nur vage Mitteilungen, in der anderen dagegen wurde eine umfangreiche Informationspolitik betrieben. Der Werksleiter traf sich einmal wöchentlich mit den Leitern und Mitarbeitern der einzelnen Abteilungen, um Ankündigungen zu machen und Fragen zu beantworten. Einmal wöchentlich erschien ein Rundschreiben zur Fusion, und man richtete eine Hotline für die Beantwortung von Mitarbeiterfragen ein. Außerdem setzte sich der Werksleiter einzeln mit den Mitarbeitern zusammen, um sie über Entscheidungen (etwa Versetzung oder Kündigung) zu informieren.

Als dieses Prozedere zu wirken begann, hatten die Angestellten in der »kommunikativen« Fabrik ein sichereres Gefühl, was ihre Arbeit betraf, waren weniger gestresst, dafür aber engagierter und leistungsfähiger – Effekte, die in der anderen Fabrik völlig ausblieben. Wenn ein Chef seinen Leuten ein negatives Ereignis schon zumuten muss, so kann er zumindest Schadensbegrenzung betreiben, wenn er die Ursachen und Abläufe genau erklärt. Die Studie zeigt darüber hinaus auf, dass besseres Verstehen auch die anderen Gegenmittel freisetzt: Eine schnelle und detaillierte Antwort des Managements auf Fragen der Mitarbeiter erhöht die Einschätzbarkeit und gibt oft auch Auskunft darüber, wie die Betroffenen sich selbst helfen und somit eine größere Kontrolle ausüben können. Die Vieraugengespräche, die Führungskräfte mit Beschäftigten über ihre Zukunft führten, boten zudem Raum für Mitgefühl, Anteilnahme und Wertschätzung.

Hinzu kommt ein Punkt, der an das »Sesamstraßensimple« aus Kapitel 5 erinnert: Wenn seine Leute Angst haben, formuliert ein erfahrener Chef seine Erklärungen möglichst einfach und wiederholt sie oft und über verschiedene Kommunikationswege. Liegt Angst in der Luft, sollte Ihr Mantra lauten: einfach, konkret, glaubhaft und wiederkehrend. Das ist auch dann notwendig, wenn man Leuten, die auf Hiobsbotschaften gefasst waren, gute Nachrichten überbringt. Der Chef einer Softwarefirma teilte seinen Angestellten per E-Mail mit, dass es – anders als in vielen anderen Firmen im Silicon Valley zu dieser Zeit – keine Entlassungen geben werde. Ja, er kündigte sogar an, die Mitarbeiterzahl im darauffolgenden Jahr um 20 Prozent zu erhöhen. Doch da so viele Mitarbeiter Freunde hatten, die kurz zuvor ihren Job bei Google, Yahoo! und anderswo verloren hatten, hörten sie die frohe Botschaft nicht oder konnten sie schlicht nicht glauben. Immer wieder wurde die Frage laut: »Wann kommen die Entlassungen?« Daraufhin ließ der Firmenchef noch einmal verlautbaren, dass niemand entlassen werde, dass es der Firma gut gehe und dass Arbeitsplätze geschaffen würden – diesmal in Vieraugengesprächen, Teamsitzungen und über E-Mail. Er gab den Mitarbeitern sogar Kontoauszüge, »damit sie begriffen, wo sich unser Betriebsvermögen befand und wie sicher es war«.[8] Wie diese Geschichte illustriert, »überhören« Mitarbeiter gern die Fakten, wenn Angst in der Luft liegt, und nehmen das Schlimmste an, obwohl alles gut läuft.

Kontrolle

Wie wir gesehen haben, flößt ein guter Chef seinen Leuten, zumal in stürmischen Zeiten, eher ein Gefühl der Macht ein als der Machtlosigkeit. In Kapitel 1 haben wir gesehen, dass gute Chefs mit den ihnen unterstellten Mitarbeitern kleine Erfolge anstreben. Es war die Rede von dem Firmenchef, der sich dieser Strategie bediente, als seine Leute angesichts einer für das Überleben der Firma entscheidenden Verkaufskampagne in Panik gerieten. Er beruhigte sein Team und förderte die Konzentration, indem er die Kampagne in Einzelschritte aufspaltete, die er wiederum in »einfache« und »schwierige«

Aufgaben teilte; bei den einfachen waren dann schnelle Fortschritte möglich. So erreichte der Chef, dass sich seine Leute nicht mehr hilflos und überfordert vorkamen, sondern dank einer Reihe kleiner Erfolge *eine enge Verbindung zwischen ihrem Tun und signifikanten Veränderungen in ihrer Umgebung* herstellten – und genau so definieren Verhaltensforscher die Wahrnehmung von Kontrolle.

Forschungen zur Kontrolle findet man unter allen möglichen Stichworten – Selbstwirksamkeit, Autonomie, Hilflosigkeit, Mitwirkungsmöglichkeit und natürlich kleine Erfolge (*small wins*). Ungeachtet dieser variierenden Wortwahl zeigen alle Studien auf, dass Menschen, die ihr Leben bis zu einem gewissen Grad selbst in der Hand haben, physisch und psychisch gesünder sind. Auch wenn sie ihre Zukunft nicht vollständig in der Hand haben, verbessert sich ihr Wohlbefinden, sobald sie das eine oder andere eben doch beeinflussen können. Für einen Chef bedeutet das, dass er mit der Drecksarbeit weniger Schaden anrichtet, wenn er den Menschen ein wenig Kontrolle darüber in die Hand gibt, *wann* und *wie* die unangenehmen Ereignisse sie treffen. Ich war einmal für eine Firma tätig, die einen skandalös hohen Leistungsstandard erwartete und jedes Jahr zehn bis 20 Prozent ihrer Mitarbeiter vor die Tür setzte. Trotzdem genoss das Unternehmen bei allen ehemaligen Mitarbeitern, mit denen ich sprach, hohes Ansehen. Sie hatten es in bester Erinnerung und hegten so gut wie keinen Groll gegen ihre ehemaligen Chefs. Auch in der Firma kam mir kein Mitarbeiter unter, der sich einen Kopf darum machte, dass er in den nächsten Jahren – oder gar früher – seinen Job verlieren könnte. Wenn ein Chef seinem Mitarbeiter sanft, aber deutlich zu verstehen gab, dass seine Tage in der Firma gezählt waren, drehte dieser auch deshalb nicht durch, weil der Chef viel Mühe darauf verwendete, mit ihm über seine Zukunftswünsche und eine mögliche Hilfestellung durch die Firma zu sprechen. Der Betreffende musste zwar gehen, hatte aber (bis zu einem gewissen Grad) in der Hand, wie und zu welchem Zeitpunkt er das Unternehmen verließ und wo es als Nächstes hinging.

Mitgefühl

Ein schlechter Chef vermittelt seinen Mitarbeitern in schlechten Zeiten nicht nur ein Gefühl der Ohnmacht und Verletzlichkeit, sondern er würdigt sie auch noch herab, demütigt und kränkt sie. Marc Eckley, Fachmann in der Kundenbetreuung, rieb sich die Augen, als seine Chefs 100 seiner Kollegen über ihre sofortige Entlassung informierten und von Sicherheitsleuten aus der Firma expedieren ließen. »Da konnte einem übel werden«, berichtete er. Und es kam noch schlimmer, denn die Chefs machten die gefeuerten Kollegen im Nachhinein auch noch schlecht. Mark wurde zwar nicht entlassen, war aber empört und verunsichert und wechselte wenige Monate später den Job.[9]

Nicht weniger verletzt und erbost reagierte die Britin Katy Tanner auf eine SMS, die sie von ihrem Chef, dem Leiter des Bodypiercing-Studios Blue Banana, erhielt: »Eine Überprüfung Ihrer Umsatzzahlen hat ergeben, dass sie nicht dem von uns erwarteten Niveau entsprechen. Wir benötigen deshalb Ihre Dienste nicht mehr. Danke für Ihre Mitarbeit.« Ein Firmensprecher verteidigte später den Stil der Kündigung mit dem Hinweis darauf, dass Textnachrichten zur »Jugendkultur« bei Blue Banana gehörten. Als sie nicht ans Telefon ging, habe man ihr »die Peinlichkeit und die Zeit ersparen wollen, noch einmal ins Geschäft zu kommen, nur um gleich wieder nach Hause zu gehen. Deshalb hielten wir diese Vorgehensweise für richtig.«[10] Eine noch kaltschnäuzigere Methode wählte die Hauptverwaltung von Radio Shack in Fort Worth für die Kündigung von 400 Angestellten. Sie erhielten eine unpersönliche E-Mail. »Derzeit wird eine Reduzierung der Mitarbeiterzahl vorgenommen«, hieß es dort, und weiter:

»Leider wurde auch Ihre Stelle gestrichen.« Das Unternehmen hatte die Mitarbeiter zuvor auf Betriebsversammlungen vorgewarnt, dass Entlassungen anstünden, und die Betroffenen nicht in einem persönlichen Gespräch, sondern über E-Mail benachrichtigt werden würden. »An der Stelle dieser Mitarbeiter«, überlegte Professor Derrick D'Souza von der Universität von North Texas, »würde ich mich schon fragen: ›Können die nicht mal die paar Minuten erübrigen, es mir persönlich zu sagen?‹«[11]

Welchen Schaden ein ignoranter und kaltherziger Chef anrichten kann, lässt sich dem Bericht über einen Personalchef entnehmen, der »die unvermeidlichen« Entlassungen im Zuge einer Fusion vermasselte: »Er suchte sich einen Konferenzraum mit Glaswänden aus, der mitten im Großraumbüro lag, sodass stundenlang jeder Mitarbeiter, der zur Toilette ging oder sich einen Kaffee holte und an dem Glaskasten vorbeikam, zusehen konnte, wie ein Kollege entlassen wurde, häufig in Tränen aufgelöst und so weiter.«[12] Ein absolutes Highlight dieser Negativliste ist ein Manager der Klinik Dean Health System in Wisconsin, der eine Schwester mitten in einer Operation aus dem OP holte und ihr mitteilte, sie sei entlassen. Der Krankenhaussprecher räumte später ein, diese Methode sei Ausdruck einer »Fehleinschätzung« gewesen und verstoße gegen die medizinischen Vorschriften; der betreffende Manager, so hieß es, sei »überaus zerknirscht«.[13] Das will ich doch stark hoffen, aber ich frage mich trotzdem, was ihn überhaupt zu seinem unsensiblen Vorgehen veranlasste.

Ein guter Chef zeigt Mitgefühl, wenn er harte Entscheidungen zu treffen und umzusetzen hat – und stärkt damit Leistung und Menschlichkeit. Sehen wir uns einmal an, wie die Firma Martha Stewart Living Omnimedia Mitarbeiter entließ, als das Kataloggeschäft eingestellt wurde. Vice President Ron Thomas warnte die Manager, sie würden in der Nacht vor den Entlassungen kein Auge zumachen. Er empfahl ihnen, sich vorzustellen »dass eines Tages Sie auf der anderen

Seite des Tisches sitzen. Behandeln Sie die Leute deshalb, wie Sie in dieser Situation behandelt werden möchten.« Dem *Wall Street Journal* sagte Thomas: »Die Mitarbeiter, die ihren Job verlieren, sollen wissen, dass sie innerhalb eines Tages einen Anruf erhalten und Hilfe bekommen.« Thomas telefonierte mit jedem externen Kollegen, den er im Kataloggeschäft kannte, und fragte nach offenen Stellen. Sein Mitgefühl half denen, die ihre Arbeit verloren, durch die schwere Zeit, machte es aber auch möglich, dass Martha Stewart später wieder gute Mitarbeiter einstellen konnte, denn: »Wenn eine Firma eine Restrukturierung gut durchführt«, so Thomas, »dann spricht es sich herum, dass dort ein gutes Klima herrscht. Wenn wir heute eine Stelle ausschreiben, haben wir morgen 1 500 Bewerbungen auf dem Tisch.«[14]

Wie wichtig Mitgefühl ist, weist Jerald Greenberg mit seiner Studie zur Schlaflosigkeit bei Krankenschwestern nach. Schlaflosigkeit ist eine Begleiterscheinung verschiedenster Krankheitsbilder, von Herzkrankheiten über Gedächtnisverlust bis hin zu Depression. Patzer, Unfälle und Minderleistung, die sich in den USA auf Schlafmangel zurückführen lassen, kosten über 100 Milliarden Dollar im Jahr. Greenberg begleitete 40 Wochen lang 322 Krankenschwestern, denen das Gehalt um durchschnittlich zehn Prozent gekürzt worden war. In den ersten Wochen nach der Gehaltskürzung berichteten die Krankenschwestern von schweren Schlafproblemen: Sie fanden nur schwer in den Schlaf, schliefen nicht durch und wachten erschöpft auf. Dann erhielten 19 Vorgesetzte, denen etwa die Hälfte (158) dieser Krankenschwestern unterstellt war, eine Schulung, die sie befähigte, bessere »interpersonale« und »informatorische« Unterstützung zu leisten. Die Vorgesetzten der übrigen 164 Krankenschwestern wurden nicht fortgebildet. Zur Schulung gehörten Fallbeispiele, Gespräche und Rollenspiele, die die Vorgesetzten in die Lage versetzten, ihren Schützlingen mehr Respekt entgegenzubringen, zugänglich zu sein, ein offenes Ohr für ihre

Sorgen zu haben und ihnen »Detailfragen zeitnah und individuell auf sie zugeschnitten mitzuteilen«. Anders ausgedrückt: Die Vorgesetzten erlernten die Kunst des Mitgefühls, womit sich auch Einschätzbarkeit und Verständnis einstellten. Die Krankenschwestern mit den geschulten Vorgesetzten berichteten schon nach einem Monat, dass ihre Schlafprobleme deutlich nachließen, während die Krankenschwestern mit nicht geschulten Vorgesetzten weiter schlecht schliefen. Eine Nachfolgeuntersuchung ein halbes Jahr später ergab, dass sich diese Unterschiede hielten. Bei den Krankenschwestern, deren Vorgesetzte nicht geschult worden waren, hatten sich die Schlafprobleme kaum verbessert, den anderen dagegen ging es zunehmend besser, und sie schliefen fast so gut wie vor der Gehaltskürzung. Dazu kam, dass mehr als doppelt so viele Krankenschwestern der ersten Gruppe (44 im Vergleich zu 20) gekündigt hatten.[15]

Greenberg zeigt auch auf, dass Mitarbeiter sich rächen, wenn es dem Chef an Mitgefühl mangelt. Er untersuchte zwei Fabriken, in denen der Lohn gekürzt worden war. In der Fabrik, in der die Führungskräfte die Kürzungen knapp und ohne weitere Erklärung bekannt gaben, war die Diebstahlrate anschließend fast doppelt so hoch wie in der Fabrik, in der den Mitarbeitern eine vollständige und teilnahmsvolle Erklärung für die Maßnahme gegeben wurde. Greenberg untersuchte auch ein Einzelhandelsgeschäft, in dem Vorgesetzte Fairness und Mitgefühl erlernten. Davor hatten die Mitarbeiter ihre Chefs als »respektlos, gleichgültig und unsensibel« erlebt. Danach veränderte sich dieses Empfinden merklich, und die Diebstähle nahmen um etwa 50 Prozent ab. »[Mein Chef] war früher ein echter Vollidiot«, berichtete ein Verkäufer. »Ich habe nicht gern für ihn gearbeitet und bei jeder Gelegenheit geklaut. Heute ist er freundlich zu mir, und ich hätte beim Stehlen ein schlechtes Gewissen.«[16]

Diagnosefragen für die Drecksarbeit

1. Muss das sein?

Manchmal sind Bestrafung, Degradierung, Entlassung und andere harte Maßnahmen höchst wirkungsvoll. Doch bevor er dazu greift, überlegt sich ein kreativer Chef, ob es auch einen anderen Weg gibt. Im März 2009 zog Paul Levy, Klinikchef des Beth Israel Deaconess Medical Center in Boston, wegen sinkenden Umsatzes Entlassungen unter seinen 8 000 Angestellten in Erwägung. Doch dann versammelte er mehrere Hundert Mitarbeiter und brachte eine Idee vor:

> Ich möchte, dass wir mit aller Macht die Niedrigverdiener schützen: die Fahrer, die Reinigungskräfte, die Leute in der Küche. Viele dieser Mitarbeiter müssen schwere Arbeiten verrichten, und ich möchte sie nicht zusätzlich belasten. Wenn wir diese Mitarbeiter schützen wollen, müssen wir anderen ein größeres Opfer bringen. Das bedeutet, dass wir mehr von unserem Gehalt und den Zulagen hergeben müssen.

»Er hatte die Worte kaum ausgesprochen«, berichtete der *Boston Globe*, »da brach im Sherman-Auditorium der Beifall los. Donnernder, anhaltender Beifall, der von Herzen kam.« Die Mitarbeiter machten per E-Mail Hunderte von Vorschlägen: »Eine Krankenschwester teilte mit, ihre Station habe sich einstimmig für den Verzicht auf eine dreiprozentige Lohnerhöhung ausgesprochen. Ein Mitarbeiter der Finanzabteilung, der seine letzte Stellung in einem Krankenhaus in Rhode Island verloren hatte, schlug vor, pro Woche einen Tag weniger zu arbeiten. Eine andere Krankenschwester war bereit, auf einen Teil ihres Urlaubs und ihrer Krankentage zu verzichten. Ein Atemwegstherapeut regte an, Boni ganz zu streichen.« Dutzende dieser Vorschläge wurden umgesetzt, und die Massenentlassung war abgewendet.[17]

Dass im Beth Israel Deaconess mögliche Entlassungen ein solches Unbehagen auslösten, erklärt sich daraus, dass Paul Levy und seine Kollegen Mitgefühl für die Mitarbeiter am untersten Ende der Krankenhaushierarchie weckten. Doch auch in den gewinnsüchtigsten Unternehmen spricht unternehmerisch vieles dagegen, reflexartig mit Entlassungen zu reagieren. Einer Studie von Bain on S&P zufolge erholen sich in einer Krise Firmen, für die Entlassungen wirklich der allerletzte Notnagel sind, schneller und haben, wenn die Zeiten besser werden, einen Wettbewerbsvorteil. Dieser Studie zufolge dauert es aufgrund der Abfindungskosten und negativer Auswirkungen auf die verbleibenden Mitarbeiter zwölf bis 18 Monate, bis eine Firma finanziell von Entlassungen profitiert. Ehe die Einsparungen zum Tragen kommen, springt die Wirtschaft oft schon wieder an, und die Firma ist gezwungen, so viele Leute einzustellen, wie sie entlassen hat. Die Studie kommt zu dem Schluss, dass dieser »Bulimie«-Ansatz zwar weitverbreitet ist, die Arbeitskosten aber nur unzureichend eindämmt.[18]

Ehe ein Chef zu solchen Maßnahmen greift, sollte er sich daher fragen: »Tue ich das, weil es richtig ist oder weil wir das hier schon immer so gemacht haben und weil es in anderen Firmen auch üblich ist?«

2. Haben Sie die Macht, es richtig zu tun?

Manchmal muss ein Chef, der jeden Anlass für harte Maßnahmen hat, einsehen, dass ihm schlicht die Macht fehlt, sie anständig durchzuziehen. In diesem Fall kann er die Drecksarbeit entweder gar nicht machen, oder aber die Maßnahmen sind wirkungslos, kontraproduktiv und tödlich für Leistung und Kooperationswillen. In diesem Dilemma steckt manch ein Chef, dessen Leute aufgrund gewerkschaftlicher oder staatlicher Regelungen eine große Arbeitsplatzsicherheit genießen. Dasselbe gilt für Verwaltungschefs beispielsweise in Universitäten, Krankenhäusern und Kanzleien, die wenig Autorität über Professoren, Ärzte und Anwälte haben. Aber auch wenn es aus praktischen Gründen heraus schwierig oder unmöglich ist, Angestellte für Verfehlungen oder wegen schlechter Leistungen zu bestrafen oder zu entlassen, findet ein einfallsreicher Chef oft noch Mittel und Wege, sie zu einer Änderung ihrer Einstellung zu veranlassen.

So ergriff ein Sägewerk mit etwa 1 200 Arbeitern, die überwiegend von einer starken Gewerkschaft geschützt wurden, eigenwillige Maßnahmen, um des Diebstahls in der Firma Herr zu werden. Diebstähle durch Arbeiter kosteten das Werk im Jahr etwa eine Million Dollar. Doch das Management war machtlos im Kampf gegen die Klauerei, denn wenn ein Vorgesetzter einen Arbeiter davon abhalten wollte, mit einer »ziemlich schweren Brotdose« nach Hause zu gehen, brach eine solche Flut von Beschwerden los, dass der Personalchef ihn anflehte, die Sache ruhen zu lassen. Bei Vorgesetzten wurde es schnell zur Maxime, »nichts Böses zu hören und nichts Böses zu sehen«. Diese unerfreuliche Machtlosigkeit hielt an, bis Professor Gary Latham zu Gesprächen mit den Arbeitern in die Firma geholt wurde. Dabei kam heraus, dass die Arbeiter nur aus Spaß und wegen des Nervenkitzels klauten – die meisten Sachen brauchten sie nicht einmal. Einer beschrieb den aufregenden Diebstahl einer über eine Tonne schweren Maschine, mit dem er sich später vor seinen Kumpeln brüstete. Als das Management damit drohte, eine Videoüberwachung zu installieren, um Diebe zu überführen, schreckte das die Arbeiter nicht etwa ab, sondern stachelte sie im Gegenteil noch an, weil sie nun die Videokameras stehlen konnten. Überwachung, Sanktionen und Entlassungen wären in diesem Fall mit Sicherheit gerechtfertigt gewesen, doch der Sägewerkführung fehlte für diese Art der Drecksarbeit die Macht.

Latham und die Manager entschieden sich für eine erfolgversprechendere Lösung: Sie wollten dem Diebstahl den Nervenkitzel nehmen. Die Firmenleitung führte ein Leihsystem ein, das es den Mitarbeitern erlaubte, die Gerätschaften, die sie zuvor gestohlen hatten, auszuleihen. Umgehend gingen die Eigentumsdelikte praktisch auf null zurück und waren auch in den folgenden drei Jahren, in denen Latham die Firma begleitete, kein Problem mehr. Der Kitzel war weg, denn mit dem Diebstahl von etwas, das man auch umsonst bekam, konnte man nicht angeben. Das Management erließ zudem eine Amnestie, sodass Arbeiter gestohlenes Firmeneigentum straffrei zurückgeben konnten. Den Arbeitern, die etwas brachten, gab das Management zu verstehen, es gehe davon aus, dass sie einem anonymen Freund damit einen Gefallen taten. Die Arbeiter schleppten nun Wagenladungen voller Diebesgut an, wohl auch, weil sich ihre Frauen zu Hause darüber ärgerten, dass die Sachen die Garage, das Gartenhäuschen oder den Hinterhof verstopften, und ihre Männer zur Rückgabe drängten.

Diese Methode ist deshalb so faszinierend, weil sich die Firmenleitung nicht auf einen aussichtslosen Kampf gegen die Peerkultur einließ, sondern vielmehr mit Großmut und Nachsicht dem Nervenkitzel ein Ende bereitete. Wenn ein Chef, dem für die Erledigung der Drecksarbeit die Macht fehlt, stattdessen die Ursache für »schlechtes« Verhalten eruiert und kreative Maßnahmen ergreift, statt zu strafen, so kann das ein vielversprechender Weg sein – auch wenn es die Missetäter wahrlich verdient hätten, bestraft oder gar entlassen zu werden.[19]

3. Haben Sie die Peerkultur auf Ihrer Seite?

Jeder Chef hat mehr Erfolg, wenn er mit der Gruppe statt gegen sie arbeitet. Ein fairer und konsequenter Chef wird von der Gruppe besser unterstützt, wenn er seine Drecksarbeit durchzieht. Forscher, die Sanktionen untersuchten, konnten nachweisen, dass die Missetäter in den Augen ihrer Kollegen beim Chef oft zu leicht davonkommen, insbesondere dann, wenn sie ständig gegen Regeln verstoßen und wenig Reue gezeigt haben und in einem fairen Verfahren »verurteilt« und »bestraft« worden sind.[20] Im besten Falle sind sich Chef und Mitarbeiter einig, was richtig und was falsch ist, und die Kollegen – nicht der Chef – verhängen die Strafe. Studien zum firmeninternen Diebstahl belegen, dass sich Diebstahl mit Hohn, Ächtung und üblem Gerede durch die Kollegen um 250 Prozent besser verhindern lässt als durch offizielle Sanktionen vonseiten der Vorgesetzten. Fallstudien des Produktionssystems bei Toyota zufolge kann die Firma auch deshalb so hochwertige Autos zu einem so niedrigen Preis produzieren, weil die Mitglieder der Teams wenig Verständnis haben für Kollegen, die schlampige Arbeit abliefern oder ihren Beitrag nicht leisten. Unabhängig davon, ob der Vorgesetzte in der Nähe ist oder nicht, üben die Kollegen Druck auf jemanden aus, der schlechte Leistung erbringt. Und wenn er sich nicht bessert, sind sie schnell dabei, den faulen Apfel aus dem Team zu expedieren.

Die Macht der Gleichrangigen kann allerdings auch nach hinten losgehen, wenn ein Chef »richtiges« Verhalten anders definiert als seine Leute. Wie das Beispiel Sägewerk zeigt, ist es in so einem Fall wichtig zu wissen, warum die Kollegen das »schlechte« Verhalten billigen, und die Ursache zu beseitigen. Manchmal lassen sich die Schwierigkeiten auf »Rädelsführer« zurückführen. In anderen Fällen haben sie sich so eingeschliffen, dass es am besten ist, die Gruppe oder Firma aufzulösen und neu anzufangen. Doch ehe Sie zu extremen Mitteln greifen, denken Sie daran, dass einfache Maßnahmen verblüffend wirkungsvoll sein können. In einem schwedischen Lebensmittelmarkt hängte die Filialleitung eine Liste mit den von Angestellten gestohlenen Gegenständen im Pausenraum auf. Sie erinnerte die Angestellten daran, dass die Kosten auf die Waren umgelegt werden müssten und aufgrund des geringeren Gewinns eine Gehaltserhöhung wohl nicht infrage komme. Die Diebstähle gingen rapide zurück – offenbar hatten sich die Angestellten gegenseitig im Auge.[21]

Wenn der Chef den einflussreichsten Mitgliedern der Gruppe seine Erwartungen nicht richtig vermittelt, ist die Peerkultur allerdings auch keine Hilfe. Dem ehemaligen Footballtrainer der Universität von Michigan Bo Schembechler zufolge entging seiner Mannschaft deshalb einmal die Meisterschaft. Bo hielt das Team, das er 1980 trainierte, für das beste, das er in seinen 20 Jahren als Trainer an der Universität von Michigan betreut hatte. Doch die Chancen eines Titelgewinns lösten sich in Luft auf, als das Team ein vermeintlich »einfaches« Spiel gegen die Universität von South Carolina verlor. Bo erfuhr später, dass es unter seinen Spielern Knatsch gegeben hatte und viele beklagten, sie müssten zu hart trainieren. Als Bo mit dem Mannschaftskapitän sprach, »gab der Bursche zu, dass er sich auch beschwert hatte; er fand, es lief ziemlich viel daneben«. Bo reagierte nicht ungehalten, weil er sich darüber klar wurde, dass er »den Kapitän kein einziges Mal beiseite genommen und ihm erklärt hatte, warum das Team so hart trainieren musste und wie wichtig es war – dass sich die ganze Mannschaft daran orientierte, wie er das Trainerteam sah, was er von Disziplin hielt und so weiter«. Nachdem Bo solche Gespräche mit dem Kapitän eingeführt hatte, entwickelte sich dieser zu einer positiven Kraft, das Murren hörte auf, und Michigan blieb den Rest der Saison ohne Niederlage.[22]

4. Leben Sie im Wolkenkuckucksheim?

Wenn Sie als Chef glauben, dass Sie in Sachen Drecksarbeit echt was draufhaben, kommen Sie mal von Ihrem Podest und überlegen Sie, ob Sie sich nicht etwas vormachen. Nur weil Sie sich als fair und menschlich empfinden, heißt das noch lange nicht, dass Ihre Leute Sie auch so sehen. Wie wir anhand der Studien zum »toxischen Tandem« gesehen haben, machen sich viele Chefs ein allzu positives und unvollständiges Bild davon, wie ihre Mitarbeiter auf ihr Tun reagieren. Studien zur

Disziplin am Arbeitsplatz bringen uns hier weiter: Manager, die Sanktionen verhängen, meinen meist, mit Tadel oder Degradierung das »schlechte« Verhalten ihrer Leute zu verbessern und, wenn überhaupt, nur wenige gegenteilige Effekte zu erzielen. Doch die bestraften Mitarbeiter sehen die Sache oft völlig anders, als es sich in den rosigen Berichten ihrer Chefs darstellt, und verwandeln sich unversehens in widerspenstige, wutschnaubende und hinterhältige Schlangen.

Leanne Atwater und ihre Kollegen befragten einmal einen Callcenter-Mitarbeiter, der von seiner Chefin wegen nachlassender Leistung abgemahnt worden war. »Das hat vielen von uns eine solche Angst eingejagt, dass es nicht mehr vorkam«, gab der Angestellte zu. Die Chefin hatte demnach allen Grund anzunehmen, dass die Maßnahme ihren Zweck erfüllt hatte. Doch sie merkte nicht, dass nun unterschwellig Wut brodelte. »Irgendwann«, drohte der aufgebrachte Angestellte, »werde ich es ihr heimzahlen.«[23]

Als Chef können Sie nie wissen (geschweige denn kontrollieren), wie Ihre Leute auf Sie reagieren. Doch weil Menschen Autoritätspersonen meist fürchten, manchmal auch achten, gehen Sie am sichersten davon aus, dass Ihr Urteil voreingenommen und allzu optimistisch ist und dass Ihnen Ihre Leute (weil sie fürchten, Sie könnten den Boten erschießen) keine negative Rückmeldung geben. Ich habe diese Lektion am Anfang meiner Laufbahn in Stanford gelernt, als ich einen Kurs leiten sollte, der morgens um acht Uhr begann. Da die meisten College-Studenten spät ins Bett gehen, sind Seminare am frühen Morgen bei ihnen höchst unbeliebt, und sie kommen gern zu spät. Ich entwickelte ein System, um sie zur Pünktlichkeit zu motivieren: Wer zu spät kam, musste mit den anderen Nachzüglern draußen vor der Tür warten. Wenn ich eine Zäsur machte, nach etwa zehn Minuten, ließ ich die (meist sechs oder sieben) Wartenden herein.

Ich fand, das funktionierte hervorragend. Um ganz sicherzugehen, ließ ich die Gruppe nach etwa drei Wochen über mein »Unpünktlichkeits-Kontroll-System« diskutieren. Von den etwa 75 Studierenden äußerten sich nur zwei oder drei, und zwar zustimmend. Nach dem Kurs sagte mein Assistent Dave Jalajas sinngemäß: »Bob, ich sage das nur ungern, aber die haben Angst, Ihnen die Wahrheit zu sagen – sie finden es grauenhaft.« In der nächsten Woche teilte ich eine anonymisierte Umfrage zum Prozedere aus und musste erschrocken feststellen, *dass sämtliche Studentinnen und Studenten es nicht ausstehen konnten und am liebsten sofort abgeschafft hätten.* Ich setzte es außer Kraft und ließ Dave stattdessen die Namen der Zuspätkommenden aufschreiben. Gelernt hatte ich daraus, dass die Sache nach außen anders wirkte, nur weil ich ein bisschen Macht hatte: Die mir anvertrauten Studierenden fürchteten sich davor, mir in die Augen zu sehen und mir ehrlich zu sagen, was sie dachten.

5. Lohnt es sich zu lügen?

Studien zu allen möglichen Themen – Verhandlungsführung, Rache, Unternehmensintegrität und vieles mehr – belegen, dass Menschen sauer reagieren, wenn sie sich einem (oder gleich mehreren) Lügnern gegenüberwähnen.[24] Sie rächen sich, indem sie über ihn herziehen und sich nicht mehr so anstrengen, und sie verlieren das Vertrauen in ansonsten kompetente Chefs und Kollegen. Eine führende Angestellte, mit der ich einmal zusammenarbeitete, erzählte mir, dass das Führungsteam ihrer Firma chaotische Wochen durchlebte, als das Gerücht ging, der CEO bewerbe sich um die Führungsposition in einem größeren Unternehmen. In Teamsitzungen betonte er mit allem Nachdruck, dass er keinerlei Interesse an dem anderen Job habe. Als er ihn dann nicht bekam – in Wahrheit hatte er sich doch darum beworben –, ging er, ehe er auch nur mit einem seiner Leute sprach, an die Presse und teilte mit, er habe den Job nicht etwa nicht bekommen, sondern seine Bewerbung vorzeitig zurückgezogen.

Damit bewahrte der Mann zwar in der Öffentlichkeit sein Gesicht, doch sein Team reagierte verschnupft, weil es seinen Beteuerungen geglaubt hatte. Auf die Spitze trieb es der CEO, als er auf einer Betriebsversammlung vor Hunderten von Mitarbeitern erklärte, er habe erwogen, den Job anzunehmen (der ihm nie angeboten worden war), ihn dann aber doch abgelehnt, weil er sie alle so schätze und nirgendwo anders arbeiten wolle. Es ist einerlei, was ihn zu solchen Lügen motivierte: Er höhlte damit das Vertrauen seiner Leute aus und veranlasste manch ein Mitglied seines Führungsteams dazu, ebenfalls über höhere Aufgaben nachzudenken. 18 Monate später hatte die komplette Führungsmannschaft das Unternehmen verlassen.

Wie wir gesehen haben, beeinflusst Ihr Verhalten als Chef in der Vergangenheit die Reaktion Ihrer Leute auf Maßnahmen, die Sie heute ergreifen. Wenn die Leute Sie für einen Lügner halten, können keine Einschätzbarkeit, kein Verständnis, keine Kontrolle und kein Mitgefühl in der Welt Sie – oder Ihre Firma – vor der Wut und Rachsucht retten, die Sie mit ihren früheren Sünden losgetreten haben.

6. Können Sie den Mund halten?

Drecksarbeit erfordert Diskretion. Wenn ein Chef zu entscheiden hat, wie er mit einem leistungsschwachen Mitarbeiter verfährt, eine Fusion umsetzt oder Entlassungen terminiert, können offene Diskussionen und Indiskretionen nach hinten losgehen. Erste Gespräche zwischen den Entscheidungsträgern sollten zunächst diskret und in kleinen Gruppen erfolgen. Wenn man zu früh zu viele Beteiligte einbezieht, erstickt man damit jede ehrliche Diskussion und Argumentation. Sickern geheime Geschäftsstrategien oder Entlassungslisten in der Firma durch oder gelangen gar an die Öffentlichkeit, so werden damit womöglich Gefühle verletzt oder Gesetze gebrochen. Ein Partner der Anwaltskanzlei Pillsbury Winthrop, Shaw

Pitman, kann eine abschreckende Geschichte davon erzählen, wie schädlich und peinlich solche Indiskretionen sein können. Wie schon im Vorwort erwähnt, telefonierte einer der Partner dieser Kanzlei im Februar 2009 im Zug mit dem Handy. Ein Mitreisender rechnete sich aus, wen er vor sich hatte und dass es in dem Telefonat um anstehende Entlassungen in der Kanzlei ging. Der Passagier schrieb anschließend in einem Blog:

> Wie alle anderen Passagiere saß ich schweigend da, während der Mann direkt hinter mir ein Gespräch über Bluetooth führte. Er redete so laut, dass wohl die meisten Leute im Wagen ihn gehört haben. ... Obwohl er betonte, dass es unbedingt geheim bleiben musste [oh, welche Ironie], schilderte er in diesem Gespräch detailliert die aktuellen Pläne von Pillsbury, bis Ende März in vier Kanzleien irgendwas zwischen 15 und 20 Anwälten zu entlassen, darunter führende Partner, die zu wenig verrechenbare Stunden hatten, und zwei oder drei Partner im ersten Jahr.

Nachdem auch die Presse davon Wind bekommen hatte, erklärte die Kanzleiführung (was man ihr hoch anrechnen muss): »Wir entschuldigen uns für die unglückliche Art und Weise, in der unsere Überlegungen zum Personalabbau an die Öffentlichkeit gelangt sind.«[25] Manchmal ist offene Kommunikation zwar wichtig, doch negative Gerüchte (und Fakten) machen sich leicht selbständig, und ein Chef, der den Mund nicht halten kann, kann seinen Leuten erheblichen Schaden zufügen.

7. Brauchen Sie einen *bad cop*?

Ich habe einmal eine lange »Therapiesitzung« mit einem ehemaligen Studenten durchgeführt, der als Ingenieur so Hervorragendes geleistet hatte, dass er zum Teamleiter befördert wurde. Doch er hielt sich nur wenige Monate auf diesem Posten:

»Mein Chef erklärte mir dauernd, dass mein Team zu viel Mist baute und dass ein guter Chef den Leuten auch einmal in den Hintern tritt. Das konnte ich meinen Freunden nicht antun und bat deshalb um Zurückstufung.« Ich bewundere diesen Ingenieur, weil er merkte, dass er, um es mit dem *Peter-Prinzip* auszudrücken, auf die Stufe seiner Inkompetenz aufgestiegen war, und darum gebeten hatte, wieder auf seine Kompetenzstufe zurückzukehren.

Man kann dieses Problem auch lösen, indem man das Chefsein als Gemeinschaftsaufgabe behandelt. Wenn die Drecksarbeit nichts für Sie ist, dann rekrutieren Sie einen *bad cop*, der sie für Sie erledigt. So macht es offenbar die berühmte Chefin Alice Waters. Alice leitet das Chez Panisse, ein Restaurant im kalifornischen Berkeley, und brachte eine Bewegung in der amerikanischen Küche mit auf den Weg, die sich für frische, lokale und biologische Zutaten ausspricht. Thomas McNamee berichtet in seiner Biografie, dass Alice in den fast 40 Jahren, in denen sie das Chez Panisse mittlerweile betreibt, die Mitarbeiter um sie herum mit ihrer Liebe zu den Menschen und zum Essen angesteckt hat. Doch viele Angestellte mussten in dieser Zeit das Restaurant auch verlassen, offenbar immer mit Alices Zustimmung. Ihr Geschäftspartner Greil Marcus berichtet, dass solche Entlassungen stets »absolut schonungslos und unerschrocken« vonstattengingen. Doch Alice schwingt die Axt nicht selbst, sondern einer ihrer Kollegen macht gegenüber der Person, mit der Alice nicht »zur Gänze zufrieden« ist, dezente Andeutungen. Wenn diese die betreffende Person nicht zum Gehen veranlassen, nimmt einer von Alices Kollegen die Kündigung in die Hand.[26] Wer sich also nicht überwinden kann, die Drecksarbeit selber zu machen, sollte einen *bad cop* zur Seite haben. Und wenn Sie im Gegenteil gerne hart zupacken (Mitgefühl aber nicht Ihr Ding ist), suchen Sie sich am besten einen *good cop* als Verbündeten.

Achtung – Rachsucht

Die folgenden »zwölf Chefgebote für die Drecksarbeit« fassen die wichtigsten Aussagen dieses Kapitels zusammen. Das elfte Gebot leitet sich aus einem unglücklichen Nebeneffekt der Drecksarbeit ab: Ungeachtet dessen, wie notwendig sie sein mag, schlagen die Menschen, die von Ihren Maßnahmen getroffen werden, manchmal zurück, und zwar auf kleinliche, irrationale und unwürdige Weise. Im Eifer des Gefechts fällt es einem Chef oft nicht leicht, die eigene Wut und Rachsucht in Zaum zu halten. Doch wenn Ihr Hauptmotiv für die Drecksarbeit Rache ist und nicht etwa die Steigerung der kollektiven Leistung und Menschlichkeit, dann riskieren Sie, zu einem inkompetenten Arschloch zu werden. Selbstverteidigung ist nobel und notwendig, und wenn Sie nicht überzogen rachsüchtig und unfair sind, ist Ihnen das Verständnis Ihrer Vorgesetzten, Kollegen und direkten Untergebenen sicher. Wenn Sie Glück haben (oder, noch besser, wenn Sie *ihnen* den Rücken immer frei gehalten haben), werden sie Ihnen sogar zu Hilfe eilen. Aber sollten Sie sich auf das Niveau derer herablassen, die Sie attackieren (oder gar noch tiefer sinken), laufen Sie Gefahr, in einen Teufelskreis der Rache zu geraten. Fragen Sie sich aufrichtig, ob Sie ständig vor Wut schäumen und meinen, jede Kränkung heimzahlen zu müssen, ob Sie im Leben dauernd einstecken oder austeilen, aber nie das Gefühl haben, quitt zu sein.

Ein guter Chef versteht sich zu guter Letzt auf die feine Kunst der inneren Distanz.[27] Er lernt, Menschen, die auf ihn losgehen, zu verzeihen, insbesondere dann, wenn sie unter seiner Drecksarbeit zu leiden hatten. Und er lernt auch, sich selbst zu verzeihen. Vergebung hilft nicht nur, den Teufelskreis der Rache zu durchbrechen. Menschen, die ihren Zorn loslassen können, sind auch ausgeglichener, haben einen niedrigeren Puls und Blutdruck und schlafen besser.

Die zwölf Chefgebote für die Drecksarbeit

Wie man harte Entscheidungen wirksam und menschlich umsetzt

1. Zögern Sie schmerzhafte Entscheidungen und Maßnahmen nicht hinaus. Und hoffen Sie nicht darauf, dass sich das Problem von selbst löst oder jemand anders die Drecksarbeit für Sie erledigt.
2. Gehen Sie davon aus, dass Sie keinen Schimmer haben, wie die Leute Sie und Ihre Drecksarbeit beurteilen.
3. Setzen Sie harte Entscheidungen so gut um, wie es Ihnen möglich ist, auch wenn Sie sie als falsch oder unangemessen empfinden. Oder machen Sie Platz und lassen Sie sie von jemand anders erledigen.
4. Unternehmen Sie alles, den Betroffenen den Ablauf der leidvollen Ereignisse zu erklären, damit sie *einschätzen* können, wann sie damit konfrontiert werden (oder nicht).
5. Erklären Sie frühzeitig und wiederholt, *warum* die Drecksarbeit notwendig ist.
6. Ermöglichen Sie es Ihren Mitarbeitern, zu beeinflussen, *wie* die schmerzhafte Veränderung sie erreicht, auch wenn sich nicht ändern lässt, *was* auf sie zukommt.
7. Verzichten Sie darauf, die Menschen, auf die Ihre Maßnahmen abzielen, zu erniedrigen, herabzusetzen oder schlechtzumachen.
8. Fragen Sie sich und Ihre Kollegen vor der Umsetzung, ob die Drecksarbeit wirklich nötig ist. Nur weil Ihre Konkurrenten es tun oder Sie es in der Vergangenheit immer so gehalten haben, heißt es noch lange nicht, dass es im Moment richtig ist.
9. Lügen Sie Ihre Leute nicht an, denn sonst zerstören Sie Loyalität und Vertrauen – und Ihren Ruf gleich mit.
10. Halten Sie auch mal den Mund. Wer sensible oder vertrauliche Informationen ausplaudert, schadet der Belegschaft, der Firma und sich selbst.

11. Unterlassen Sie kleinliche Racheakte gegen Mitarbeiter, die sich gegen Ihre Drecksarbeit auflehnen.
12. Lassen Sie die Drecksarbeit sein, wenn Ihnen die Macht für eine vollständige Umsetzung fehlt, egal, wie notwendig sie sein mag.

8

Bringen Sie Ihr inneres Arschloch zum Schweigen

Wenn ein Team aus renommierten Verhaltensforschern eine Position erfinden müsste, die die Inhaber zuverlässig in Arschlöcher verwandelt, wäre das Ergebnis vielen, wenn nicht den meisten Chefpositionen erschreckend ähnlich. Wie wir sehen werden, führen die üblichen Merkmale dieser Stellung – Macht, Leistungsdruck und Termindruck – oft dazu, dass Chefs ihren Mitarbeitern zu wenig Respekt entgegenbringen, sie beleidigen und überfordern. Diese Eigendynamik erklärt, warum Chefs für den Löwenanteil des Mobbings und der Übergriffe am Arbeitsplatz verantwortlich sind. Eine Umfrage des US-Meinungsforschungsinstituts Zogby im Jahr 2007, in der 8 000 repräsentative US-Bürger befragt wurden, ergab, dass 72 Prozent der Mobbingfälle am Arbeitsplatz von Vorgesetzten ausgeübt wurden, die ihre Untergebenen nach Kräften schikanierten.[1] Auch Unhöflichkeit am Arbeitsplatz findet zu 60 Prozent von oben nach unten statt.[2] In bestimmten Branchen wie im Gesundheitsbereich sind ekelhafte Chefs besonders verbreitet. Forscher, die 2 884 US-Medizinstudenten begleiteten, stellten fest, dass kaum einer seine Ausbildung absolvieren konnte, ohne von Vorgesetzten gedemütigt zu werden; das ging vor allem von den Ärzten aus, die sie bei der Arbeit am Patienten begleiteten: 63 Prozent der Studierenden wurden von den Klinikprofessoren gedemütigt (erfahrenen Medizinern also, die auch an der Universität lehren), und 71 Prozent von Krankenhausärzten (Berufseinsteigern, die den Medizinstudenten unmittelbar beigeordnet sind).[3] Ärzte und andere Vorgesetzte behandeln auch Krankenschwestern häufig wie Dreck: In einigen Studien berichten mehr als

90 Prozent der Krankenschwestern von ständigen verbalen Attacken.[4]

Wenn sie damit Werbung machen müssten, würden viele Chefs das Motto wählen: »Die Arschlöcher sind wir.« Oder sie würden gleich auf die, wie es im *Urban Dictionary* lapidar heißt, »tödliche Mischform aus *boss* und *asshole*«, *bosshole,* zurückgreifen:[5] »Die Chefärsche sind wir.« Leider erkennen sie sich selbst nur selten als solche. Und wie wir gesehen haben, hat ein Chef oft keinen Schimmer, wie seine Leute sein Verhalten interpretieren. Wie andere Menschen auch sind Chefs blind für ihre eigenen Unzulänglichkeiten und halten sich für »besser als die anderen«. Die Zogby-Umfrage ist auch hier erhellend: 37 Prozent der Amerikaner berichten, Opfer von Mobbing am Arbeitsplatz zu sein, doch weniger als ein Prozent mobbt nach eigenen Angaben selber. Selbst wenn ein Chef weiß, dass er Gefahr läuft, ein unsensibler Idiot zu werden, und wenn seine Untergebenen ihn bereits unisono als ausgemachtes Arschloch erleben, übersieht er aufgrund dieser »Chefarsch-Diskrepanz« oft geflissentlich, dass ihn seine Leute fürchten und verachten. Diese Diskrepanz führt auch dazu, dass jemand, der sich überwiegend zivilisiert aufführt, gar nicht merkt, wenn er vorübergehend zum Chefarsch mutiert.

Dies spiegelt sich in vielen Geschichten wider, die mir seit Erscheinen des Buches *Der Arschloch-Faktor* zugetragen wurden. Nehmen wir beispielsweise den Verkaufschef, der für seinen Bereichsleiter meinen »Selbsttest: Bin ich ein amtliches Arschloch?« durchgeführt hat. Dieser Fragebogen, der nicht wissenschaftlich fundiert ist, umfasst 24 brutale und ungehobelte Verhaltensweisen, die typisch für Arschlöcher sind. Mehr als 200 000 Menschen haben den Test schon ausgefüllt. Einer der Punkte hieß: »Sie fühlen sich von lauter inkompetenten Idioten umgeben – und können hin und wieder nicht anders, als ihnen die Wahrheit zu sagen.« Ein anderer lautete: »Sie fallen anderen Leuten laufend ins Wort, schließlich ist das, was Sie zu sagen haben, viel wichtiger«, wieder ein anderer: »Sie finden es hilfreich, wenn Sie einige der Idioten in der Arbeit bewusst anstarren, beleidigen oder gelegentlich sogar anbrüllen, weil die sich sonst doch nie am Riemen reißen würden.« Nach Schätzung des erwähnten Managers legte sein Bereichsleiter 22 von 24 beleidigenden Verhaltensweisen an den Tag, was ihn als ausgemachtes Arschloch auswies. Als der Manager seinem Chef von dem Test erzählte, füllte auch er ihn online aus und erklärte stolz: »Ich habe eine Drei, ich bin ein toller Chef.« Das heißt, er stufte sich selbst so ein, dass nur drei von 24 negativen Verhaltensweisen auf ihn zutrafen. In der Auswertung erfuhr er, er sei »kein amtliches Arschloch, es sei denn, Sie haben sich selbst hinters Licht geführt«. Dem angewiderten Manager zufolge führte sich dieser Bereichsleiter tatsächlich hinters Licht. Er reagierte, indem er wenige Wochen später den Job wechselte.[6]

Diese Wahrnehmungsdiskrepanz ist nicht weiter überraschend, wenn man bedenkt, dass Chefs, wie in Kapitel 1 dargestellt, ihre eigene Leistung nur unzureichend einschätzen können. Ein schlechter Chef ignoriert oder leugnet jeden Hinweis darauf, dass er diese Wahrnehmungsdiskrepanz oder andere blinde Flecken hat. Ein guter Chef nimmt das Urteil anderer ernst und akzeptiert die unbequeme Wahrheit, dass die Einschätzung der Mitarbeiter oft realistischer ist als die eigene. Wie wir als Nächstes sehen werden, ist es nicht nur der Leistung und Menschlichkeit im Team, sondern auch der Karriere und dem Ansehen des Chefs förderlich, wenn er über die nötige Selbsterkenntnis verfügt, seinen inneren Idioten klein zu halten.

Gravierende Schäden

Wie viel Schaden ein Chefarsch anrichten kann, kann man in Büchern wie *Bully at Work*, *The Cost of Bad Behavior* und *Der Arschloch-Faktor* sowie in zahlreichen wissenschaftlichen Aufsätzen nachlesen.[7] Wer sein inneres Arschloch nicht in den Griff bekommt, kann kein guter Chef sein. Da er die Menschlichkeit mit Füßen tritt, ist ein solcher Chef meiner Ansicht nach per se inkompetent. Auch wenn einem Chef der menschliche Kostenfaktor völlig schnuppe ist, sollte ihm doch zumindest auffallen, dass die Leistung seiner Leute nachlässt.

Chefärsche machen ihre Mitarbeiter krank. Die negativen Auswirkungen auf die körperliche Gesundheit sind besonders gut in europäischen Studien zu Herzerkrankungen dokumentiert. Eine finnische Untersuchung von 804 Fabrikarbeitern ergab, dass diejenigen, die von unfairer Behandlung durch Vorgesetzte berichteten, später häufiger an Herzerkrankungen starben. Auch eine britische Studie, die mehr als 6 000 Beamte 20 Jahre lang begleitete, kam zu dem Schluss, dass Mitarbeiter, deren Chefs sie zu Unrecht kritisierten, sich ihre Probleme nicht anhörten und sie nur selten lobten, häufiger unter Angina Pectoris litten, einen Herzanfall bekamen oder an einer Herzerkrankung starben.[8] Wie wir in Kapitel 1 gesehen haben, ergab auch eine schwedische Studie, die 3 000 Arbeiter zehn Jahre lang begleitete, dass diejenigen, die einen miesen Chef hatten, eher einen Herzanfall bekamen.[9] Ich würde diese schlechten schwedischen Chefs als inkompetente Arschlöcher betiteln, da ihr Management mangelhaft war und sie ihre Leute wie Dreck behandelten.

Ausgemachte Chefärsche ruinieren die Gesundheit ihrer Mitarbeiter, schüren Angst und sind mitverantwortlich für Depressionen und posttraumatische Belastungsstörungen.[10] Eine Studie unter amerikanischen Medizinstudenten kam jüngst zu dem Schluss, dass schikanierte und erniedrigte Studenten zu Stresssymptomen, Depression und Alkoholmissbrauch neigten und Selbstmordgedanken hegten. In Gesprächen beschreiben die Opfer von Chefärschen die Gefühle, die sie plagen, mit Worten wie »verstümmelt«, »zerrissen« und »zerbrochen«. Ein Polizist erklärte, es sei, als »reiße man einer Fliege die Flügel aus«, ein anderer bezeichnete es als »chinesische Wasserfolter«. Und eine Lehrerin schließlich meinte, sie sei gefühlsmäßig völlig taub geworden, »wie ein Zombie«.

Wer mobbt, schädigt auch das Umfeld, denn Mitarbeiter, die solch widerwärtiges Verhalten beobachten, reagieren mit Angst, Verzweiflung und innerem Rückzug. Addiert man die Folgen für Opfer und Zeugen, so haben der Zogby-Umfrage aus dem Jahr 2007 zufolge mobbende Chefs in den USA über 20 Millionen Beschäftigte aus ihren Jobs getrieben. Besonders beunruhigend sind die Folgeschäden in den Familien der Betroffenen. Professor Pamela Lutgen-Sandvik berichtet von einer Frau, die ihren gemobbten Ehemann nicht mehr unterstützen konnte: »Er wurde unsichtbar für mich, weil ich es nicht mehr ertrug, ihn so zu sehen. Jeden Tag ging er auf diese grässliche Arbeit. Und jeden Tag wollte ich weglaufen.«[11]

Als ich die Leserinnen und Leser meines Blogs fragte, ob ihre Freunde und Angehörigen unter Folgeschäden ihres Arschloch-Chefs litten, wurde ich von entmutigenden E-Mails und Kommentaren geradezu überschwemmt. Eine Frau antwortete, sie habe gerade das familiäre Abendessen ruiniert: Nachdem ihr Chef sie den ganzen Tag beschimpft, erniedrigt und bis ins Kleinste kontrolliert habe, habe sie ihren Mann und die Kinder angeschrien. Ein Opfer eines »selbstgefälligen Arschlochs von Chef« schickte mir eine Liste der »Folgewirkungen auf mich und meine Familie«, darunter diese: »Wenn ich nach Hause kam, musste ich erst einmal alles loswerden, und meine Frau musste sich jeden Abend mein Geläster anhören. Das begann beim Abendessen und dauerte meist zwei Stunden.« Inmitten all des Elends finden sich allerdings auch schwarzer Humor und sogar ausgleichende Gerechtigkeit. Eine Führungskraft aus dem Südwesten der USA berichtete von ihrem fiesen und inkompetenten CEO und merkte an: »Meine Kinder haben ihm den Spitznamen RIESENARMLEUCHTER gegeben.« Auch die ausgleichende Gerechtigkeit kam in diesem Fall zum Zuge, denn diese Frau sorgte gemeinsam mit Kollegen dafür, dass Mr. Riesenarmleuchter gefeuert wurde. Heute ist sie die Firmenchefin und kümmert sich um die Schaffung einer zivilisierten Arbeitsatmosphäre.[12]

Chefärsche wirken sich mit ihren bösartigen Winkelzügen gleich in mehrfacher Hinsicht negativ auf die Leistung aus. Ihren gepeinigten Mitarbeitern mangelt es an Engagement und Zufriedenheit. Sie sind weniger kreativ und zielstrebig, geben sich nicht so viel Mühe, zeigen bei schwierigen Aufgaben weniger Ausdauer, fehlen häufiger und kündigen eher. Wayne Hochwarter und Samantha Engelhard führten eine Umfrage unter 180 Beschäftigten durch. Diejenigen, die einen beleidigenden Chef hatten, räumten fünfmal häufiger (30 Prozent gegen sechs Prozent) ein, absichtlich langsamer zu arbeiten oder Fehler zu machen.[13] Timothy Judge und seine Kollegen begleiteten drei Wochen lang 64 Beschäftigte und sammelten in dieser Zeit detaillierte Informationen über sie und ihre Vorgesetzten. Sie kamen zu dem Schluss, dass sogar vorbildliche Mitarbeiter »ablehnend und unproduktiv« wurden, »wenn ihr Chef unhöflich oder gemein war«. Das führte dazu, dass sie, statt zu arbeiten, tratschten, klauten, intrigierten und ihre Pausen in die Länge zogen. In einer Studie wurden in 265 Fast-Food-Restaurants unverschämte Geschäftsführer untersucht. Ein solcher Chef zeichnete sich nach Aussage von Mitarbeitern etwa dadurch aus, dass er »sagt, was ich meine und fühle, sei idiotisch« oder »mich anschnauzt, wenn er wegen etwas anderem wütend ist«. Die Restaurants dieser Chefärsche wiesen eine erheblich höhere Rate von »Nahrungsmittelschwund« auf, die sich auf Reaktionen der Mitarbeiter zurückführen ließen, etwa Diebstahl oder mangelnde Effizienz bei der Zubereitung der Speisen.[14]

Firmen, in denen Chefärsche überhandnehmen, ruinieren damit ihren Ruf. Man stelle sich vor, wie es bei den Kunden ankam, als George Brunt, Chefsyndikus bei Prosper Inc., einem Dienstleister, der Führungskräfte fortbildet, einem Journalisten erklärte: »Wir sind nicht die fiese Wasserfolter-Firma, für die man uns hält.«[15]

Was Brunt zu so einem bizarren Dementi trieb? Anfang 2008 hatte Chad Hudgens gegen Prosper geklagt, weil er bei einem Firmenpicknick die Wasserfolter über sich ergehen lassen musste. Die *Washington Post* berichtete (mit Hinweis auf die Klageschrift), Hudgens Chef Joshua Christopherson habe ein »testosteronverseuchtes Umfeld« geschaffen. Wenn sein Team einen Tag lang keinen neuen Auftrag vorweisen konnte, nahm Christopherson den Leuten die Stühle weg und ließ sie im Stehen arbeiten, bis sich ein Erfolg einstellte. Ein Stück Holz auf seinem Schreibtisch bezeichnete er angeblich als »Motivationsklotz«. Am 29. Mai 2007 dann übertraf sich Christopherson offenbar selbst. Der Anklage und den Aussagen aus dem Prosper-Management zufolge steckte das Team in einer Verkaufskrise, und Christopherson suchte Freiwillige für eine »teambildende Übung«. Chad Hudgens meldete sich. Die *Post* berichtete, Minuten später habe er »auf dem Rücken gelegen, den Kopf nach unten; Kollegen knieten zu beiden Seiten und hielten den jungen Außendienstmitarbeiter fest, während ihr Vorgesetzter aus einem großen Krug Wasser auf Nase und Mund goss«. Aussagen zufolge erklärte Christopherson: »Ihr habt gesehen, wie Chad gerade kämpfen musste, um Luft zu bekommen. Ich will, dass ihr wieder reingeht und genauso kämpft, um Aufträge zu bekommen.« Der Chefsyndikus von Prosper, George Brunt, bestritt später nicht, dass Hudgens beim Firmenpicknick Wasser in den Mund gegossen wurde, verteidigte aber sein Unternehmen mit dem Hinweis darauf, dass die Übung keine 20 Sekunden gedauert und dass Christopherson Hudgens wiederholt gefragt habe, ob alles »in Ordnung« sei. »Ich kann nicht behaupten«, sagte er, »dass er nicht festgehalten wurde, aber diejenigen, die ihn festhielten, hätten ihn auf ein Handzeichen hin sofort losgelassen.«

In der Klageschrift hieß es, Hudgens habe nach dem Zwischenfall unter Angstzuständen und Depressionen gelitten und die Firma bald verlassen. Das Firmenmanagement räumte ein, der Vorgang sei unangemessen und nicht autorisiert gewesen, behauptete jedoch, mit Folter habe er nichts zu tun. Die Klage wurde zwar im August 2008 abgewiesen (nicht aus sachlichen, sondern aus verfahrenstechnischen Gründen), doch von der Öffentlichkeitswirkung her war das Verfahren für Prosper ein Albtraum.[16] Das ist ein extremes Beispiel, aber egal, wie sich eine Firma den Ruf erwirbt, von Arschlöchern durchsetzt zu sein – Kunden und Mitarbeiter schreckt es jedenfalls ab.

Firmenleitungen, die die AGK (»Arschloch-Gesamtkosten«) ihrer Firma errechnen, sehen sich häufig veranlasst, das Klima zu verbessern und beleidigende Chefs zu bekehren oder loszuwerden. Die Kosten addieren sich schnell: Krankenstand, Leistungsminderung, Kreativitätseinbußen, Fehler, Personalanwerbung und PR-Maßnahmen, um nur einige Faktoren zu nennen. Wie in *Der Arschloch-Faktor* aufgezeigt, können schon die Kosten, die nur ein Arschloch verursacht, enorm sein: Die Personalabteilung einer Softwarefirma ärgerte sich zunehmend über »Ethan«, einen anmaßenden Starverkäufer, und verbrachte Tage damit auszurechnen, was für Kosten dieser Fiesling verursachte – etwa durch die Neubesetzung der Stelle seiner Sekretärin, die er hinausgeekelt hatte, Wutmanagement-Seminare, Anwälte und die Zeit, die Manager und Firmenleitung darauf verwendeten, Ethan zu beruhigen und das Chaos hinter ihm aufzuräumen. Die Personalabteilung schätzte die AGK für Ethan auf jährlich 160 000 Dollar!

Ein weiterer Kostenfaktor sind sogenannte »Arschlochsteuern«.[17] Leute, die für berüchtigte Arschlöcher arbeiten, fordern häufig eine höhere Bezahlung als Entschädigung dafür, dass sie sich die miese Behandlung gefallen lassen. Die Personalabteilung gesteht Sekretärinnen, die für Arschlöcher arbeiten, oft eine Art »Erschwerniszulage« zu, um sie für die Beleidigungen zu entschädigen und sie zum Bleiben zu bewegen. Unzählige Anwälte, Berater und Rechnungsprüfer haben mir berichtet, dass sie für einen unverschämten Klienten nur noch einmal tätig werden, wenn ihnen gar nichts anderes übrig bleibt, und dass sie in diesem Falle zum Ausgleich höhere Honorare verlangen, weil Arschlöcher mehr Zeit und innere Kraft in Anspruch nehmen. Ein europäischer Berater erklärte in einem Kommentar auf meinem Blog die evidenzbasierte »Arschloch-Preisgestaltung« seiner Firma so:

> Wir haben daher das alte Preissystem völlig abgeschafft und arbeiten nur noch mit einer Liste schwieriger Kunden, die mehr bezahlen müssen. Schon bevor *Der Arschloch-Faktor* bekannt wurde, hieß das bei uns der »Arschloch-Preis«. Das ist nicht nur eine Gebühr oder ein Aufschlag auf den regulären Preis. Der gesamte Preis wird von Kriterien rund ums Arschloch bestimmt.[18]

Chefärsche erzeugen auch Anwaltskosten. Die Anwälte streiten noch darüber, ob es rechtmäßig ist, ein »gleichmacherisches Arschloch« zu sein, eines also, das einfach jeden wie Dreck behandelt, unabhängig von Geschlecht, Hautfarbe, Alter, Religionszugehörigkeit und Herkunft. Doch sie riechen Geld. In mindestens 17 US-Bundesstaaten wird derzeit über Gesetze gegen Mobbing nachgedacht, wie es sie in Australien, Kanada, Großbritannien, Irland und Schweden bereits gibt.[19] Gerichtsverfahren aus jüngerer Zeit belegen, dass US-Anwälte gleichmacherischen Chefärschen ansehnliche Summen abnehmen können. In einem Prozess in Indiana, angestrengt von Joseph E. Doescher, seines Zeichens Kardiotechniker (der bei einer Operation für die Geräte zuständig ist), erklärte dieser, der Herzchirurg Dr. Daniel H. Raess habe ihn gezielt gequält und bedroht. Er habe ihn angeschrien, sei auf ihn losgegangen und habe erklärt, seine Karriere sei am Ende. Eine dadurch ausgelöste schwere Depression habe Doescher gezwungen, seine Stelle, die mit 100 000 Dollar im Jahr dotiert war, zu kündigen und für 20 000 Dollar im Jahr Hundezwinger zu reinigen. Die Geschworenen gestanden Doescher eine Entschädigung von 325 000 Dollar zu, eine Entscheidung, die vom Obersten Gerichtshof von Indiana bestätigt wurde.[20]

Chefärsche schaden sich auch selbst. Wie schon erwähnt, sind die Mitarbeiter eines mobbenden Chefs weniger effektiv, was wiederum auf ihn zurückfällt, da ein Chef für die schlechte Leistung seiner Leute verantwortlich gemacht wird. Chefärsche müssen auch persönlich bezahlen. Ethan, der beleidigende Verkäufer, wurde mit einer Beschneidung seiner Zulage bestraft. Dr. Raess wurde in der Presse als Monster dargestellt, und auch die dem Opfer zugesprochenen 325 000 Dollar galten nicht dem Krankenhaus, sondern ihm. Manchmal schließen sich Opfer zusammen, um einen Chefarsch loszuwerden. Pamela Lutgen-Sandvik beschreibt eine mobbende Chefin, die paradoxerweise ein Frauenhaus leitete. Sie übte erbarmungslose Kritik an ihren Leuten, überwachte sie auf Schritt und Tritt und sparte nicht mit persönlichen Beleidigungen. Nachdem sieben Führungskräfte ihre Beschwerden einem Vorstandsmitglied vorgebracht und mit der Kündigung gedroht hatten, falls die Chefin bliebe (weil sie »es nicht mehr aushielten«), wurde sie entlassen.[21]

Der gemeine Chefarsch: Ursachen und Abhilfe

Warum gelten so viele Chefs unter ihren Mitarbeitern als grausam? Mir ist kein Chef untergekommen, der seinen Leuten das Gefühl vermitteln will, dass er sie demütigt, missachtet und zermürbt. Trotzdem sind viele Chefs Kräften ausgesetzt, die ihre unsensible und fiese Seite herauskehren. Wie schon gesagt, scheint der Job geradezu dazu prädestiniert zu sein, den Inhaber in ein Arschloch zu verwandeln. Es ist schwierig, vielleicht unmöglich, Chef (oder auch nur Mensch) zu sein, ohne hin und wieder zumindest vorübergehend das Arschloch herauszukehren. Aber wenn er sich dieser Kräfte bewusst ist und sie aufmerksam bekämpft, kann ein Chef verhindern, ein ausgemachtes Arschloch zu werden, und Schadensbegrenzung betreiben, wenn sein innerer Hornochse das hässliche Haupt erhebt.

1. Toxisches Tandem und Machtvergiftung

Professor Dacher Keltner untersucht seit 15 Jahren das Kräftespiel der Macht. »Wenn Forscher Menschen im Rahmen eines Versuchs Macht übertragen«, so Keltner, »dann ist es wahrscheinlicher, dass diese Menschen andere unangemessen berühren, dass sie unverblümter flirten, anderen ins Wort fallen, unpassende Bemerkungen machen, andere beim Sprechen nicht ansehen« und »sich auf aggressive und erniedrigende Weise über Freunde und Kollegen lustig machen«.[22] Wie er in einer anderen Studie aufzeigt, zeigt jemand, der etwas Macht erhält, weniger Anteilnahme und Betroffenheit, wenn ihm sein Gegenüber von schmerzlichen Erfahrungen erzählt, etwa einem sterbenden Freund oder Zukunftsängsten. Keltner zufolge verhalten sich »Menschen mit Macht eher wie Patienten mit einem Defekt im orbitofrontalen Kortex im Gehirn (also dem Bereich des Frontallappens, der direkt hinter den Augen liegt), der ein übertrieben impulsives und unsensibles Verhalten nach sich zieht. Man kann sich demnach die Machterfahrung vorstellen, als werde jemandem der Schädel geöffnet und der Teil des Hirns entfernt, der für Empathie und sozial angemessenes Verhalten unerlässlich ist.«

Keltner übertreibt hier etwas, denn immerhin gibt es eine Menge empathischer und durchaus zivilisierter Chefs. Doch vieles deutet darauf hin, dass Macht Menschen in unsensible Idioten verwandelt, die blind werden für die Bedürfnisse und Wünsche ihrer Untergebenen. Umgekehrt gibt es schlüssige Hinweise darauf, dass Untergebene übertrieben genau das Verhalten ihres Chefs beobachten und ihm stets die schlimmsten Absichten unterstellen.[23] Aufgrund dieses toxischen Tandems merken Chefs oft gar nicht, dass sie ihre Mitarbeiter verärgern und verletzen. Der Bereichsleiter einer Werbeagentur erzählte mir von einem Kundenbetreuer, den er rügen musste, weil er seine direkten Untergebenen wiederholt persönlich beleidigt hatte. So hatte er ihnen vorgehalten, sie seien furchtbar gekleidet und ihre Ernährung mache sie krank, oder er hatte ihnen Faulheit vorgeworfen und sich über ihre geringen Aufstiegschancen mokiert. Die negative Rückmeldung des Bereichsleiters war für den Mann ein Schock. Er gab »freundliche Neckereien« zu, behauptete aber, seine Leute ließen sich gern von ihm aufziehen und mochten ihn – obwohl das genaue Gegenteil der Fall war.

In anderen Fällen sind Chefs wegen des toxischen Tandems so mit sich selbst beschäftigt, dass sie ihre Untergebenen wie Luft behandeln. Im Vorwort habe ich eine Anwaltssekretärin erwähnt, die schweigend litt, während die Anwälte sie mit lautstarken Gesprächen neben ihrem Schreibtisch ablenkten und sie auch verletzten, da sie sie behandelten wie Luft. Ein ähnlich unsensibles Verhalten beschrieb eine andere Rechtsanwaltssekretärin auf ihrem Blog *She's Lump*:

> Seit etwas über einer Woche führe ich eine Liste darüber, was ich mir, wenn ich im Fahrstuhl nach oben in mein Büro fahre,

> alles anhören muss. Es ist ja nicht etwa so, dass ich lauschen würde, denn immerhin bin ich ja in einem Fahrstuhl, und da kann man sich kaum unterhalten, ohne dass andere mithören – in dem Fall bin das ICH. Diese Anwälte stecken ihre Nase in anderer Leute Angelegenheiten und breiten vor ihren Zuhörern im Fahrstuhl die ihren aus (na ja, nicht alle sind so). Vielleicht reißen sie ja auch nur das Maul auf. Versuchen, sich gegenseitig auszustechen. Echte Arschlöcher eben.[24]

Diese Arschlöcher gaben mit ihrem piekfeinen Golfklub an, mit ihren astronomischen Grundstückssteuern und damit, dass sie »sich am Wochenende von ihren Sekretärinnen die Akten ins Strandhaus nach Florida oder ins Apartment in New York City oder Las Vegas schicken lassen.« Der Blogbeitrag schließt mit einem Gespräch zwischen zwei Anwälten:

> »Gestern Abend habe ich mir einen Porsche 911 Carrera 4S gekauft, mit allem Schnickschnack, metallic schwarz mit dunkelgrünem Leder. Einfach Klaaaaasse.«
>
> »Ach ja? Ich hab mir vor ein paar Wochen mein erstes Flugzeug zugelegt.«

Wenn ich mit Chefs darüber spreche, dass Macht degeneriert, so beobachten sie dieses Phänomen oft an anderen, aber selten an sich selbst. Viele dieser Chefs lügen sich in die eigene Tasche – immerhin beeinflusst das toxische Tandem Menschen mit Macht, völlig unabhängig von ihrer Persönlichkeit. Ein guter Chef akzeptiert die unbequeme Wahrheit – »Die Arschlöcher sind wir« – und hütet sich davor, vorübergehend wie ein Arschloch aufzutreten, denn so handelt er sich nur den Ruf eines ausgemachten Arschlochs ein. Das bedeutet, dass Sie als Chef vertrauenswürdige Berater brauchen, Mentoren und Mitarbeiter, die sich trauen, Ihnen zu sagen, wenn Sie sich wie ein Vollidiot aufführen. Eine Softwarefirma im Silicon Valley, SuccessFactors, erregte vor ein paar Jahren großes öffentliches

Aufsehen mit ihrer Unternehmensstrategie »Keine Arschlöcher«. Der Angestellte Max Goldman erklärte auf dem Firmenblog, wie es funktionierte:

> Meine persönliche Erfahrung mit »Keine Arschlöcher« ist ganz einfach. Mein Chef hat sich einmal aufgeführt wie ein Idiot. Und das habe ich ihm gesagt – mit genau diesen Worten. Statt wütend zu werden, hat er es hingenommen, und wir haben uns wieder unserer Arbeit zugewendet. Später hat er sich bei mir für meine Offenheit bedankt. Mein Chef hat sich bedankt, weil ich ihn als Idioten bezeichnet habe. Ich will das wiederholen: **Mein Chef hat sich bedankt, weil ich ihn als Idioten bezeichnet habe**. Ich habe das Kind beim Namen genannt, und deshalb konnten alle besser arbeiten und mehr schaffen. Geht das in Ihrer Firma auch?[25]

Chefs, die sich von der Macht nicht degenerieren lassen, weil sie auf andere hören, sind meist schon dafür bekannt, dass sie ihre Leute mit Respekt behandeln, ihnen zuhören und aus Kritik lernen, statt in die Defensive zu gehen und den Boten zu erschießen. Als Chef sind Sie darauf angewiesen, dass Ihre Kollegen und Mitarbeiter Ihnen auch mal negative Rückmeldung geben. Das setzt aber voraus, dass Sie mit Anstand reagieren und an sich arbeiten, wenn Sie jemand einen Idioten nennt, wie Max Goldmans Chef.

2. Hoher Leistungsdruck

Jeder Chef hat die Neigung, sich zu viel auf die Leistung und zu wenig auf die Menschlichkeit zu konzentrieren, doch wenn der Leistungsdruck übermächtig wird, kippt das Gleichgewicht endgültig. Für unzählige Chefs ist das der Normalfall. Sie arbeiten in Branchen mit extrem großem Konkurrenzdruck und hetzen ständig dringenden Terminen hinterher. Viele Chefs werden gelobt, sind stolz und erhalten ansehnliche

Boni, wenn ihr Team oder ihre Firma Erfolg hat – und viele werden gerügt, schämen sich, müssen Gehaltseinbußen hinnehmen oder werden sogar entlassen, wenn ihre Leute versagen. Ein solcher Druck mag erklären, was in der Firma Prosper geschah, als Joshua Christopherson dem Verkäufer Chad Hudgens Wasser eintrichterte. Sogar Hudgens berichtete, dass Christopherson eigentlich gut drauf war und alle bei Prosper ihn mochten. Doch der Leistungs-»Dampfdrucktopf«, wie Hudgens es formulierte, trieb seinen beliebten Chef womöglich dazu, sich ganz auf die Verkaufszahlen zu konzentrieren und Würde und Wohlergehen seiner Leute hintanzustellen.

Unter Zeitdruck gehen Menschen besonders unsensibel mit anderen um. In Umfragen, die Christine Pearson und Christine Porath durchführten, gaben fast 50 Prozent der Beschäftigten an, nicht genug Zeit für einen höflichen Umgangston am Arbeitsplatz zu haben.[26] Ein klassisches – und herrlich ironisches – Experiment zeigt besonders eindrücklich, was Zeitdruck mit Menschen macht. Im Jahr 1973 baten die Psychologen John Darley und Daniel Batson Studenten am Theologischen Seminar von Princeton, einen kurzen Vortrag über den barmherzigen Samariter zu halten, die Parabel aus dem Neuen Testament über die Hilfsbereitschaft Notleidenden gegenüber. Nachdem sie den Auftrag erhalten hatten, gingen die Seminaristen durch eine Gasse zu dem Gebäude, an dem sie den Vortrag halten sollten. Dort begegneten sie einer Person (einem von den Wissenschaftlern dort platzierten Lockvogel), die mit gesenktem Kopf und geschlossenen Augen dahockte, hustete und stöhnte. Zur Krönung des Ganzen war es mit um die minus 15 Grad Celsius eiskalt draußen, da das Experiment in einem für New Jersey ungewöhnlich kalten Dezember stattfand. Einem Teil der Seminaristen sagten die Forscher, sie bräuchten sich nicht beeilen, andere hielten sie zu mäßiger Eile an, einer dritten Gruppe teilten sie mit, sie dürfe keine Zeit verlieren, da sie bereits spät dran sei. Der unterschiedliche Zeitdruck hatte enorme Auswirkungen:

63 Prozent derer, die Zeit hatten, machten Halt, um dem Mann in der Gasse zu helfen. Von denen, die etwas in Eile waren, halfen 45 Prozent, doch nur zehn Prozent derer, die es sehr eilig hatten, boten ihre Hilfe an – die anderen 90 Prozent hasteten an dem Mann, der offenbar in größter Not war, vorbei, um über die guten Taten des barmherzigen Samariters zu sprechen.[27]

John Darley und Daniel Batson schreiben diese Gefühllosigkeit der inneren Anspannung und der kognitiven Einengung zu: Wem Zeitdruck zusetzt, der konzentriert sich auf die Aufgabe, die unmittelbar ansteht, und blendet alles andere aus. Um solch eine Einengung (und den damit einhergehenden Unmut) unter Druck zu vermeiden, müssen Sie sich und anderen die großen Ziele in Erinnerung rufen und die Langzeitperspektive in den Blick rücken. Wenn ihre Leute das Ziel aus den Augen verlieren, sich in die Haare kriegen oder sich selbst allzu ernst nehmen, geben manche Chefs den vernünftigsten und gelassensten ihrer Mitarbeitern das Ruder in die Hand. Ein Computerspielehersteller, der ein Team aus Spieleentwicklern leitete, erzählte mir einmal von einem Mitarbeiter, der sich den Spitznamen »*Mr. Calm*« erworben hatte. Auf einer Sitzung brüllte dieser Chef herum, weil das Team mit einem Projekt in Zeitverzug war und die Firmenleitung zur Eile drängte. Doch Mr. Calm besänftigte die Hysterie seines Chefs mit Sätzen wie »Solche Situationen haben wir alle schon erlebt«, »Wenn wir uns gegenseitig die Augen aushacken, machen wir es nur noch schlimmer« oder »Wir entwickeln eher ein besseres Spiel, wenn wir mit Sorgfalt arbeiten, als wenn wir in Hektik verfallen und schlampen«.

Die kreativste Methode, Menschen unter Leistungsdruck zu beruhigen, die mir bekannt ist, wendete ein italienischer Chef an, den ich in einem Seminar für Führungskräfte an der Stanford University kennenlernte. Im Anschluss an Leistungsevaluationen, in denen sich seine unmittelbaren Untergebenen schon von kleinster Kritik schwer getroffen fühlten, relativierte er das ganze Prozedere, indem er seine Leute in ein Hospiz führte, wo sie sterbenden Patienten und ihren Angehörigen begegneten. Er brachte ihnen in Erinnerung, dass die Leistungsevaluation im größeren Kontext relativ unbedeutend war, und nahm die nächsten Bewertungen an Ort und Stelle vor, im Hospiz. Und nicht zuletzt sollte man David Kelleys Rat aus Kapitel 1 befolgen: Wenn Sie ein Chef sind, der seine Leute schon lange respektvoll behandelt und sich Pluspunkte bei ihnen erworben hat, wird Ihnen wahrscheinlich verziehen, wenn Sie unter Druck hin und wieder unangenehm werden. Immerhin können sie von den Pluspunkten zehren. Wenn Sie aber bereits als Arschloch gelten, dürfen Sie nicht allzu viel Mitleid – oder zusätzliches Engagement – von Ihren Leuten erwarten, wenn es mal hart auf hart kommt.

3. Schlafentzug, Hitze und andere körperliche Ursachen für schlechte Laune

Anfang 2002 verbrachte ich auf meiner Werbetour für mein Buch *Der Querdenker-Faktor* einen wunderbaren Tag in London. Höhepunkt war eine Radiosendung bei der BBC mit dem verstorbenen Sir Peter Parker, einem Spitzenmanager, der in England wegen seiner Verdienste im privaten und öffentlichen Sektor großes Ansehen genoss. Insbesondere sorgte er als Chef von British Rail für pünktliche Züge. Der charmante Sir Parker hatte allerlei gute Managementtipps parat. Am besten gefiel mir der Rat, einen Nachmittagsschlaf zu halten. Ihm habe dieses Nickerchen in seiner gesamten Karriere dazu verholfen, Weisheit und Höflichkeit zu bewahren. In den britischen Führungsetagen hat so ein Nickerchen offenbar Tradition. Auch Winston Churchill, der Großbritannien durch den Zweiten Weltkrieg führte, plädierte dafür: »Die Natur hat nicht vorgesehen, dass der Mensch von acht Uhr morgens bis Mitternacht arbeitet, ohne sich durch ein gesegnetes Schläfchen zu erfrischen, das, auch wenn es nur 20 Minuten währt, völlig ausreicht, um neue Lebenskraft zu spenden.«[28]

Studien zum Schlafentzug zeigen, dass Parker und Churchill durchaus recht hatten, denn Menschen, die zu wenig schlafen, treffen schlechte Entscheidungen und mutieren zu ungeduldigen Idioten, ja sie reagieren in schweren Fällen sogar völlig irrational und erleiden heftige Wutanfälle.[29] Ein Nickerchen verhindert solche negativen Effekte und macht auch Menschen, die nicht unter Schlafentzug leiden, erfolgreicher und höflicher. 15 bis 60 Minuten Schlaf steigern die Kreativität, heben die Aufmerksamkeit, helfen beim Orten von Fehlern und verbessern die Stimmung, auch bei Menschen, die normalerweise kein Nickerchen halten.[30] Der Schlafforscher Mark Rosekind berichtet, dass er während seiner Tätigkeit bei der NASA Piloten im Cockpit feste Schlafzeiten verordnete: »Wenn zwei Piloten das Flugzeug flogen, hatte der dritte 40 Minuten zum Schlafen. Wir stellten fest, dass die Piloten [durchschnittlich] 26 Minuten schliefen und damit ihre Leistung um 34 Prozent und ihre Aufmerksamkeit um 54 Prozent steigerten.«[31]

Vor allem wenn der nächtliche Schlaf gestört ist, sollte man ein kurzes Nickerchen einlegen – und es auch anderen empfehlen. Das steigert die Leistung und verbessert den Umgangston. Der erfolgreiche Unternehmer Brian Wiegand, CEO bei Alice.com, ist ein großer Fan des Kurzschlafes. Er nimmt sich möglichst täglich eine Auszeit und rät seinen Mitarbeitern, dasselbe zu tun. Während er schläft, hängt Wiegand ein Gummiband als »Nicht stören«-Zeichen an seinen Türgriff. Den Einwand, dass ein Nickerchen unnötig und unprofessionell sei, weist er mit dem Hinweis auf den Forschungsstand zurück und erinnert an berühmte Kurzschläfer wie Albert Einstein, Thomas Edison, John F. Kennedy und Ronald Reagan.

Schlechte Laune kann auch andere körperliche Ursachen haben, etwa ungenügende Nahrungsaufnahme, Überstunden, einen langen Arbeitsweg, zu wenig Sport und Alkohol- oder

Drogenmissbrauch. Jeder Chef weiß, dass solche Probleme Menschen zu inkompetenten Idioten machen können. Eine andere gut dokumentierte Ursache für schlechte Laune ist weniger bekannt. In Shakespeares *Romeo und Julia* sagt Benvolio:

> Mercutio, bitte, lass uns hier verschwinden.
> Der Tag ist heiß, die Capels schwärmen rum.
> Wenn wir sie treffen, gibt's doch gleich Krawall,
> da kocht das Blut in dieser Brodelhitze.[32]

Da hatte Shakespeare völlig recht. Wenn Menschen schwitzen, werden sie unangenehm. Dass sie dann anderen »die Hölle heißmachen«, belegen Studien zum Zusammenhang von Temperatur und Aggressionen: In warmen Ländern gibt es mehr Morde und politische Gewalt, in warmen Jahren ereignen sich mehr Gewaltverbrechen, an warmen Tagen wird mehr gehupt als an kalten (zumal wenn es im Auto keine Klimaanlage gibt), Probanden gaben »Lernenden« zur Strafe stärkere Elektroschocks, wenn man sie in einen warmen Raum setzte, in warmen Räumen fühlen sich Menschen weniger zu Freunden oder auch Fremden hingezogen, und auch die Werfer der höchsten US-Baseballliga werden »in der Hitze des Gefechts« unangenehm. In ihrer Studie mit dem Titel »Temper and Temperature on the Diamond« untersuchten Alan Reifman und seine Kollegen 826 Baseballspiele in drei Jahren. Wie sich aus den Daten ablesen lässt, war die Wahrscheinlichkeit, dass der Werfer (mit dem Baseball) absichtlich den Schlagmann traf, dreimal höher, wenn die Temperatur über 32 Grad Celsius lag, als wenn sie 26 Grad nicht überstieg.[33]

Es gibt eine ganze Reihe von Theorien dazu, warum die Menschen in der Hitze grantig werden, vom Hinweis darauf, dass Männer beim Schwitzen einen höheren Testosteronspiegel aufweisen (was sie aggressiver macht), bis hin zu der einfachen Feststellung, dass Hitze unangenehm ist, die Leute missmutig werden und alles (einschließlich ihrer Kollegen) in einem negativeren Licht sehen. Egal, woran es nun liegt: Wenn Sie und Ihre Mitarbeiter einen kühlen Kopf bewahren, dann kommt schlechte Stimmung gar nicht erst auf. Jemand, der schon missgelaunt ist, wird in der Hitze noch reizbarer und aggressiver. Falls Sie oder Ihre Leute also schon schlecht drauf sind, sollten Sie daher besonders darauf achten, im Winter nicht zu stark zu heizen und ihre Sitzungen im Sommer in klimatisierten Räumen oder an einem kühlen Fleckchen abzuhalten.

4. Schlechte Vorbilder

Wenn ein aufstrebender Chef von jemandem beraten oder angeleitet wird, der ihn und andere wie Dreck behandelt – unabhängig davon, ob der ehrgeizige Aspirant es merkt oder nicht –, so übernimmt er oft dieses erniedrigende Verhalten, wenn er selbst zum Chef wird. Häufig bewundern Aufsteiger berühmte (angeblich) fiese Chefs und eifern ihnen nach, etwa dem früheren Disney-Chef Michael Eisner, den mit dem Academy Award ausgezeichneten Produzenten Scott Rudin oder der Lifestyle-Fachfrau Martha Stewart. Scott Berkun zufolge werden Chefs unter anderem deshalb zu Arschlöchern, weil sie, wenn sie »jemandem nacheifern, der mächtiger ist als sie, nicht zwischen guten und schlechten Eigenschaften unterscheiden, sondern alle kopieren«.[34]

Da es auf dem Gesundheitssektor von schlechten Vorbildern nur so wimmelt, vermehren sich dort Arschlöcher wie die Kaninchen. Ein leitender Chirurg in einem großen Krankenhaus schrieb auf meinem Blog:

> Ich genoss eine »Elite«-Ausbildung an einem Elitekrankenhaus. ... Tag für Tag erlebte ich unglaubliche seelische Grausamkeit. Als Ärzte in der Ausbildung trafen wir uns nach einer anstrengenden Woche freitags in einer Bar um die Ecke

> auf ein paar Bier. Wir führten ein ledergebundenes Buch. Der Höhepunkt unserer Happy Hour war die Nominierung und Wahl des »Oberarzt-Arschlochs der Woche« oder OADW. Jeder, der gedemütigt worden war, erzählte, was er mit dem jeweiligen Oberarzt erlebt hatte und warum dieser die Nominierung zum »Arschloch der Woche« verdiente. Dann stimmt die Gruppe ab, und der Name des »Gewinners« wurde ins Buch eingetragen. Dazu kam eine kurze Schilderung des »Arschloch-Ereignisses«.[35]

Es ist verlockend, Mentoren und Autoritätsfiguren nachzuahmen. Wenn sich alle ringsum aufführen wie Vollidioten und die Widerlinge an der Spitze anhimmeln, fehlt das positive Rollenvorbild, und es wird oft als Schwäche ausgelegt, wenn jemand aus dem fiesen Verhalten ausschert. Wenn sich Aufsteiger aber zusammenschließen, um sozialen Gegendruck aufzubauen, können sie es vermeiden, in die Fußstapfen der Fieslinge zu treten. Genau das taten die jungen Ärzte an der besagten Eliteuniversität. Der (heutige) Chefchirurg fuhr fort:

> Das war vor 20 Jahren. Man kann wohl sagen, dass wir uns damals nur auskotzten, ohne ein Ziel vor Augen zu haben. Aber jeder meiner damaligen Studienkollegen nahm etwas aus diesen Treffen mit. Wir lernten, wie destruktiv »Arschlöcher« auf unserem Gebiet wirken. Wir schworen uns, das pathologische Verhalten, das uns täglich begegnete, nicht nachzumachen. Heute, 20 Jahre später, leiten wir die Ausbildung und die Station. Wir sind über das ganze Land verteilt. Ich kann mit Stolz sagen, dass jeder, der in dieser Freitagsgruppe dabei war, die Ausbildung unter das ungeschriebene Gesetz »Kein Arschloch« gestellt hat.

Wenn der Chef gelassen und umgänglich bleibt, auch wenn Druck im Topf ist und es hart auf hart kommt, setzt sich dieser Impuls, keine Vergiftung durch Arschlöcher zuzulassen, in der Hierarchie nach unten fort, und andere Chefs und Mitarbeiter folgen dem guten Beispiel.

5. Wenn das Arbeitsumfeld von Arschlöchern infiziert ist

Auch ein Chef, der nicht von einem Arschloch ausgebildet oder angeleitet wird, verwandelt sich in einen Fiesling, sofern er von fiesen Kollegen und Kunden umzingelt ist. Stimmungen sind unglaublich ansteckend. In Gesellschaft von Idioten ahmen Menschen deren Verhalten meist nach, ohne dass sie es merken.[36] Aus diesem Grund rate ich meinen Studenten, wenn sie ein Jobangebot erhalten, sich genau anzusehen, wie ihre künftigen Kollegen miteinander umgehen, da sie sich sehr wahrscheinlich an deren Verhalten anpassen werden, wenn sie den Job annehmen. Auch wenn zum Aufgabenbereich Kontakte mit unangenehmen Kunden und Klienten gehören, ist die Ansteckungsgefahr groß. Eine Pastorin in einer kleinen Gemeinde im Süden der USA schrieb mir, dass ihr Kirchengemeinderat und die meisten Gemeindemitglieder ihr (und einander) mit Verachtung begegneten. »Ich bin in ein vergiftetes Umfeld geraten«, fügte sie hinzu, »und dabei selber zum Arschloch geworden (ich nenne sie übrigens »ausgewachsene Läuse«). Ich versuche, mich zu ändern und sensibler zu werden, zumal ich dazu neige, meine Sekretärin unter Druck zu setzen, statt meinen Hund zu treten.«

Mancherorts hat sich der respektlose und verächtliche Umgang mit Kollegen so festgesetzt, dass ein Chef, der nicht zurückschießt, wie ein Insekt zerdrückt wird. Ein guter Chef behandelt in so einem Dreckloch seine Mitarbeiter gut, überschüttet aber andere Chefs und deren Teams mit strategischen Schmähungen, damit seine Leute ihren Job, ihre Ressourcen und den Verstand nicht verlieren. Einer der beliebtesten Beiträge auf meinem Blog war »Marges Arschloch-Managment-Metrik«.[37] Es war die wahre Geschichte einer Managerin, die ihre Mitarbeiter auf einer Vierpunkteskala bewertete, die von

0 (»sehr netter Mensch und sehr passiv«) über 1 (»normaler Mensch, der sich hin und wieder in einer Sache, die ihm wichtig ist, behaupten kann«), 2 (»jemand, der sich, ohne zu streiten, immer behauptet und gelegentlich auch ein Arschloch ist, anschließend aber ein schlechtes Gewissen hat«) bis hin zu 3 (»jemand, der ständig ein Arschloch sein kann und es entweder nicht bemerkt oder sogar genießt«). Wie ich von Marge und einem gewissen Bill erfuhr, der in zwei Unternehmen für sie arbeitete, brachte Marge dieses System den ihr direkt unterstellten Mitarbeitern bei, inklusive Handzeichen, die sie in Sitzungen verwendete, um ihnen anzuzeigen, dass sie weniger oder stärker das Arschloch herauskehren sollten. Marge erklärte:

> Das System stammte aus einem anderen Unternehmen im Silicon Valley, das eine erheblich streitlustigere und aggressivere Firmenkultur hatte. Um politisch zu überleben, mussten die Leute dort dauerhaft eine 2,0, manchmal auch eine 2,5 sein. Ich hatte in meinem Team mehrere Leute mit 0,5, und wir fürchteten alle, von Teams, die aus lauter 3,0 bestanden, zerschlagen und besiegt zu werden.

Als ich diese Geschichte hörte, hatten Marge und Bill zum Glück bereits in ein zivilisiertes Unternehmen gewechselt, sodass ihre Leute ihr Gift nur selten über eine 1 hinaus verspritzen mussten. Anders als in ihrer letzten Firma gab Marge ihren Mitarbeitern in Sitzungen häufig zu verstehen, dass sie sich mäßigen konnten.

Wenn Sie als Chef in einem arschlochverseuchten Unternehmen arbeiten oder in einer ansonsten zivilisierten Firma eine unangenehme Arbeitsumgebung haben, ist Flucht die beste Lösung, wie das Beispiel Marge und Bill zeigt. Sitzen Sie aber (zumindest für den Augenblick) in einem unerfreulichen Umfeld fest, so können Sie zumindest alle nötigen Maßnahmen ergreifen, um sich und Ihre Leute zu schützen. Erstens sollten Sie mit den Arschlöchern Ihrer Umgebung möglichst wenig zu tun haben. Gemeinheit ist unglaublich ansteckend, und je weniger Sie sich ihr aussetzen, umso weniger färbt sie auf Sie ab, umso weniger müssen Sie sich zur Wehr setzen und umso weniger leiden Körper und Seele. Zweitens sollten Sie, wie ich schon im Zusammenhang mit den faulen Äpfeln geraten habe, die feine Kunst der inneren Distanz und Gleichgültigkeit erlernen: Lassen Sie sich die Seele nicht vergiften. Ein Projektmanager in einem Biotech-Unternehmen erklärte mir das auf einer Dinnerparty:

> Wenn Arschlöcher fliegen könnten, wäre unsere Firma ein Flugplatz. Ich bleibe bei Verstand, indem ich nur zu unbedingt notwendigen Sitzungen gehe und mit meinen drei Chefs nur spreche, wenn es nicht anders geht. Bei diesen Leuten verstelle ich mich. Manchmal kommt es mir vor, als wäre das gar nicht ich, sondern als sähe ich jemand anderem zu, wie er sich mit den Arschlöchern abgibt. Mein Erfolgsgeheimnis ist, dass ich gelernt habe, mich einen Dreck darum zu kümmern.

Wie gezeigt, sind Leidenschaft und starke emotionale Reaktionen der Leistung und Menschlichkeit oft dienlich. Doch wenn Sie einem Ansturm übel gesinnter Idioten ausgesetzt sind, können Sie sich und Ihren Mitarbeitern oder Angehörigen mit der Kunst der Gleichgültigkeit ersparen, Ihre hässliche Seite kennenzulernen.

Wenn Sie in einem Job gefangen sind, in dem Arschlöcher das Sagen haben, sollten Sie als Chef für Ihre unmittelbaren Untergebenen »arschlochfreie Zonen« schaffen, wo sie statt Verachtung Höflichkeit erleben und weitergeben. Ein früherer US-Militäroffizier schrieb mir, dass die meisten seiner Vorgesetzten ausgemachte Arschlöcher waren, die dauernd Ihresgleichen belohnten und beförderten. Doch sein Bataillonskommandeur war »der Gegenpol zum Arschloch« und

»wohl der professionellste Offizier, den ich in meinem Leben je kennengelernt habe«. Weiter erzählte er:

> Hin und wieder habe ich mich danebenbenommen. Dann nahm er mich sofort zur Seite und wies mich zurecht. Er hat mich nicht angeschrien oder kleingemacht, aber ich wusste, worum es ging, und schämte mich, dass ich ihn enttäuscht hatte. Ich habe ihm viel zu verdanken und hoffe, dass ich seine Grundeinstellung übernommen habe und ihm nacheifere, indem ich die Menschen behandle, wie sie es verdienen.

Werden Sie in der Rückschau Stolz oder Scham empfinden?

Egal, was ihre Beweggründe sind: Chefs, die ihre Mitarbeiter wie Dreck behandeln, schaden damit meist mehr, als sie nützen, auch wenn sie in bester Absicht handeln. Die wenigsten Leute wollen, auch vor sich selbst, als Arschloch gelten, und sie schämen sich, wenn sie von anderen die Rückmeldung erhalten, dass sie fiese Vollidioten sind. Deshalb hat sich dieses Kapitel mit den Ursachen für den gemeinen Chefarsch befasst und Abhilfe aufgezeigt. Beides wird in der folgenden Liste zusammengefasst (und leicht erweitert).

Chefärsche: Gegenmaßnahmen
So bringen Sie Ihren inneren Vollidioten zum Schweigen

1. Gehen Sie als Chef davon aus, dass mit dem Motto »Die Arschlöcher sind wir« Sie gemeint sind, nicht nur die anderen Fieslinge.
2. Setzen Sie eine Prämie aus: Zahlen Sie jedem 20 Euro, der Ihnen sagt, wenn Sie sich danebenbenommen haben.
3. Machen Sie vertrauenswürdige und vernünftige Mitarbeiter zu »Chefarsch-Überwachern«. Honorieren Sie es in der

Evaluation und durch Zulagen, wenn sie Ihnen mitteilen, dass Sie etwas vermasselt haben, und Ihnen behilflich sind, Ihren inneren Vollidioten in Schach zu halten.

4. Wenn Sie merken, dass Sie jemanden wie Dreck behandelt haben, entschuldigen Sie sich und geben Sie vor Zeugen zu, dass so ein Verhalten inakzeptabel ist.
5. Wenn Sie ein ausgemachtes Arschloch sind oder sich noch auf dem Weg der Besserung befinden, tun Sie sich mit jemandem zusammen, der geduldiger und beliebter ist als Sie, damit er Sie unterstützt und hinter Ihnen aufräumt.
6. Wenn Ihr Chef ein Arschloch ist, stecken Sie sich wahrscheinlich an. Fliehen Sie, so schnell es geht, oder, wenn das nicht möglich ist, verbringen Sie möglichst wenig Zeit mit ihm.
7. Schicken Sie Klienten, die Sie wie Dreck behandeln, zum Teufel. Wenn das nicht geht, berechnen Sie »Arschlochsteuern« gestehen Sie Mitarbeitern, die diese Klienten betreuen, eine »Erschwerniszulage« zu, und sorgen Sie dafür, dass niemand diesen Arschlöchern lange ausgesetzt ist.
8. Bringen Sie ihr inneres Arschloch zum Schweigen. Wenn Sie in Rage geraten, zu viel auf Leistung und zu wenig auf Menschlichkeit achten oder von Arschlöchern umgeben sind, üben Sie sich in Gleichgültigkeit und innerer Distanz.
9. Wenn Sie oder Ihre Leute sich in letzter Zeit wie Arschlöcher aufgeführt haben, achten Sie doch einmal darauf, dass Ihre Sitzungen in einem angenehm kühlen Raum stattfinden.
10. Verfassen Sie Ihre E-Mails mit Sorgfalt. Denken Sie daran, wie leicht es ist, wütende und unsensible Worte abzusondern und über dieses Medium andere unwissentlich zu verletzen.
11. Stellen Sie sich vor, es ist zehn Jahre später, und Sie überlegen sich im Rückblick, wie Sie andere behandelt haben. Glauben Sie, dass Sie – aus der Perspektive Ihrer Mitarbeiter – stolz auf sich sein können? Oder meinen Ihre Leute eher, Sie sollten sich was schämen?

Nachdem ich mich jahrelang mit dem »Arschloch-Problem« befasst und hier auch über Abhilfe nachgedacht habe, ist mir mittlerweile klar, dass durch die Bank ein zentrales Thema mitschwingt, das ich allerdings selten formuliere: *Scham und Stolz sind vielleicht die wichtigsten Mittel im Kampf gegen die Vergiftung durch Arschlöcher.*[38] Wenn Sie Chef sind, stellen Sie sich einmal die beiden folgenden Fragen: Wenn ich einstmals zurückblicke und überlege, wie ich meine Mitarbeiter, gleichrangige Kollegen und Vorgesetzte behandelt habe, und zwar *aus ihrer Perspektive*, habe ich mir dann das Recht erworben, stolz auf mich zu sein? Oder *fänden sie*, dass ich mich schämen sollte dafür, wie ich tagein, tagaus auf ihnen herumgetrampelt bin? Meiner Einschätzung nach werden die meisten Menschen mehr als durch finanzielle Anreize dadurch motiviert, dass sie Scham vermeiden und Stolz spüren wollen. Hat ein Chef diese beiden Fragen fest im Auge, kann er verhindern, dass er von der Macht vergiftet wird und zum Arschloch mutiert, wie es allzu vielen Vorgesetzten passiert.

Was Stolz und Scham ausrichten können, wurde mir vor ein paar Jahren bewusst, als ich vor einem UPS-Laden auf dem Universitätscampus von Stanford anstand. Ich kam mit einem anderen Kunden ins Gespräch, einem quirligen und freundlichen Mann über 60, der viel zu erzählen hatte, mir aber seinen Namen nicht nannte. Als er hörte, womit ich mich so beschäftigte, erklärte er mir, dass er sich zu Beginn seiner Laufbahn den wohlverdienten Ruf eines Chefarschs erworben hatte. Geheilt wurde er, als einer seiner unmittelbaren Untergebenen um Versetzung bat. Auf die Frage nach dem Grund teilte ihm der Mitarbeiter mit, dass er das Gebrüll, die Beleidigungen, den Hohn und Spott nicht mehr ertrug und nicht in einem Team arbeiten wollte, in dem gute Leute bei nächster Gelegenheit das Weite suchten. Anschließend schlug er sinngemäß vor: »Stellen Sie sich doch einmal vor, Ihr zehn Jahre alter Sohn würde Sie den ganzen Tag beobachten. Fragen Sie sich jedes Mal, wenn Sie mit einem von uns zu tun haben: Wäre mein Sohn stolz darauf, wie ich diesen Menschen behandle, oder würde er sich für mich schämen?« Von diesem Moment an, so erzählte mir dieser Chef im UPS-Laden, malte er sich aus, dass sein Sohn alles beurteilte, was er auf der Arbeit tat. Das erwies sich als enorm nützlich und verhalf ihm dazu, fortan keine Fiesheit mehr aufkommen zu lassen und andere freundlich und würdevoll zu behandeln.

Teil III:
Fazit

9

Es geht nur um Sie

Letztes Jahr leitete ich einen Workshop in Stanford, in dem es darum ging, wie man auch in stürmischen Zeiten ein guter Chef sein kann. Beim anschließenden Mittagessen erzählte mir ein teilnehmender Manager von einem Bereichsleiter seines Unternehmens, einem seiner Chefs also. Einige Wochen zuvor habe eine Sekretärin diesen Bereichsleiter gefragt: »Wann müssen wir mit Kündigungen rechnen?« Der Chef war sprachlos. Er hatte keine Ahnung, woher sie wusste, dass Entlassungen anstanden. Die Entscheidung war eben erst gefallen, und man hatte alles darangesetzt, sie geheim zu halten. Auf die Frage des entsetzten Bereichsleiters, woher sie das wisse, erwiderte sie, es sei bekannt, dass er seinen Leuten nicht in die Augen schauen könne, wenn Hiobsbotschaften anstünden. Er hatte somit, wie Pokerspieler sagen, einen Tell, eine Marotte, die verriet, wenn er etwas zu verbergen hatte (in diesem Fall schlechte Nachrichten). Seine Mitarbeiter verwendeten das Codewort: »Der Chef trägt heute interessante Schuhe.«

In dieser Geschichte mit den »interessanten Schuhen« spiegelt sich ein wiederkehrendes Thema dieses Buches wider, eines, das sich durch zahlreiche Beispiele zieht und einen guten von einem schlechten Chef unterscheidet: Ihr Erfolg als Chef steht und fällt damit, ob Sie wissen, was andere von Ihnen halten und wie sie auf Sie reagieren. Ein Chef, der etwas für Leistung und Menschlichkeit tut, investiert viel Energie darauf, die Befindlichkeiten und das Tun seiner Mitarbeiter und anderer für ihn wichtiger Menschen wie Vorgesetzte, gleichrangige Kollegen und Kunden zu lesen und darauf zu reagieren. Natürlich gibt es nicht die eine magische Eigenschaft, die einen guten Chef ausmacht. Wie eingangs betont, hat jeder, der Ihnen einen einfachen und schnellen Weg zum Erfolg verspricht, keine Ahnung, flunkert Sie an oder beides. Das Verhalten guter Chefs ist zu komplex, zu unterschiedlich, zu chaotisch und zu unvorhersehbar, als dass man es unter ein Motto stellen, in einen Leitspruch fassen oder mit einem Maßnahmenbündel erreichen könnte.

Trotzdem sind manche Fähigkeiten und Ziele wichtiger als andere. Die Entwicklung und Bewahrung von Selbsterkenntnis sollten für jeden Chef ganz oben auf der Liste stehen. David Dunning von der Cornell University zeigt auf, dass sich leistungsschwache Chefs unter anderem durch mangelnde Selbsterkenntnis auszeichnen: Bei so gut wie jeder Aufgabe, die intellektuelle und soziale Fertigkeiten verlangt – sei es der konstruktive Streit, Humor oder der Dialog mit anderen – überschätzen sie sich. Selbsterkenntnis dagegen ist Dunnings Untersuchungen zufolge ein Kennzeichen für leistungsstarke Chefs: Sie sind sich ihrer Stärken und Schwächen besonders bewusst und trachten danach, drohende Fallgruben, die sich negativ auf ihre Leistung auswirken könnten, zu umgehen.[1] Die besten Chefs lachen wahrscheinlich über die Geschichte mit dem Bereichsleiter und seinen »interessanten Schuhen«. Doch sie wissen sehr genau, dass sie ebenso gut in seiner Haut stecken könnten, weil jeder Chef zur Blauäugigkeit neigt und gern vergisst, wie genau seine Leute jeden seiner Schritte beobachten. Ein guter Chef wirkt der Gefahr des Selbstbetrugs entgegen, indem er nach Hinweisen forscht, wie seine Mitarbeiter seine Launen und Taten bewerten, und darauf reagiert. Er ermuntert seine Leute, ihn mit aufschlussreichen – und beunruhigenden – Fragen zu konfrontieren, wie die Sekretärin, die vom Bereichsleiter wissen wollte: »Wann müssen wir mit Kündigungen rechnen?« Ein guter Chef will von seinen Mitarbeitern (und auch von Vorgesetzten, gleichrangigen Kollegen und Kunden) mit solchen Informationen gefüttert werden – egal, wie unbequem oder unschmeichelhaft sie sind –, weil er wissen will, wie seine Worte und Taten von anderen interpretiert werden.

Mein Fazit lautet: Wenn Sie eine gute Chefin oder ein guter Chef sein wollen, müssen Sie denken und handeln, als ginge es nur um Sie. Ihr Erfolg hängt davon ab, ob Sie auf sich selbst fixiert sind. Auf den ersten Blick beißt sich diese Schlussfolgerung mit den Ratschlägen vieler Gurus und Experten. So schärfen der ehemalige General-Electric-Chef Jack Welch und Robert Joss von der Stanford University (seit einem Jahrzehnt Dekan der Graduate School of Business) Managern ein: »Es geht nicht um Sie.«[2] Mit der Stoßrichtung dieses Ratschlags bin ich durchaus einverstanden, da er verhindern soll, dass Chefs ihren egoistischen und destruktiven Instinkten zum Opfer fallen. Dennoch habe ich Zweifel, weil die meisten Chefs, wie die meisten Menschen überhaupt, auffallend um sich selbst kreisen – und das ist nicht unbedingt von Nachteil. Es stimmt, die schlechtesten Chefs sind selbstsüchtig, ihren Leuten gegenüber gleichgültig und machen sich mächtig etwas vor, was ihre Führungsqualitäten angeht. Auch die besten Chefs sind mit sich selbst beschäftigt, doch sie haben eine andere Motivation, denn sie sind es nicht aus egoistischen oder eigennützigen Motiven. Im Gegenteil: Sie konzentrieren sich darauf, ihre Launen und ihr Verhalten in den Griff zu bekommen, ihre Wirkung auf andere zutreffend zu interpretieren und im Bedarfsfall nachzujustieren, weil sie wollen, dass ihre Leute Leistungen erbringen, die bei anderen Anerkennung finden – und das alles mit Respekt und Würde.

Wie in Kapitel 1 erwähnt, erfuhr Linda Hudson, als sie erster weiblicher Präsident von General Dynamics wurde, wie wichtig die Eigenwahrnehmung ist. Nach ihrem ersten Arbeitstag übernahm ein Dutzend Frauen ihre Methode, den Schal zu binden. »Plötzlich ging es um mich«, wurde ihr damals klar, »und ich gab den Ton vor, der in der Firma herrschte. Das war eine Lektion, die ich nie vergessen werde: Auf einer Führungsposition wird man von den Leuten beobachtet wie nirgends sonst.« Dieser Überwachung und der Verantwortung, die damit einhergeht, so Hudson, »bin ich mir praktisch täglich bewusst«.[3]

Eine ähnliche Haltung nahm Patricia »Pat« McDonald ein, Führungskraft bei Intel, als sie im Jahr 2006 eine Niederlassung in Hillsboro, Oregon umstrukturierte.[4] Im Zuge eines unternehmensweiten Personalabbaus verloren zahlreiche Manager der Niederlassung ihre Arbeit. Sumit Guha, ein Ingenieur, der für Pat arbeitete, erzählte mir, dass »sie die Leistungen dieser Mitarbeiter öffentlich würdigte, ihnen Glück wünschte und betonte, dass sie an ihrer Entlassung keinerlei Schuld trügen. Wir alle haben diesen Angestellten in Anerkennung ihrer Leistungen die Hand geschüttelt.«

Anfang 2009 spitzte sich die Lage weiter zu, und Intel gab bekannt, dass die Fabrik wegen veralteter Technik die Produktion zum Jahresende gänzlich einstellen werde. Etwa 1 000 Arbeiter würden ihren Job verlieren. Pat brachte nicht nur ihre Besorgnis und ihr Mitgefühl zum Ausdruck, sondern sie bezog auch Position und stellte sich demonstrativ hinter die Beschäftigten. Sie gab ihrem Team rasch zu verstehen, dass es zwar die Produktionsleistung im Blick behalten solle, dass es nun aber wichtiger sei, den Leuten beim Übergang behilflich zu sein und bei der internen und externen Jobsuche unter die Arme zu greifen. Pat und ihr Team boten nicht nur intensive Freistellungsberatung und andere Hilfestellung an, sondern suchten auch persönlich andere Arbeitgeber auf, um ihre Leute unterzubringen. Manager und die übrigen Beschäftigten taten es ihnen gleich. So packten Mitarbeiter, die auf der Suche nach ähnlichen Positionen waren, die Arbeitssuche gemeinsam an und bereiteten sich zusammen auf Bewerbungsgespräche vor.

Pat unterschied sich Sumit zufolge von gewöhnlichen Chefs darin, dass sie sich hartnäckig bemühte »durch ihr Engagement Vertrauen und Respekt zu erwerben«. Es gelang ihr, die »Konsequenzen von Entscheidungen aus Sicht der Belegschaft« zu begreifen und »ihre Vorgehensweise darauf abzustimmen«. Diese »großherzige Fürsorge« erwies sich als besonders hilfreich, als das Ende der Produktion angekündigt wurde, denn sie trug dazu bei, »dass wir in einer Zeit, da die Wirtschaft zusammenbrach, Ruhe bewahrten«. Indem sie den Menschen in den Mittelpunkt stellte und die Verbindung zu den Mitarbeitern nicht abreißen ließ, verbreitete Pat Ruhe und half darüber hinaus vielen, einen guten neuen Job zu finden. Die Produktionsleistung der Fabrik ließ in dieser Zeit nicht etwa nach, sondern Produktivität, Effizienz und Qualität erreichten im Jahr 2009 sogar ein Rekordniveau.

Pats Leute bewunderten sie, weil sich Pat in sie hineinversetzen konnte und darauf achtete, wie sich ihre Worte und ihr Tun auf die Befindlichkeit, den Einsatz und die Loyalität ihrer Leute auswirkten, egal, ob sie ihren Job verloren oder bei Intel blieben. Diese Wirkung auf Mitarbeiter wie Sumit, die sich mit vielen in diesem Buch geschilderten Beispielen, Studien und Verhaltensweisen deckt, führt uns zu zwei Fragen, die sich jeder Chef täglich stellen sollte. Um eine Formulierung Sumits zu zitieren: Das sind die »Nagelproben« für einen guten Chef.

Die erste Frage lautet, ob die Leute gern für diesen Chef arbeiten und jederzeit begeistert wieder ins Team einsteigen würden. Erinnern wir uns an Kapitel 4, in dem der Polizei-Sergeant John Ludden aus Oakland ein so hohes Ansehen genoss, dass sich erfahrene Polizisten freiwillig in die unbeliebte Nachtschicht einteilen ließen, um unter ihm zu arbeiten, statt mit einem anderen Sergeant die erstrebenswertere Früh- oder Spätschicht zu absolvieren. Auch Pat, so erklärte mir Sumit (der heute eine andere Stelle bei Intel hat), besteht diese Nagelprobe, eine hervorragende Testfrage für jeden Chef: »Würden Ihre Leute wieder für Sie arbeiten?«

Die zweite Frage leitet sich aus dem Fazit in diesem Kapitel ab: Eine gute Chefin wie Pat McDonald reagiert sensibel darauf, wie andere sie und die Leistung ihrer Leute empfinden. Sie sucht unablässig nach Hinweisen auf diese und ähnliche Fragen: Was fällt meinen Mitarbeitern an meinem Verhalten und meinen Launen besonders auf? Wie schätzen sie meine Kompetenz und mein Mitgefühl ein? Wie reagieren sie auf die kleinen und großen Dinge, die ich tue? Wenn ich entscheiden müsste, welche der vielen in diesem Buch angeschnittenen Fragen die wichtigste ist, würde ich sagen, diese: »Haben Sie eine Vorstellung, wie es ist, für Sie zu arbeiten?«

Ich frage mich, meine lieben Chefs, was Ihre Leute über Sie sagen würden. Würden sie sagen, dass Sie in einem Wolkenkuckucksheim leben und immer »interessante Schuhe« tragen? Oder würden sie sagen, dass Sie eine Vorstellung haben, wie es ist, für Sie zu arbeiten?

Ihre Chefgeschichten und Ideen

Liebe Leserin, lieber Leser,

die Ideen in *Der Chef-Faktor* sind geprägt von den Geschichten, Vorschlägen und Hinweisen, die mir andere über gute (und schlechte) Chefs geliefert haben. Eine Bereicherung waren wohlüberlegte Fragen, die mir Menschen persönlich oder online gestellt haben, weil sie ein besserer Chef werden wollten, ihrem Chef unter die Arme greifen oder sich gegen einen miesen Chef zur Wehr setzen wollten. Ich kann mit Stolz sagen, dass ich jeden Brief persönlich beantworte, denn ich bin dankbar, wenn sich Menschen die Zeit nehmen, mir ihre Erfahrungen und Ideen mitzuteilen. Diesen Austausch von Ideen möchte ich gern fortsetzen. Wenn Sie mir eine E-Mail über Ihre Erfahrungen als Chef oder mit Ihrem Chef oder über die Auswirkungen der in diesem Buch vorgestellten Ideen übermitteln wollen, dann besuchen Sie bitte meinen Blog *Work Matters* auf www.bobsutton.net, und klicken Sie einfach auf »E-mail Me« auf der linken Seite. Sie können auch die Beispiele und Studien zu Chefs und anderen Themenbereichen auf meinem Blog lesen und kommentieren. Beachten Sie bitte, dass Sie mir mit der Zusendung Ihrer Geschichte die Erlaubnis erteilen, sie in einer meiner Publikationen und in Vorträgen zu verwenden. Ich versichere aber, dass ich Ihren Namen nur mit Ihrer ausdrücklichen Erlaubnis nenne.

Haben Sie vielen Dank. Ich freue mich, von Ihnen zu hören: Wie wird man ein guter Chef, und wie bleibt man es?

Robert Sutton
Stanford University

Danksagung

Der Weg, der mich zu *Der Chef-Faktor* führte, war voller Umwege. Wie in der Einleitung bereits erwähnt, ließ ich mich zunächst von den Reaktionen auf *Der Arschloch-Faktor* inspirieren. Mir fiel auf, dass die Fälle, die mir berichtet wurden, überwiegend um die Arbeit für einen Chef oder das Chefsein kreisten. Das »Arschloch-Problem« war nur ein – wenn auch emotional hoch aufgeladener – Teilaspekt der Frage, was einen guten von einem schlechten Chef unterscheidet, und des Wunsches, das Tun und Denken eines guten Chefs zu begreifen. Als ich mit der Arbeit an dem Buch begann, wurde mir klar, dass ich mich eigentlich schon seit Jahrzehnten mit diesem Thema befasse und mich immer daran gerieben habe. Ich bewundere jeden, der über eindrucksvolle Unternehmensstrategien und große Wirtschaftstrends schreibt. Ich für meinen Teil habe immer am liebsten die kleinen Dinge untersucht, die Momente der Freude und des Schmerzes, wie es sich anfühlt, Macht über andere auszuüben, wie die Mitarbeiter auf einen Vorgesetzten reagieren und was im Unternehmen noch so alles »menschelt«.

Deshalb ist *Der Chef-Faktor* nicht nur das Ergebnis der 15 Monate, in denen ich am Text gefeilt, Worte gelöscht und durch neue ersetzt habe. Vielmehr habe ich mein ganzes akademisches Leben daran gearbeitet, ja länger, denn schon als Jugendlicher hörte ich die Klagen meiner Eltern über ihre Chefs (hin und wieder auch Lob), und als mein Vater selber Chef wurde, wurde ich Zeuge seiner Erfolge und Misserfolge. Ich möchte daher den vielen Tausend Menschen danken, die dazu beigetragen haben, dass ich mir ein Bild machen und ein Urteil darüber bilden konnte, was ein guter und was ein schlechter Chef ist. Ich habe mich beschränkt, bitte aber um Nachsicht, dass diese Danksagung trotzdem ziemlich lang wird. Ich stelle sie ans Ende des Buches, weil die Leserinnen und Leser sie so leichter überspringen können. Doch ohne die hier erwähnten Menschen und viele andere hätte ich überhaupt nichts zuwege bringen können. Zuallererst möchte ich meinen Kollegen aus Stanford danken, die Ideen beigesteuert, Hilfe geleistet und mein bisweilen merkwürdiges Verhalten ertragen haben. Jeff Pfeffer hat mich besonders unterstützt. Jeff ist in Stanford mein bester Freund, mit dem ich auch besonders gern streite. Aus der Zusammenarbeit mit Jeff und den Auseinandersetzungen mit ihm habe ich unglaublich viel gelernt. Sein Einfluss zieht sich durch das gesamte Buch. Die hier entwickelten Ideen sind zudem geprägt von den beiden Büchern, die wir zusammen geschrieben haben: *Wie aus Wissen Taten werden* und *Harte Fakten, gefährliche Halbwahrheiten und absoluter Unsinn*. Seit ein paar Jahren genieße ich das Privileg, mit Hayagreeva »Huggy« Rao zusammenzuarbeiten, ihm zuzuhören und einen guten Wein mit ihm zu trinken. Huggy versorgte mich während der Arbeit an diesem Buch mit unkonventionellen Ideen, brillanten Hinweisen und seinem gesunden Menschenverstand – hin und wieder hörte er sich auch mein Gejammer an. Er trägt schwer daran, der weiseste Mensch zu sein, den ich in Stanford kenne, denn ich bitte ihn oft um Rat. Chip Heath, ebenfalls an der Stanford Business School, half mir an entscheidenden Punkten mit glänzenden Einfällen (und nützlicher Kritik) und half mir insbesondere beim Auffinden eines Buchtitels. Sehr zu schätzen weiß ich auch die Unterstützung und die Ideen, die ich von Diane Bailey, Steve Barley und Pam Hinds am Center for Work, Technology and Organization erhielt, sowie von Tom Byers und Tina Seelig vom Stanford Technology Ventures Program. Unglaublich viel profitierte ich von früheren und derzeitigen Doktoranden, darunter Yosem Companys, Ralph Maurer, Liz Gerber und Isaac Waisberg.

Am Hasso Plattner Institute of Design in Stanford (auch »d.school« genannt) durfte ich mit zahlreichen erfahrenen

Chefs Seminare abhalten. Sie haben mir vermittelt, wie es ist, Chef zu sein und für einen zu arbeiten. Die d.school wurde von David Kelley gegründet, der nicht nur Professor in Stanford war, sondern auch CEO (heute Chairman) von IDEO, dem wohl berühmtesten Innovationsunternehmen der Welt. Davids Weisheit durchzieht dieses Buch, und zwar nicht nur an den Stellen, an denen ich ihn explizit erwähne. Sehr viel habe ich auch aus der gemeinsamen Lehrtätigkeit und Gesprächen mit Michael Dearing, Diego Rodriguez, Perry Klebahn, Webb McKinney und Kris Woyzbun gelernt. Ein besonderes Dankeschön gebührt Debra Dunn, die an fast jedem Kurs an der d.school als Seminarleiterin oder Zweitkraft beteiligt war. Debra kommt mit immer neuen Unterschieden zwischen guten und schlechten Chefs. In den Jahren bei HP hatte sie eine Reihe von Managementpositionen inne, von der Leiterin eines kleinen Teams bis hin zur Geschäftsführerin eines großen Geschäftsbereichs und der Stellung als Vice President für Strategie. Neben ihrer Lehrtätigkeit an der d.school und mehreren gemeinnützigen Aufsichtsratsposten hat Debra heute die Position einer Mentorin für Managementteams in Start-up-Unternehmen wie Coolris inne. Ich empfinde es als Ehre, mit so klugen Menschen zusammenzuarbeiten, denn die Aufgaben, über die ich forsche, Bücher schreibe und Vorträge halte, bewältigen sie seit Jahrzehnten ganz konkret, und sie zeigen mir zuverlässig auf, wenn meine wissenschaftlichen Theorien nichts als nutzlose Fantasien sind.

Bei meiner Forschungsarbeit konnte ich auf die Hilfe zweier Studenten zählen, Eliza Wiraatmadjauand und Randy Yang. Daphne Chang und Paul Reist von der Bibliothek der Stanford Graduate School of Business haben mir wichtige Hilfestellung geleistet, wofür ich ihnen überaus dankbar bin. Tim Keely hat mir dankenswerterweise bei unerklärlichen technischen Problemen geholfen. Mein Assistent Roz Morf hat mich bei meinen Aufgaben unterstützt, insbesondere bei der Navigation durch die bisweilen verworrenen Windungen der Universitätsbürokratie. Besonders erwähnen und danken möchte ich James Plummer, meinem Dekan an der Stanford Engineering School. Ohne Jims anhaltende Unterstützung wäre ich nur sehr schwer durch die vergangenen fünf oder sechs Jahre meines Lebens gekommen. Ich kann von Glück sagen, einen so fürsorglichen und selbstlosen Chef wie Jim zu haben, und weiß das zu schätzen.

Dank sagen möchte ich auch allen Menschen, die mich mit den vielen aufwühlenden und inspirierenden Geschichten in *Der Chef-Faktor* versorgt haben. Hunderte von Menschen haben mir auf einen Aufruf in meinem Blog *Work Matters* hin von ihrer Arbeit für einen Chef oder ihrem Dasein als Chef berichtet. Vielen von ihnen kann ich nicht namentlich danken, weil sie mich um Diskretion gebeten haben. Ich respektiere das, aber seien Sie sich meiner Dankbarkeit gewiss. Einige Beiträger haben mir erlaubt, ihren Namen zu nennen, daher ein großes Dankeschön an Bob Bennett, Matthew May und Margie Mauldin. Anderen Bloggern, darunter Scott Berkun, Kelley Eskridge, CV Harquail, Guy Kawasaki, Dave Livingston, Maureen Rogers, Gretchen Rubin, Todd Sattersten, Pamela Slim und der anonymen Rechtsanwaltssekretärin, die den Blog *She's Lump* verfasst, danke ich für ihre Beiträge und ihre Hilfe. Ich danke auch allen, die mir viele der anderen Geschichten erzählt haben und Geduld mit mir hatten, wenn ich sie um eine sachliche Überprüfung oder Korrektur bat. Das sind unter anderen Corey Billington, Brad Bird, Wally Bock, Matt Brownfield, Rudy Crespo, Rob Cross, David Darragh, Leslie Dixon, Sumit Guha, Bill George, Michael Giuliano, Nick Gottuso, John Hennessy, Chuck House, Claudia Kotchka, John Lilly, Lisa Maulhardt, Bill Mackenzie, Patricia McDonald, Joe Mello, Lenny Mendonca, Andy Papathanassiou, Joel Podolny, Paul Purcell, Bernie Roth, Ann Rhoades, Margaret Rowland, Marie-Pierre Vaslet und die inspirierende Bonny Warner-Simi. Ein besonderes Dankeschön gilt Randy Komisar, der mich nicht nur mit zahlreichen

Details über Bill Campbells anregenden Führungsstil bei GO versorgte, sondern auch jede ihm gestellte Frage durchdacht und eloquent schriftlich beantwortete.

Viele andere haben bei der Entstehung dieses Buches wichtige Hilfe geleistet. Julia Kirby, meine langjährige Lektorin bei der *Harvard Business Review*, hat »How to Be a Good Boss in a Bad Economy«, einen Beitrag aus dem Jahr 2009, in dem ich mehrere Kernideen für das Kapitel 7 entwickelte, genial überarbeitet und verbessert. Marc Hershon, der unter anderem auch Koautor des Buches *Why I Hate People* ist und für »BlackBerry«, »Swiffer« und viele andere neue Produkte Markennamen entwickelt hat, hat stundenlang mit mir Ideen für einen Buchtitel gesammelt. Marc, tut mir leid, dass »Top Dog on a Tightrope« (»Der Boss auf dem Drahtseil«) nicht ganz passte. Ich fand den Titel toll und werde sicher eines Tages noch Verwendung dafür haben. Ein besonderer Dank geht an Hollis Heimbouch, die mir in mehreren entscheidenden Momenten mit Inspiration und Therapie beistand.

Einen ganz großen Dank möchte ich Catherine Casalino, Susan Kare, Heidi Nilsen und Anne Twomey aussprechen. Bei der langen und, wie ich meine, erfolgreichen Gestaltung des Buchumschlags legten sie eine unglaubliche Geduld, Beharrlichkeit, Detailgenauigkeit und Toleranz für meine pingeligen Rückmeldungen an den Tag. Ich stelle mir vor, dass sie alle vier mit einem Heiligenschein über dem Kopf durchs Leben gehen – jede war ungeachtet meiner bisweilen teuflischen Einfälle stets ein Engel. Ich danke auch Mark DeWys, Brad Doan und Gale Moutrey von der Büromöbelfirma Steelcase, der weit über das Pflichtmaß hinausging, als er uns das großartige Bild von dem Bürostuhl auf dem Umschlag besorgte.

Ich habe das große Glück, mit zwei der besten Literaturagenten der Branche zusammenzuarbeiten, dem klugen und überaus erfahrenen Don Lamm, der, seit wir vor vier Büchern unsere Zusammenarbeit begannen, immer an meiner Seite war und einfach alles für mich tut – seien es Themenvorschläge für neue Bücher, das Durchboxen größerer Änderungen in meinen Manuskripten, das Redigieren des Textes, das Schurigeln von Buchhandlungen, die meine Bücher nicht im Sortiment haben, oder nicht zuletzt Einladungen ins Restaurant. Nicht weniger Glück habe ich mit Christy Fletcher, die mir mit ihrem gesunden Menschenverstand und ihrer Entschlossenheit in vielfältiger Weise geholfen hat. Unter anderem hat sie dafür gesorgt, dass ich wieder mit Rick Wolff vom Verlag Business Plus zusammenarbeiten konnte. Rick betreute im Lektorat schon die Originalausgabe des *Arschloch-Faktors.* Ich weiß es zu schätzen, dass er meine Stärken und Schwächen kennt, meine Marotten und Launen erträgt und sanft und überaus gekonnt darauf hingearbeitet hat, dass *Der Chef-Faktor* in den vielen Monaten, in denen ich am Manuskript arbeitete, immer noch ein bisschen besser wurde, noch ein bisschen unterhaltsamer und noch ein bisschen klarer. Ein Plus an der Zusammenarbeit mit Rick und Business Plus war, dass Kallie Shimek wieder die Redaktion übernahm. Kallie ist eine Meisterin ihres Fachs, sodass es mir in der letzten Arbeitsphase eine besondere Freude war, ihre klugen Fragen zu beantworten und die unzähligen kleinen Änderungen zu bestaunen, dank derer ich mich pfiffiger und logischer anhöre, als ich in Wahrheit bin.

Ich danke meiner liebenden und bisweilen schrulligen Familie für ihre Unterstützung und Geduld. Meine Mutter Annette Sutton hat mich stets ermutigt und verstanden, wenn ich mich phasenweise zum Schreiben zurückzog. Meine Kinder Tyler, Claire und Eve haben hier und da mit mir Ideen gesammelt – wobei sie besonders auf ihre Erfahrungen mit Lehrern, Trainern und Schulverwaltungen zurückgreifen konnten – und sehr klar und deutlich zwischen guten und schlechten Chefs unterschieden. Tyler verabscheut kleinliche Tyrannen. Claire kann faule Lehrer, Trainer und Sommercampbetreuer nicht ausstehen. Und Eve, die eine besondere Abneigung gegen eigennützige Autoritätspersonen hegt, überraschte mich eines Tages mit der Aussage, eine ignorante Egomanin, die sie und ihren Freundinnen auf die Nerven ging, solle sich doch mal »in ein Zimmer einschließen und erst wieder rauskommen, wenn sie merkt, dass sich die Welt nicht um sie dreht«.

Und nicht zuletzt gilt mein Dank meiner Frau Marina Park, die mich inspiriert und in der Realität erdet. Marina ist seit Langem Chefin. Erst leitete sie lange Jahre eine große Anwaltskanzlei, heute ist sie CEO der Northern California Girl Scouts. Marina hat das Manuskript gelesen und unzählige Änderungsvorschläge gemacht, die dem Buch gutgetan haben. Noch wichtiger ist wohl, dass ich an Marina sehe, wie gut sie sich um ihre Mitarbeiter und die 50 000 Mädchen, für die sie arbeiten, kümmert und wie viel sie ihnen gibt. Sie setzt alles daran, mit den Beschäftigten und den Freiwilligen in Einklang zu sein, und zu wissen, was die Mädchen brauchen, um Erfolg zu haben und stolz zu sein auf das Geleistete. Ich widme dieses Buch Marina.

Anmerkungen

Vorwort

1 Zu Rudins Marotten siehe Kate Kelly und Merissa Marr, »Boss-Zilla!«, in: *Wall Street Journal* (25. September 2005), http://online.wsj.com/article_email/SB112749746571150033-IJjfYNglaB4n52naXqIb6qFm4.html (eingesehen am 11. August 2009). Eine Variante der Anekdote, nach der Rudin einen Assistenten feuerte und auf einer Schnellstraße in Los Angeles aussetzte, wird auch im Buch eines Drehbuchautors erzählt, der mit Rudin zusammenarbeitete; siehe Paul Rudnick, *I Shudder*, New York 2009, S. 112. Rudnick zufolge ist Rudin trotz seiner Wutanfälle, seiner überzogenen Erwartungen und seiner Ungeduld tief in seinem Innern ein nachdenklicher und großzügiger Mensch.

2 Als ich Marie-Pierre um Bestätigung dieses Zitats und die Verwendung in meinem Buch bat (ich schickte ihr zu diesem Zweck einen Scan der Originalnotiz), erzählte sie mir, dass sie eigentlich »das Arschloch schlägt wieder zu (*strikes again*)« gemeint hatte. Eine Handvoll Leute, denen ich die Notiz zeigte, lasen aber *shits again* (»scheißt wieder«). Marie-Pierre stimmte mir zu, dass es in ihrer Handschrift tatsächlich so aussieht.

3 *U.S. Workplace Bullying Survey*, http://www.workplacebullying.org/research/WBI-Zogby2007Survey.html (eingesehen am 10. August 2009).

4 Zu den Studien an der Universität von Florida siehe Jeanna Bryner, »Abused Workers Fight Back by Slacking Off«, *Live Science* (8. Oktober 2007), http://www.livescience.com/health/071008-abusive-bosses.html (eingesehen am 11. August 2009).

5 Sofern nicht ausdrücklich anders dargestellt, beruhen alle Beispiele und Aussagen auf Tatsachen. Sie stammen aus veröffentlichten Quellen und akademischen Studien, Erzählungen anderer und meinen eigenen Erfahrungen. Ich habe alles unternommen, die hier veröffentlichten Berichte und Studien zu überprüfen, meine eigenen Erinnerungen mit denen anderer Beteiligter abzugleichen und die Geschichten, die andere mir erzählten, von diesen prüfen und korrigieren zu lassen. Ungeachtet all dieser Bemühungen sind Erinnerungen (seien es meine oder die anderer) angesichts des unzulänglichen und mit Vorurteilen durchsetzten menschlichen Gehirns zweifellos fehlerbehaftet. Keine fünf Mal habe ich den Namen Betroffener oder andere Details (zum Beispiel das Geschlecht) geändert, um Unschuldige und Schuldige zu schützen; die Fakten sind in all diesen Fällen allerdings unverändert wiedergegeben.

6 Zitiert auf Website *The Quotations Page*, http://www.quotationspage.com/quote/38694.html (eingesehen am 31. August 2009). Die Worte werden Eleanor Roosevelt auf zahlreichen Websites

zugeschrieben. Sie scheinen aus einem Gedicht zu stammen, das ihr gewidmet war. Leider konnte ich die Quelle nicht ausfindig machen.

7 Amanda Royal, »Pillsbury Confirms Layoff Leak«, in: *Recorder* (20. Februar 2009), http://www.law.com/jsp/article.jsp?id=1202428436200 (eingesehen am 11. August 2009).

Kapitel 1

1 US-Amt für Arbeitsstatistik, *Occupational Outlook Handbook 2008–2009,* Washington DC, Januar 2008. Dieses Handbuch nennt etwa 800 Beschäftigungsarten mit der jeweiligen Zahl der Beschäftigten. Isaac Waisberg, Doktorand an der Stanford University, klassifizierte 47 davon als Chefs. Das heißt nach unserer Definition, dass sie Autorität über mindestens einen Untergebenen ausüben. Nach Waisbergs Schätzung entsprechen 20 891 000 von den 134 354 280 Beschäftigten dieser Definition. Andere Schätzungen, die ebenfalls auf diesen Daten basieren, nennen bis zu 37,7 Millionen Chefs. Siehe »Boss Day is Moving Up the Ladder Among Cardgivers«, in: *Kansas City Business Journal* (8. Oktober 2004); http://kansascity.bizjournals.com/kansascity/stories/2004/10/04/daily35.html (eingesehen am 11. August 2009). Nach Waisbergs Schätzung haben mehr als 90 Prozent der Arbeitskräfte in den USA einen Chef, da es etwa 10 200 000 Selbständige in den USA gibt, die oft keinen Chef haben.

2 Man trug mir diese Geschichte zu, als ich in den 90er-Jahren mit dieser Abteilung zu tun hatte. Der Text wurde von Corey Billington am 16. Dezember 2008 per E-Mail gegengelesen und bestätigt.

3 Anna Nyberg et al., »Managerial Leadership and Ischaemic Heart Disease Among Employees. The Swedish WOLF Study«, in: *Occupational and Environmental Medicine* 66 (2009), S. 51–55.

4 Frances Schwartzkopff, »Bad Bosses Raise Heart Attack Risk for Men, Researchers Find«, http://www.bloomberg.com/apps/news?pid=20601080&sid=apuGRus9J2q4&refer=asia (eingesehen am 11. August 2009).

5 Robert Hogan, *Personality and the Fate of Organizations*, Mahwah 2006, S. 106.

6 Robert T. Keller, »Transformational Leadership, Initiating Structure, and Substitutes for Leadership. A Longitudinal Study of Research and Development Project Team Performance«, in: *Journal of Applied Psychology* 91, Nr. 1 (2006), S. 202–210.

7 Lawrence M. Kahn, »Managerial Quality, Team Success, and Individual Player Performance in Major League Baseball«, in: *Industrial and Labor Relations Review* 46 (1993), S. 531–547; Jeffrey Pfeffer und Alison Davis-Blake, »Administrative Succession and Organizational Performance. How Administrator Experience Mediates the Succession Effect«, in: *Academy of Management Journal* 29, Nr. 1 (1986), S. 72–83; sowie Amanda Goodall, Lawrence M. Kahn und Andrew J. Oswald, »Why Do Leaders Matter? The

Role of Expert Knowledge«, *IZA Discussion Paper* Nr. 3583, Social Science Research Network, http://papers.ssrn.com/sol3/papers.cfm?abstract_id=1158980.

8 Marcus Buckingham und Curt Coffman First, *Break All the Rules,* New York 1999, S. 34. Siehe auch Hogan, *Personality and the fate of organizations,* S. 38.

9 »Many Employees Would Fire Their Boss«, Presseerklärung des *Gallup Management Journal* (11. Oktober 2007), http://gmj.gallup.com/content/28867/Many-Employees-Would-Fire-Their-Boss.aspx (eingesehen am 11. August 2009).

10 Michael D. Ensley, Keith M. Hmieleski und Craig L. Pearce, »The Importance of Vertical and Shared Leadership Within New Venture Top Management Teams. Implications for the Performance of Start-ups«, in: *The Leadership Quarterly* 17 (2006), S. 217–231; Sydney Finkelstein und Donald C. Hambrick, *Strategic Leadership. Top Executives and Their Effects on Organizations*, Minneapolis und St. Paul 1996; Mason A. Carpenter und William Gerard Sanders, »Top Management Team Compensation. The Missing Link Between CEO Pay and Firm Performance?«, in: *Strategic Management Journal* 4 (2002), S. 367–375; Kathleen M. Eisenhardt, Jean L. Kahwajy und L. J. Bourgeois III, »How Management Teams Can Have a Good Fight«, in: *Harvard Business Review* (Juli/August 1997), S. 77–85; Doris Kearns Goodwin, *Team of Rivals*, New York 2005.

11 Tommy Lasorda und David Fisher, *The Artful Dodger,* New York 1986, S. 244.

12 Daniel R. Ames und Francis J. Flynn, »What Breaks a Leader. The Curvilinear Relation Between Assertiveness and Leadership«, in: *Journal of Personality and Social Psychology* 92 (2007), S. 308.

13 Jeffrey Pfeffer et al., »Faith in Supervision and The Self-Enhancement Bias. Two Psychological Reasons Why Managers Don't Empower Workers«, in: *Basic and Applied Social Psychology* 20 (1998), S. 313–321.

14 Robert I. Sutton, *Der Querdenker-Faktor. Mit unkonventionellen Ideen zum Erfolg,* aus dem Amerikanischen von Thorsten Schmidt, München 2008, S. 207.

15 Frank Hauser und Russell Reich, *Notes on Directing,* New York 2003, S. 9.

16 Angela Duckworth et al., »Grit: Perseverance and Passion for Long-Term Goals«, in: *Journal of Personality and Social Psychology* 92 (2007), S. 1087–1101.

17 Dieses Zitat ist nachzulesen unter http://www.brainyquote.com/quotes/quotes/a/alberteins106192.html (eingesehen am 14. August 2009), ist aber nicht verifiziert, da ich die Originalquelle nicht ausfindig machen konnte.

18 Diese Geschichte erschien (in einer längeren Version und einer anderen Formulierung) in: Jeffrey Pfeffer und Robert I. Sutton, *Harte Fakten,*

gefährliche Halbwahrheiten und absoluter Unsinn, aus dem Englischen von Bettina von Stockfleth, München 2007, S. 246 f.

19 Brad Bird, Gespräch mit Hayagreeva Rao, Allen P. Webb und dem Autor, Emeryville, Kalifornien (14. Februar 2008). Die Zitate stammen aus dem Originaltranskript. Auszüge aus dem Gespräch erschienen in: Hayagreeva Rao, Robert I. Sutton und Allen P. Webb, »Innovation Lessons from Pixar. An Interview with Oscar-Winning Director Brad Bird«, in: *McKinsey Quarterly* (April 2008), http://www.mckinseyquarterly.com/innovation_lessons_from_pixar_an_interview_with_oscar-winning_director_brad_bird_2127 (eingesehen am 11. August 2009).

20 »Scenes from a Mall«, Radioübertragung aus *This American Life*, Episode 371, Chicago Public Radio (26. Dezember 2008), http://www.thisamericanlife.org/Radio_Episode.aspx?sched=1276 (eingesehen am 11. August 2009).

21 Karl E. Weick, »Small Wins. Redefining the Scale of Social Problems«, in: *American Psychologist* 39 (1984), S. 40–49.

22 Telefongespräch mit Andy Papathanassiou, 10. Dezember 2008.

23 Lionel Tiger, »Dominance in Human Societies«, in: *Annual Review of Ecology and Systematics* 1 (1970), S. 298.

24 Susan T. Fiske, »Controlling Other People. The Impact of Power on Stereotyping«, in: *American Psychologist* 48 (1993), S. 624.

25 Kelley Eskridge, »They Watch Everything You Do«, in: *Humans at Work* (7. November 2008), http://www.humansatwork.com/they-watch-everything-you-do/ (eingesehen am 13. August 2009).

26 Adam Bryant, »Fitting In, and Rising to the Top«, in: *New York Times* (19. September 2009), http://www.nytimes.com/2009/09/20/business/20corner.html (eingesehen am 13. Oktober 2009).

27 Dacher Keltner, Deborah H. Gruenfeld und Cameron Anderson, »Power, Approach, and Inhibition«, in: *Psychological Review* 110 (2003), S. 265–284.

28 »Dave Packard's 11 Simple Rules«, *HP Retiree*, http://www.hp.com/retiree/history/founders/packard/11rules.html (eingesehen am 13. August 2009).

29 Donovan Campbell, *Joker One,* New York 2009, S. 221.

30 Mark Van Vugt, Robert Hogan und Robert B. Kaiser, »Leadership, Followership, and Evolution. Some Lessons from the Past«, in: *American Psychologist* 63 (2008), S. 190.

31 Jeffrey Pfeffer und Christina T. Fong, »Building Organization Theory from First Principles. The Self-Enhancement Motive and Understanding Power and Influence«, in: *Organization Science* 16 (2005), S. 372; O. Svensen, »Are We All Risky and More Skillful Than Our Fellow Drivers?«, in: *Acta Psychologia* 47 (1981), S. 143–148.

32 Die in diesem Absatz erwähnten Studien und ähnliche Forschungen werden dargestellt in David Dunning, Chip Heath und Jerry M. Suls, »Flawed

Self-Assessment. Implications for Health, Education, and the Workplace«, in: *Psychological Science* 5 (2004), S. 69–106 sowie in David Dunning, *Self-Insight,* New York 2005.

33 Jim Collins, *Der Weg zu den Besten. Die sieben Management-Prinzipien für dauerhaften Unternehmenserfolg,* aus dem Englischen von Martin Baltes und Fritz Böhler, München 2003.

34 J. Richard Hackman, *Leading Teams,* Boston 2002.

35 Robert Townsend, *Hoch lebe die Organisation. Aus der Trickkiste eines Erfolgsmanagers,* aus dem Englischen von Ottmar Katz, München 1970.

36 Randy Hodson, *Dignity at Work,* Cambridge 2001.

37 Michael Giuliano, »Diagnostic Error in the NICU. Not in My NICU?«, Vortrag, gehalten anlässlich des NICQ Quality Improvement Collaborative, Vermont Oxford Network, San Francisco (10. September 2008).

38 David Kelley zeichnete mir diese Skizze am 17. Juni 2009, als wir uns in seiner Firma IDEO in Palo Alto, Kalifornien, über diese Balance unterhielten.

39 Eugen Herrigel, *Zen in der Kunst des Bogenschießens,* Frankfurt am Main, 2005, zuerst veröffentlicht 1948.

Kapitel 2

1 James R. Meindl, Sanford B. Ehrlich und Janet M. Dukerich, »The Romance of Leadership«, in: *Administrative Science Quarterly* 30 (1985), S. 78–102.

2 Pfeffer und Sutton, *Harte Fakten.*

3 Roberto Weber et al., »The Illusion of Leadership. Misattribution of Cause in Coordination Games«, in: *Organization Science* 12 (2001), S. 582–598.

4 Max DePree, *Leadership is an Art,* New York 2001, S. 11.

5 Andy Grove, Interview mit Clayton Christensen, Harvard Business School Conference, Cupertino, Kalifornien (3. Oktober 2002). Ich nahm an der Konferenz teil und erhielt von den Organisatoren eine Mitschrift.

6 Philip G. Zimbardo und Michael R. Leippe, *The Psychology of Attitude Change and Social Influence,* New York 1991; Elaine Hatfield, John T. Cacioppo und Richard L. Rapson, *Emotional Contagion,* Cambridge 1993.

7 David McCullough, *1776,* New York 2006, S. 42 f.

8 Adam Bryant, »Lessons Learned at Goldman«, in: *New York Times* (13. September 2009), http://www.nytimes.com/2009/09/13/business/13 corner.html (eingesehen am 6. Oktober 2009).

9 Bernard M. Bass, *Bass & Stogdill's Handbook of Leadership,* New York 1990, S. 90–94.

10 Dieses Gleichgewicht herzustellen, ist eine heikle Sache, denn Untergebene mögen Chefs nicht, die ihnen dauernd ins Wort fallen. Dennoch ist es ein Merkmal der Mächtigen, dass sie andere unterbrechen. Siehe Lynn Smith-

Lovin und Charles Brody, »Interruptions in Group Discussions. The Effects of Gender and Group Composition«, in: *American Sociological Review* 54 (1989), S. 424–435.

11 Ron Friedman und Andrew J. Elliot, »The Effect of Arm Crossing on Persistence and Performance«, in: *European Journal of Social Psychology* 38 (2008). S. 449–461.

12 Chris P. Neck und Charles C. Manz, »Thought Self-Leadership. The Influence of Self-Talk and Mental Imagery on Performance«, in: *Journal of Organizational Behavior* 13 (1992), S. 681–699.

13 Larissa Z. Tiedens, »Anger and Advancement Versus Sadness and Subjugation. The Effect of Negative Emotion Expressions on Social Status Conferral«, in: *Journal of Personality and Social Psychology* 80 (2001), S. 86–94; Marwan Sinaceur und Larissa Z. Tiedens, »Get Mad and Get More Than Even. When and Why Anger Expression Is Effective in Negotiations«, in: *Journal of Experimental Social Psychology* 42 (2006), S. 314–322.

14 Barry Schwartz, Abraham Tesser und Evan Powell, »Dominance Cues in Nonverbal Behavior«, in: *Social Psychology Quarterly* 45 (1982), S. 114–120.

15 Ben Dattner, »A User's Manual To You«, in: *Business at Work. Toxic Bosses, BusinessWeek*, (13. August 2008), http://www.businessweek.com/business_at_work/bad_bosses/archives/2008/08/a_managerial_us.html (eingesehen am 14. August 2009).

16 Die Gespräche mit Randy Komisar führte ich vom 17. bis 24. Februar 2009. Siehe auch Jennifer Reingold, »The Secret Coach«, in: *Fortune* (21. Juli 2008), http://money.cnn.com/2008/07/21/technology/reingold_coach.fortune/index.htm (eingesehen am 14. August 2009).

17 Laurence J. Peter und Raymond Hull, *Das Peter-Prinzip*, aus dem Englischen von Michael Jungblut, Reinbek 1969, S. 87.

18 Hauser und Reich, *Notes on Directing*, S. 45.

19 Von »overclaiming« sprechen beispielsweise Max H. Bazerman und Don Moore, *Judgment in Managerial Decision Making*, Hoboken, 2009.

20 Kelley erzählte mir diese Anekdote im Jahr 2000 und bestätigte die Fakten am 17. Juni 2009; siehe dazu Bruce Nussbaum, »Welcome to 2010«, in: *BusinessWeek* (6. März 2000), http://www.businessweek.com/2000/00_10/designtoc.htm (eingesehen am 14. August 2009).

21 Siehe dazu Terence Flynn, »Authentic Crisis Leadership and Reputation Management. Maple Leaf Foods and 2008 Listeriosis Crisis«, unveröffentlichtes Manuskript, DeGroote School of Business, McMaster University 2009, http://www.degroote.mcmaster.ca/news/documents/DeGrooteLegerAuthenticCrisisLeadershipPaperfinal.pdf (eingesehen am 14. August 2009); Sylvain Charlebois, »Maple Leaf Foods Showed That Leadership Can Prevail in Trying Times«, in: *FP Executive, Financial Post* (9. Januar 2009), http://www.financialpost.com/executive/story.html?id=1159895 (ein-

gesehen am 14. August 2009); Steve Arnold, »Coming Clean Helped Maple Leaf«, in: *Hamilton Spectator* (30. Januar 2009), http://www.thespec.com/article/504360 (eingesehen am 14. August 2009).

22 William Safire, *Safire's Political Dictionary*, New York 2008, S. 431.

23 J. R. Crespo: »Mistakes Were Made«, in: *New Haven Independent* (12. März 2007), http://www.newhavenindependent.org/archives/2007/03/read_it_yoursel.php (eingesehen am 14. August 2009).

24 Fiona Lee und Robert J. Robinson, »An Attributional Analysis of Social Accounts. Implications of Playing the Blame Game«, in: *Journal of Applied Social Psychology* 30 (2000). S. 1853–1879; Fiona Lee und Larissa Z. Tiedens, »Who's Being Served? Self-Serving Attributions and Their Implications for Power«, in: *Organizational Behavior and Human Decision Processes* 84 (2001), S. 254–287; Gerald R. Salancik und James R. Meindl, »Corporate Attributions as Strategic Illusions of Management Control«, in: *Administrative Science Quarterly* 29 (1984), S. 238–254.

25 Fiona Lee, Christopher Peterson und Larissa Z. Tiedens, »Mea Culpa. Predicting Stock Prices from Organizational Attributions«, in: *Personality and Social Psychology Bulletin* 30 (2004), S. 1–14.

26 Barbara Kellerman, »When Should a Leader Apologize – and When Not?«, in: *Harvard Business Review* 84, Nr. 4 (2006), S. 71.

27 Joe Torre und Tom Verducci, *The Yankee Years*, New York 2009.

28 »If Dodgers Falter, Torre Says Blame Him«, San Bernardino Sun on Baseball Think Factory (2. Juni 2009), http://www.baseballthinkfactory.org/files/newsstand/discussion/if_dodgers_falter_torre_says_blame_him/ (eingesehen am 14. August 2009).

Kapitel 3

1 John Wooden und Steve Jamison, *Wooden*, New York 1997, S. 117.

2 John A. Meacham, »The Loss of Wisdom«, in: Robert J. Sternberg (Hg.), *Wisdom*, New York 1990, S. 181–211; und Karl E. Weick, »The Collapse of Sensemaking in Organizations. The Mann Gulch Disaster«, in: *Administrative Science Quarterly* 38 (1993), S. 628–652.

3 Paul Saffo entwickelte diese Vorstellung in einer Arbeit am Institute for the Future in Palo Alto, Kalifornien. Jeff Pfeffer und ich stellen frühere Versionen vor in Pfeffer und Sutton, *Harte Fakten*, Kapitel 4.

4 Hauser und Reich, *Notes on Directing*, S. 45.

5 McCullough, *1776*, 42 f.

6 Andy Grove, Interview.

7 Amy C. Edmondson, »Learning from Mistakes Is Easier Said Than Done. Group and Organizational Influences on the Detection and Correction of Human Error«, in: *Journal of Applied Behavioral Science* 32 (1996), S. 5–28.

8 Giuliano, »Diagnostic Error in the NICU«.

9 Anita L. Tucker und Amy C. Edmondson, »Why Hospitals Don't Learn from Failures. Organizational and Psychological Dynamics That Inhibit System Change«, in: *California Management Review* 45 (2003), S. 55–72.
10 H. Clayton Foushee, »Dyads and Triads at 35 000 Feet. Factors Affecting Group Process and Aircrew Performance«, in: *American Psychologist* 39 (1984), S. 885–893.
11 Pfeffer und Sutton, *Harte Fakten*, S. 232–234.
12 Diego Rodriguez, »Where is Your Place for Failing?«, *Metacool*, 21. November 2007, http://metacool.typepad.com/metacool/2007/11/heard-at-work.html (eingesehen am 19. August 2009).
13 Wells Tower, »Onion Nation«, in: *Washington Post* (16. November 2008), http://www.washingtonpost.com/wp-dyn/content/article/2008/11/07/AR2008110701942.html (eingesehen am 19. August 2009); »Tough Room«, in: *This American Life*, Episode 348, Chicago Public Radio (8. Februar 2008), http://www.thisamericanlife.org/Radio_Episode.aspx?episode=348 (eingesehen am 19. August 2009).
14 Ron Westrum, »Social Intelligence About Hidden Events«, in: *Knowledge* 3 (1982), S. 381–400; Karl E. Weick und Kathleen M. Sutcliffe, *Das Unerwartete managen. Wie Unternehmen aus Extremsituationen lernen,* aus dem Englischen von Maren Klostermann, Stuttgart 2003, S. 80.
15 Sidney Rosen und Abraham Tesser, »On Reluctance to Communicate Undesirable Information. The MUM Effect«, in: *Sociometry* 33 (1970), S. 253–263
16 Michael Lewis, »The Man Who Crashed the World«, in: *Vanity Fair* (August 2009), http://www.vanityfair.com/politics/features/2009/08/aig200908?currentPage=3 (eingesehen am 19. August 2009).
17 Paul F. Snare, *Tales from the Project Trade,* Victoria 2002, S. 13 und 15.
18 Weick und Sutcliffe, *Das Unerwartete managen,* S. 63.
19 E-Mail-Korrespondenz mit Warner-Simi, 5. bis 6. März 2009.
20 Eisenhardt, Kahwajy und Bourgeois, »How Management Teams Can Have a Good Fight«; Karen A. Jehn, »A Multi-Method Examination of the Benefits and Detriments of Intragroup Conflicts«, in: *Administrative Science Quarterly* 40 (1995), S. 256–282.
21 Zitiert aus Robert I. Sutton, *Der Arschloch-Faktor. Vom geschickten Umgang mit Aufschneidern, Intriganten und Despoten im Unternehmen*, aus dem Englischen von Thomas Pfeiffer, München 2008, S. 87.
22 Gespräch mit Brad Bird.
23 Lamont Adams, »Download the Builder.com Ten Commandments of Egoless Programming«, *TechRepublic* (6. Juni 2002), http://articles.techrepublic.com.com/5100-10878_11-1045782.html (eingesehen am 20. August 2009).
24 »The Surplus«, *The Office*, Folge 75, NBC (4. Dezember 2008), Regisseur Paul Feig, Drehbuch Gene Stupnitsky und Lee Eisenberg.

25 Ingrid Nembhard et al., »Learn How to Improve Collaboration and Performance«, *Harvard Business School Working Paper* Nr. 08-002, 2007. Eine Zusammenfassung dieser Arbeit findet sich unter http://www.evidence-basedmanagement.com/guests/nembhard_tucker_bohmer_horbar_carpenter_jan08.html (eingesehen am 20. August 2009).
26 Jeffrey Pfeffer, *What Were They Thinking?*, Boston 2007, S. 56.
27 Bob Sutton, »The Tape Method«, *Work Matters* (14. August 2008), http://bobsutton.typepad.com/my_weblog/2008/08/the-tape-method.html (eingesehen am 20. August 2009).
28 William George und Andrew N. McLean, »Anne Mulcahy. Leading Xerox Through the Perfect Storm (A)«, Case 9-405-050, Boston 2005, S. 8.
29 Townsend, *Hoch lebe die Organisation*, S. 71.
30 Max DePree, *Leadership Is an Art*, S. 11.
31 Kimberly Wiefling, *Scrappy Project Management,* Cupertino 2007, S. 113.

Kapitel 4

1 »100 Best Companies to Work for 2008«, in: *Fortune*, http://money.cnn.com/magazines/fortune/bestcompanies/2008/snapshots/39.html (eingesehen am 20. August 2009); Paul Purcell, Telefoninterview durch den Autor, 20. März 2008; »100 Best Companies to Work for 2010«, in: *Fortune*, http://money.cnn.com/magazines/fortune/bestcompanies/2010/snapshots/11.html (eingesehen am 15. Februar 2010). Siehe auch Robert I. Sutton, »Details on the No Asshole Rule at Robert W. Baird. 39 on Fortune's ›100 Best Companies to Work for‹ List, *Work Matters*, http://bobsutton.typepad.com/my_weblog/2008/03/details-on-the.html (eingesehen am 20. August 2009).
2 Ann Carey McFeatters und Sandra Day O'Connor, *Justice in the Balance,* Albuquerque 2006, S. 1.
3 Dean Keith Simonton, *Greatness,* New York 1994.
4 Frank L. Schmidt und John E. Hunter, »The Validity and Utility of Selection Methods in Personnel Psychology. Practical and Theoretical Implications of 85 Years of Research Findings«, in: *Psychological Bulletin* 124 (1998), S. 262–274.
5 Charles A. O'Reilly III. und Jeffrey Pfeffer, *Hidden Value*, Boston 2000, S. 90.
6 Morten T. Hansen, *Collaboration,* Boston 2009.
7 Steven Kerr, »On the Folly of Rewarding A, While Hoping for B«, in: *Academy of Management Executive* 9 (1995), S. 7–14.
8 Paul Stiles, *Riding the Bull*, New York 1998; Dan Heath und Chip Heath, »Why Incentives are Effective, Irresistible, and Almost Certain to Backfire«, *Fast Company* (15. Januar 2009), http://www.fastcompany.com/magazine/132/made-to-stick-curse-of-incentives.html (eingesehen am 21. August 2009).

9 Richard Alan Krieger, *Civilization's Quotations,* New York 2002, S. 218.
10 A. G. Lafley und Patricia Sellers, »P&G – Teaching an Old Dog New Tricks. CEO A. G. Lafley Has Kicked Up the Good Ideas at the Stodgy Midwestern Giant – and the Company's Growth Too. Here's an Inside Look at How He's Doing It«, in: *Fortune* (31. Mai 2004), http://money.cnn.com/magazines/fortune/fortune_archive/2004/05/31/370714/index.htm (eingesehen am 21. August 2009).
11 Das GE-System wird erklärt und verteidigt in: Jack Welch und John A. Byrne, *Jack,* New York 2001. Gewürdigt wird diese Studie in Pfeffer und Sutton, *Harte Fakten,* Kapitel 4 und 5.
12 Robert L. Cross und Andrew Parker, *The Hidden Power of Social Networks,* Boston 2004, S. 49.
13 Gordon MacKenzie, *Orbiting the Giant Hairball,* New York 1996.
14 Aus Anna Muoios Interview mit MacKenzie: »How Is Your Company Like a Giant Hairball?«, *Fast Company* (31. Dezember 1997) http://www.fastcompany.com/magazine/12/hairball.html (eingesehen am 24. Februar 2010).
15 Will Felps, Terence R. Mitchell und Eliza Byington. »How, When, and Why Bad Apples Spoil the Barrel. Negative Group Members and Dysfunctional Groups«, in: *Research in Organizational Behavior* 27 (2006), S. 175–222. Siehe auch: »Ruining It for the Rest of Us«, *This American Life,* Episode 370 (19. Dezember 2008), http://www.thisamericanlife.org/radio_episode.aspx?sched=1275 (eingesehen am 23. August 2009).
16 Roy F. Baumeister et al., »Bad Is Stronger Than Good«, in: *Review of General Psychology* 5 (2001), S. 323–370.
17 Bob Sutton, »Performance Evaluations. Do They Do More Harm Than Good?«, *Work Matters* (15. Februar 2008), http://bobsutton.typepad.com/my_weblog/2008/02/perfromnce-eval.html (eingesehen am 23. August 2009); sowie Samuel A. Culbert, »Get Rid of the Performance Review!«, in: *Wall Street Journal* (20. Oktober 2008), S. F4.
18 Dov Eden und Abraham B. Shani, »Pygmalion Goes to Boot Camp. Expectancy, Leadership and Trainee Performance«, in: *Journal of Applied Psychology* 67 (1982), S. 197.
19 Dov Eden, »Pygmalion Without Interpersonal Contrast Effects. Whole Groups Gain from Raising Manager Expectations«, in: *Journal of Applied Psychology* 75 (1990), S. 394–398.
20 »Company Culture. Out of the Ordinary«, *The Excellence Files,* DVD, Lakewood 1997.
21 »Confirmation Bias«, *The Skeptic's Dictionary,* http://www.skepdic.com/confirmbias.html (eingesehen am 1. September 2009).
22 Barry M. Staw und Ha Hoang, »Sunk Costs in the NBA. Why Draft Order Affects Playing Time and Survival in Professional Basketball«, in: *Administrative Science Quarterly* 40 (1995), S. 474–494.

23 Jere Longman, *The Girls of Summer*, New York 2000.
24 Kathleen M. Eisenhardt und Claudia Bird Schoonhoven, »Organizational Growth. Linking Founding Team, Strategy, Environment, and Growth Among U.S. Semiconductor Ventures, 1978–1988«, in: *Administrative Science Quarterly* 35 (1990), S. 504–529; sowie J. Richard Hackman, *Leading Teams*, Boston 2002, S. 54–59.
25 Sutton, *Der Querdenker-Faktor*, S. 68.
26 Wally Bock erzählte mir diese Geschichte und prüfte per E-Mail am 11. und 12. Januar 2009 die Fakten.

Kapitel 5

1 Jeffrey Pfeffer und Robert I. Sutton, »The Smart-Talk Trap«, in: *Harvard Business Review* 77, Nr. 3 (1999), S. 134–142.
2 Gespräch mit Brad Bird.
3 »Enron Code of Ethics«, Juli 2000, einsehbar unter *The Smoking Gun*, http://www.thesmokinggun.com/enron/enronethics1.html (eingesehen am 23. August 2009).
4 Jeffrey Pfeffer und Robert I. Sutton, *Wie aus Wissen Taten werden. So schließen die besten Unternehmen die Umsetzungslücke*, aus dem Englischen von Dzifa Vode, Frankfurt am Main 2001.
5 Bass, *Handbook of Leadership*, S. 90–94.
6 Matthew May, *The Elegant Solution. Toyota's Formula for Mastering Innovation*, New York 2007. Matts Bericht findet sich auf meinem Blog: »More on the Broken Culture in the Auto Industry. How Dysfunctional Power Dynamics Cause Bad Decisions«, *Work Matters* (24. November 2008), http://bobsutton.typepad.com/my_weblog/2008/11/more-on-the-broken-culture-in-the-auto-industry-how-dysfunctional-power-dynamics-cause-bad-decisions.html (eingesehen am 23. August 2009).
7 John F. Love, *McDonald's. Behind the Arches*, New York 1995, S. 71.
8 Rudy Crespo führte am 17. Juli 2009 durch die Firmenzentrale. Die hier dargestellten Fakten hat er am 14. und 17. März 2009 per E-Mail bestätigt.
9 Gerald M. Weinberg, *Die Psychologie des Programmierers*, aus dem Englischen von Hans-Joachim Beese und Hartmut Strahl, Bonn 2004. S. 162.
10 Dieses System erläuterten mir drei frühere GM-Angestellte, die davon profitierten, aber anonym bleiben wollen. Es wird auch beschrieben von B. G. Hoffman, »Lease Perks Anger Workers«, in: *The Detroit News* (30. Oktober 2008), S. 1. Siehe außerdem meinen Blogbeitrag auf *Work Matters*, »The Auto Industry Bailout. Thoughts About Why GM Executives are Clueless and Their Destructive ›No We Can't‹ Mindset« (20. November 2008), http://bobsutton.typepad.com/my_weblog/2008/11/the-auto-industry-bailout-thoughts-about-why-gm-executives-are-clueless-and-their-no-we-cant-mindset.html (eingesehen am 23. August 2009).

11 Lisa Maulhardt von SYP erzählte diese Geschichte am 18. November 2008 bei einem Führungskräftetreffen an der Stanford University. In einem E-Mail-Austausch mit Lisa fragte ich am 6. Juli und 20. Juli 2009 noch einmal genauer nach und ließ sie die Fakten prüfen.

12 Mark Mooney und Jonann Brady, »›Sully‹ Sullenberg Meets Grateful Passengers«, *ABC News* (9. Februar 2009), http://abcnews.go.com/US/story?id=6834954&page=1 (eingesehen am 23. August 2009).

13 Lee Ross und Richard E. Nisbett, *The Person and the Situation*, New York 1991, S. 90 f.

14 Atul Gawande, »The Checklist«, in: *The New Yorker* (10. Dezember 2007), http://www.newyorker.com/reporting/2007/12/10/071210fa_fact_gawande (eingesehen am 23. August 2009).

15 Donald H. Naftulin, John E. Ware Jr. und Frank A. Donnelly, »The Doctor Fox Lecture. A Paradigm of Educational Seduction«, in: *Journal of Medical Education* 48 (1973), S. 630–635.

16 Den Begriff »Phrasenmonoxid« habe ich Polly LaBarre zu verdanken.

17 Pamela J. Hinds, »The Curse of Expertise. The Effects of Expertise and Debiasing Methods on Predictions of Novice Performance«, in: *Journal of Experimental Psychology. Applied* 5 (1999), S. 205–221.

18 Richard Williams, *The Animator's Survival Kit*, London 2002.

19 Chip Heath und Dan Heath, *Made to Stick*, New York 2007.

20 Ich habe diese Ausgabe der *Tonight Show* nicht gesehen und konnte keine verlässliche Quelle ausfindig machen. Zitiert wird die Geschichte in Werner Herzog, *Herzog on Herzog*, Hg. Paul Cronin, London 2002, S. 1 und Tim Pawlenty, »Shaping K-12 Education«, in: Lewis C. Solmon, Kimberly Firetag Agam und Citadelle Priagula (Hg.), *The Challenges of School Reform*, Charlotte 2006, S. 221.

21 Pfeffer und Sutton, *Wie aus Wissen Taten werden*, S. 148.

22 Bob Sutton, »No Brag, Just Facts at DaVita«, *Work Matters* (16. September 2006), http://bobsutton.typepad.com/my_weblog/2006/09/no_brag_just_fa.html (eingesehen am 23. August 2009).

23 Pfeffer and Sutton, »The Smart-Talk Trap«. S. 140 f.

24 Jessie Scanlon, »How to Make Meetings Matter«, *BusinessWeek Online* (28. April 2008), http://www.businessweek.com/innovate/contentapr2008/id20080428_601886.htm (eingesehen am 23. August 2009).

25 »Walt Disney Quotes«, *Finest Quotes*, http://www.finestquotes.com/author_quotes-author-Walt%20Disney-page-0.htm (eingesehen am 23. November 2009).

26 Gretchen Morgenson, »Was There a Loan It Didn't Like?«, in: *New York Times* (1. November 2008), http://www.nytimes.com/2008/11/02/business/02gret.html (eingesehen am 23. August 2009).

27 Hayagreeva Rao, *Market Rebels*, Princeton 2009, S. 55.

Kapitel 6

1 James D. Thompson, *Organizations in Action*, New York 1967.
2 Townsend, *Hoch lebe die Organisation*, S. 9.
3 Interview mit Nick Gottuso, Hillsborough (15. Januar 2009). Gottuso hat die Fakten per E-Mail am 19. November 2009 geprüft und korrigiert.
4 Berichterstattung der Geiselnahme und des Mordes: Tyche Hendricks und Matthew B. Stannard, »Mother, Intruder Killed in Peninsula Home«, in: *San Francisco Chronicle* (26. November 2008), http://www.sfgate.com/cgi-bin/article.cgi?f=/c/a/2008/11/25/MN0U14C53M.DTL (eingesehen am 20. November 2009).
5 Maurice Bloch, »Decision-Making in Councils Among the Merina of Madagascar«, in: Audrey Richards und Adam Kuper, *Councils in Action* (Cambridge Papers in Social Anthropology, 6), New York 1971, S. 29–62.
6 Adam, Bryant, »On His Team, Would You Be a Solvent, or the Glue?«, in: *New York Times* (12. Juni 2009), http://www.nytimes.com/2009/06/14/business/14corner.html?pagewanted=1&_r=1 (eingesehen am 25. August 2009).
7 Allen C. Bluedorn, Daniel B. Turban und Mary Sue Love, »The Effects of Stand-Up and Sit-Down Meeting Formats on Meeting Outcomes«, in: *Journal of Applied Psychology* 84 (1999), S. 277–285.
8 Townsend, *Up the Organization*, S. 227.
9 David Darragh erzählte mir am 24. September 2008 während eines Gesprächs in Nordkalifornien von seinen Meetings im Stehen. Am 6. und 11. Dezember 2008 fragte ich per E-Mail genauer nach und bat um Prüfung der Fakten.
10 Henry Mintzberg, »The Manager's Job. Folklore and Fact«, in: *Harvard Business Review* 68, Nr. 2 (1990), S. 165. Dieser Beitrag wurde 1975 erstmals veröffentlicht.
11 R. H. Guest, »Of Time and Foreman«, in: *Personnel* 32 (1956), S. 478–486.
12 Gloria Mark, Victor M. Gonzalez und Justin Harris, »No Task Left Behind? Examining the Nature of Fragmented Work«, wissenschaftliche Arbeit, CHI 2005, Portland, OR, 2. bis 7. April 2005, S. 113–120; Gloria Mark, Daniela Gudith und Ulrich Klocke, »The Cost of Interrupted Work. More Speed and Stress«, in: *Proceedings of the Twenty-Sixth Annual SIGCHI Conference on Human Factors in Computing Systems*, New York 2008, S. 107–110.
13 Gespräche und E-Mails mit Bonny Warner-Simi Ende 2008 und 2009, insbesondere am 12. Dezember 2008.
14 W. Coyne, »3M – Vision Is the Engine That Drives Our Enterprise«, in: Rosabeth Moss Kanter, John Kao und Fred Wiersema (Hg.), *Innovation*, New York 1997, S. 43–64.

15 David Packard, *The HP Way*, New York 1995, S. 108. Ich habe auch mit Chuck House über diese Anekdote gesprochen, als ich ihn anlässlich eines Dinners im Jahr 2000 kennenlernte. Er bestätigte sie und erzählte mir zu meinem großen Vergnügen von weiteren Erfolgen bei HP, die darauf zurückzuführen waren, dass er nervende Vorgesetzte und fehlgeleitete Regularien einfach ignorierte.

16 Townsend, *Up the Organization*, S. 203.

17 Laurence J. Peter und Raymond Hill, *Das Peter-Prinzip oder Die Hierarchie der Unfähigen*, aus dem Englischen von Michael Jungblut, Reinbek 1970. S. 99. Die folgenden Zitate finden sich auf Seite 203 und 103.

18 Diana B. Henriques, »Madoff's Accountant Pleads Guilty in Scheme«, in: *New York Times* (3. November 2009), http://www.nytimes.com/2009/11/04/business/04madoff.html?_r=1 (eingesehen am 20. November 2009).

19 Siehe Sutton, *Arschloch-Faktor*, S. 64 f.

20 Bob Sutton, »A Police Officer Uses the *No Asshole Rule* as a Weapon Against His Boss«, *Work Matters* (19. September 2008), http://bobsutton.typepad.com/my_weblog/2008/12/a-police-officer-uses-the-no-asshole-rule-as-a-weapon.html (eingesehen am 25. August 2009).

21 Pfeffer and Sutton, *Wie aus Wissen Taten werden*, S. 105–107.

22 Fred Vogelstein, »Mighty Amazon Jeff Bezos Has Been Hailed as a Visionary and Put Down as a Goofball. He's Proved Critics Wrong by Forging a Winning Management Strategy Built on Brains, Guts, and Above All, Numbers«, in: *Fortune* (26. Mai 2003), http://money.cnn.com/magazines/fortune/fortune_archive/2003/05/26/343082/index.htm (eingesehen am 25. August 2009).

Kapitel 7

1 Charles A. O'Reilly III. und Barton A. Weitz, »Managing Marginal Employees. The Use of Warnings and Dismissals«, in: *Administrative Science Quarterly* 25 (1980), S. 467–484.

2 Siehe Jody Hoffer Gittell und Charles A. O'Reilly III., »JetBlue Airways: Starting from Scratch«, Nr. 801354, Boston 2001 sowie James Wynbrandt, *Flying High*, New York 2004. Den Text hat Ann Rhoades am 4. Dezember 2009 per E-Mail gegengelesen und korrigiert.

3 Robert I. Sutton und Robert L. Kahn, »Prediction, Understanding, and Control as Antidotes to Organizational Stress«, in: Jay William Lorsch (Hg.), *Handbook of Organizational Behavior*, Englewood Cliffs 1987, S. 272–285; Pfeffer und Sutton, *Wie aus Wissen Taten werden*, Frankfurt am Main 2001, S. 143. Viele Ideen aus diesem Kapitel erschienen bereits in meinem Aufsatz Robert I. Sutton, »How to Be a Good Boss in a Bad Economy«, in: *Harvard Business Review* 87, Nr. 6 (2009), S. 42–50.

4 Martin E. P. Seligman und Yitzchak M. Binik, »The Safety Signal Hypothesis«, in: Hank Davis und Harry M. B. Hurwitz (Hg.), *Operant-Pavlovian Interactions*, Hillsdale 1977, S. 165–187.

5 Sarah Moore, Leon Grunberg und Edward Greenberg, »Surviving Repeated Waves of Organizational Downsizing. The Recency, Duration, and Order Effects Associated with Different Forms of Layoff Contact«, in: *Anxiety, Stress and Coping* 19 (2006), S. 309–329.

6 Christopher D. Zatzick und Roderick D. Iverson, »High-Involvement Management and Workforce Reduction. Competitive Advantage or Disadvantage?«, in: *Academy of Management Journal* 49 (2006), S. 999–1015.

7 David M. Schweiger und Angelo S. DeNisi, »The Effects of Communication with Employees Following a Merger: A Longitudinal Field Experiment«, in: *Academy of Management Journal* 34 (1991), S. 117.

8 Siehe auch Sutton, »How to Be a Good Boss in a Bad Economy.«

9 Kelly K. Spors, »If You Fire People, Don't Be a Jerk About It«, in: *Wall Street Journal* (29. Dezember 2008), http://online.wsj.com/article/SB122981253999624231.html (eingesehen am 25. August 2009).

10 Mike Barry, »Sacking by Text Part of Youth Culture Claims Retailer Blue Banana«, *Personneltoday.com* (4. August 2006), http://www.personneltoday.com/articles/2006/08/04/36702/sacking-by-text-part-of-youth-culture-claims-retailer-blue-banana.html (eingesehen am 25. August 2009).

11 Associated Press, »RadioShack Layoff Notices are Sent by E-Mail«, in: *New York Times* (31. August 2006), http://www.nytimes.com/2006/08/31/business/31radio.html (eingesehen am 25. August 2009); and Ieva M. Augstums und Maria Halkias, »RadioShack Lays Off 403 via E-Mail«, in: *Dallas Morning News* (31. August 2006), http://www.dallasnews.com/sharedcontent/dws/bus/stories/083006dnbusradioshack.30c5bc1.html (eingesehen am 4. Dezember 2009).

12 Der Bericht über den unsensiblen Chef findet sich bei Bob Sutton, »Clueless Assholes in Corporate America«, *Work Matters* (9. Dezember 2006), http://bobsutton.typepad.com/my_weblog/2006/12/clueless_asshol.html (eingesehen am 25. August 2009).

13 Dee J. Hall, »Dean Health Nurse Laid Off Mid-Surgery«, in: *Wisconsin State Journal* (14. April 2009), http://www.madison.com/wsj/mad/latest/446920 (eingesehen am 25. August 2009).

14 Carol Hymowitz, »Though Routine, Bosses Still Stumble During the Layoff Process«, in: *Wall Street Journal* (26. Juni 2007), http://online.wsj.com/article/SB118272587493646469.html (eingesehen am 25. August 2007).

15 Jerald Greenberg, »Losing Sleep over Organizational Injustice. Attenuating Insomniac Reactions to Underpayment Inequity with Supervisory Training in Interactional Justice«, in: *Journal of Applied Psychology* 91 (2006), S. 63.

16 Jerald Greenberg, »Promote Procedural Justice to Enhance Acceptance of Work Outcomes«, in: Edwin A. Locke (Hg.), *Handbook of Principles of Organizational Behavior,* Oxford 2000, S. 189.
17 Kevin Cullen, »A Head with a Heart«, in: *Boston Globe* (12. März 2009), http://www.boston.com/news/local/massachusetts/articles/2009/03/12/a_head_with_a_heart/ (eingesehen am 25. August 2009).
18 Darrell Rigby, »Debunking Layoff Myths«, Bain & Company (1. April 2002), http://www.bain.com/bainweb/publications/publications_detail.asp?id=6759&menu_url=publications_results.asp (eingesehen am 25. August 2009).
19 Gary P. Latham, »The Importance of Understanding and Changing Employee Outcome Expectancies for Gaining Commitment to an Organizational Goal«, in: *Personnel Psychology* 54, (2001), S. 707–716.
20 Trevino, Linda Klebe, »The Social Effects of Punishment in Organizations. A Justice Perspective«, in: *Academy of Management Review* 17 (1992), S. 647–676.
21 Ned Carter, Anne Holmström, Monica Simpanen und Lennart Melin, »Theft Reduction in a Grocery Store Through Product Identification and Graphing Losses for Employees«, in: *Journal of Applied Behavioral Analysis* 21 (1988), S. 385–389.
22 Donald E. Petersen und John Hillkirk, *A Better Idea*, New York 1991, S. 103 f.
23 Leanne Atwater, Joan Brett und Atira Cherise Charles, »The Delivery of Workplace Discipline. Lessons Learned«, in: *Organizational Dynamics*, 36/4 (2007), S. 392–403; S. 393.
24 T. M. Tripp und R. J. Bies, *Getting Even*, San Francisco 2009.
25 A. Royal, »Pillsbury Confirms Layoff Leak«, *The Recorder* (20. Februar 2009), http://www.law.com/jsp/article.jsp?id=1202428436200 (eingesehen am 11. August 2009).
26 T. McNamee, *Alice Waters and Chez Panisse*, New York 2007, S. 74.
27 Zur inneren Distanz siehe auch Robert I. Sutton, *Der Arschloch-Faktor;* Michael E. McCullough, Kenneth I. Pargament und Carl E. Thoresen, *Forgiveness*, New York 2001.

Kapitel 8

1 *U.S. Workplace Bullying Survey*, September 2007; http://www.workplacebullying.org/research/WBI-Zogby2007Survey.html (eingesehen am 10. August 2009).
2 Christine Pearson und Christine Porath, *The Cost of Bad Behavior*, New York 2009, S. 15.
3 Erica Frank, Jennifer S. Carrera, Terry Stratton, Janet Bickel und Lois Margaret Nora, »Experiences of Belittlement and Harassment and Their

Correlates among Medical Students in the United States. Longitudinal Survey«, in: *British Medical Journal*, 333 (2006), 682–688.

4 Laura Sofield und Susan W. Salmond, »Workplace Violence. A Focus on Verbal Abuse and Intent to Leave the Organization«, in: *Orthopaedic Nursing* 22/4 (2003), S. 274–283.

5 http://www.urbandictionary.com/define.php?term=bosshole (eingesehen am 26. August 2009).

6 Sutton, *Der Arschloch-Faktor*, S. 120 f. Den englischen Originaltest kann man durchführen unter http://electricpulp.com/guykawasaki/arse/ (eingesehen am 26. August 2009).

7 Gary und Ruth Namie, *The Bully at Work*, Naperville, 2009; Pearson und Porath, *The Cost of Bad Behavior;* Sutton, *Der Arschloch-Faktor.*

8 Marko Elovainio, Päivi Leino-Arjas, Jussi Vahtera und Mika Kivimäki, »Justice at Work and Cardiovascular Mortality. A Prospective Cohort Study«, in: *Journal of Psychosomatic Research* 61 (2006), S. 271–274; Mika Kivimäki, Jane E. Ferrie, Eric Brunner, Jenny Head, Martin J. Shipley, Jussi Vahtera und Michael G. Marmot, »Justice at Work and Reduced Risk of Coronary Heart Disease Among Employees«, in: *Archives of Internal Medicine* 165 (2005), S. 2245–2251.

9 Anna Nyberg et al., »Managerial Leadership«.

10 Sarah J. Tracy, Pamela Lutgen-Sandvik und Jess K. Alberts, »Nightmares, Demons, and Slaves. Exploring the Painful Metaphors of Workplace Bullying«, in: *Management Communication Quarterly* 20 (2006), S. 148–185.

11 Pamela Lutgen-Sandvik, »The Communicative Cycle of Employee Emotional Abuse. Generation and Regeneration of Workplace Mistreatment«, in: *Management Communication Quarterly* 16 (2003), S. 471–501; hier S. 492.

12 Die Frau, die ihre Familie anschrie, und die Führungskraft mailten mir ihre Berichte privat und baten um Anonymität. Das Opfer des selbstgefälligen Chefs schickte einen offenen Kommentar. Siehe »The Effects of Asshole Bosses on Victim's Families, Friends, and Partners«, *Work Matters* (17. Juli 2009), http://bobsutton.typepad.com/my_weblog/2009/07/the-effects-of-asshole-bosses-on-victims-familes-friends-and-partners-have-you-suffered-or-seen-coll.html#comments (eingesehen am 26. August 2009).

13 Eine Zusammenfassung der Umfrage von Hochwarter und Engelhard findet sich bei Jeanna Bryner, »Abused Workers Fight Back by Slacking Off«, in: *Live Science* 10/8/0; http://www.livescience.com/health/071008-abusive-bosses.html (eingesehen am 11. August 2009).

14 Timothy A. Judge, Brent A. Scott und Remus Ilies, »Hostility, Job Attitudes, and Workplace Deviance. Test of a Multilevel Model«, in: *Journal of Applied Psychology* 9 (2006), S. 126–138; Timothy Judge, »Even Good Employees Act Up If Supervisors Mistreat Them« (26. April 2006), http://www.newswise.com/articles/view/519447/ (eingesehen am 26. August 2009); James R. Detert, Linda K. Treviño, Ethan R. Burris und Meena

Andiappan, »Managerial Modes of Influence and Counterproductivity in Organizations. A Longitudinal Business-Unit-Level Investigation«, in: *Journal of Applied Psychology* 92 (2007), S. 993–1005; S. 997.

15 Karl Vick, »Team-Building or Torture? Court Will Decide«, in: *Washington Post* (13. April 2008), http://www.washingtonpost.com/wp-dyn/content/article/2008/04/12/AR2008041201739.html (eingesehen am 26. August 2009).

16 Jeremy Duda, »Judge Dismisses Waterboarding Lawsuit«, in: *Daily Herald* (5. August 2008), http://www.heraldextra.com/news/local/article_95ac550b-526a-527e-8713-56a2cb897b00.html (eingesehen am 4. Dezember 2009).

17 Sutton, *Arschloch-Faktor,* »AGK«, S. 38; »Arschlochsteuern«, S. 170.

18 »Evidence-Based ›Asshole Pricing‹ at a UK Consulting Firm«, *Work Matters* (27. September 2007), http://bobsutton.typepad.com/my_weblog/2007/09/evidence-based-.html (eingesehen am 26. August 2009).

19 Siehe die Webpräsenz »The Healthy Workplace Bill«, auf der sich Informationen zu möglichen und bereits verabschiedeten Gesetzen in verschiedenen Bundesstaaten finden, http://healthyworkplacebill.org/ (eingesehen am 4. Dezember 2009).

20 Daniel H. Raess, »MD vs. Joseph, E. Doescher«, Indiana Supreme Court, Nr. 49S02-0710-CV-424 (8. April 2008), www.in.gov/judiciary/opinions/pdf/04080801bd.pdf (eingesehen am 26. August 2008).

21 Pamela Lutgen-Sandvik, »Take This Job and... Quitting and Other Forms of Resistance to Workplace Bullying«, in: *Communication Monographs*, 73 (2006), S. 406–433, S. 423.

22 Dacher Keltner, »The Power Paradox«, in: *Greater Good* 4/3 (2007–2008), S. 14–17, S. 17; siehe auch Gerben A. van Kleef, Christopher Oveis, Ilmo van der Löwe, Aleksandr LuoKogan, Jennifer Goetz und Dacher Keltner, »Power, Distress, and Compassion«, in: *Psychological Science* 19 (2008), S. 1315–1322.

23 Susan T. Fiske, »Controlling Other People. The Impact of Power on Stereotyping«, in: *American Psychologist* 48 (1993), S. 621–628; Dacher Keltner, Deborah H. Gruenfeld und Cameron Anderson, »Power, Approach, and Inhibition«, in: *Psychological Review* 110 (2003), S. 265–284.

24 »There Apparently Isn't a No Asshole Rule«, *She's Lump* (18. März 2009), http://newkate.blogspot.com/2009/03/there-apparently-isnt-no-asshole-rule.html (eingesehen am 26. August 2009).

25 »SuccessFactors. ›My Boss Thanked Me for Calling Him a Jerk‹«, *Work Matters* (7. Februar 2007), http://bobsutton.typepad.com/my_weblog/2007/02/successfactors_.html (eingesehen am 26. August 2008).

26 Pearson und Porath, *The Cost of Bad Behavior.*

27 John M. Darley und C. Daniel Batson, »From Jerusalem to Jericho. A Study of Situational and Dispositional Variables in Helping Behavior«, in: *Journal of Personality and Social Psychology* 27/1 (1973), S. 100–108.

28 Joseph Cardieri, »Churchill Understood Afternoon Naps«, in: *New York Times*, (2. Oktober 1989), http://www.nytimes.com/1989/10/02/opinion/l-churchill-understood-afternoon-naps-838589.html (eingesehen am 26. August 2008).

29 Y. Harrison und J. A. Horne, »The Impact of Sleep Deprivation on Decision Making. A Review«, in: *Journal of Experimental Psychology, Applied* 6 (2000), S. 236–249; Suzanne R. Daiss, Amy D. Bertelson und Ludy T. Benjamin, »Napping Versus Resting: Effects on Performance and Mood«, in: *Psychophysiology* 23/1 (2007), S. 82–88;

30 »Is it Nap Time Yet?«, *Flywheel* (12. September 2008), http://flywheel-blog.com/2008/09/is-it-nap-time-yet/ (eingesehen am 26. August 2008).

31 Heather Hatfield, »The Power of Napping« (o. J.), http://www.webmd.com/sleep-disorders/features/power-of-napping-feature (eingesehen auf WebMD am 14. Oktober 2009).

32 Craig A. Anderson, »Temperature and Aggression. Ubiquitous Effects of Heat on Occurrence of Human Violence«, in: *Psychological Bulletin* 106 (1989), S. 74–96, Shakespeare-Zitat S. 74, deutsche Übersetzung: *Romeo und Julia*, Zweisprachige Ausgabe, III, 3, 1–4, aus dem Englischen von Frank Günther, München 1995.

33 Alan S. Reifman, Richard P. Larrick und Steven Fein Reifman, »Temper and Temperature on the Diamond. The Heat-Aggression Relationship in Major League Baseball«, in: *Personality and Social Psychology Bulletin* 17 (1991), S. 580–585.

34 »Ten Reasons Managers Become Assholes«, *The Berkun Blog* (10. Januar 2009), http://www.scottberkun.com/blog/2009/top-ten-reasons-managers-become-assholes/ (eingesehen am 26. August 2009).

35 »Breaking the Cycle of Abuse in Medicine«, *Work Matters* (13. März 2007), http://bobsutton.typepad.com/my_weblog/2007/03/breaking_the_cy.html (eingesehen am 26. August 2009).

36 Elaine Hatfield, John T. Cacioppo und Richard L. Rapson, *Emotional Contagion*, Cambridge 1993.

37 »Marge's Asshole Management Metric. Update«, *Work Matters* (8. September 2007), http://bobsutton.typepad.com/my_weblog/2007/03/marges_asshole_.html (eingesehen am 26. August 2009).

38 Die Soziologen behaupten schon lange, dass Scham und Stolz das menschliche Verhalten entscheidend beeinflussen. Siehe beispielsweise Erving Goffman, *Wir alle spielen Theater. Die Selbstdarstellung im Alltag*, aus dem Englischen von Peter Weber-Schäfer, München 2003; Originalausgabe New York 1959.

Kapitel 9

1 David Dunning, *Self-Insight,* New York 2005.
2 Robert Joss, »It's Not About You«, in: *Stanford GSB News* (August 2007), http://www.gsb.stanford.edu/news/research/joss_you.html (eingesehen am 3. September 2009).
3 Adam Bryant, »Corner Office. Fitting In, and Rising to the Top«, in: *The New York Times* (19. September 2009), http://www.nytimes.com/2009/09/20/business/20corner.html?_r=3&scp=2&sq=scarf%20CEO&st=cse (eingesehen am 13. Oktober 2009).
4 Diese Geschichte erfuhr ich aus E-Mails, die ich zwischen dem 7. und dem 15. Oktober 2009 mit Sumit Guha, Pat McDonald, Bill Mackenzie und Matt Brownfield von Intel wechselte.